Untersuchung des Wassers an Ort und Stelle

von

Professor Dr. Hartwig Klut
Abteilungsdirektor an der Preuß. Landesanstalt
für Wasser-, Boden- und Lufthygiene
in Berlin-Dahlem

Siebente
vermehrte und verbesserte Auflage

Mit 41 Abbildungen

W0254070

Springer-Verlag Berlin Heidelberg GmbH 1938

ISBN 978-3-662-40508-6 ISBN 978-3-662-40985-5 (eBook)
DOI 10.1007/978-3-662-40985-5

Alle Rechte, insbesondere das der Übersetzung
in fremde Sprachen, vorbehalten.
Copyright 1931 and 1938 by Springer-Verlag Berlin Heidelberg
Ursprünglich erschienen bei Julius Springer in Berlin 1938

Vorwort zur siebenten Auflage.

Um den Belangen der gegenwärtigen Entwicklung der Untersuchung und Beurteilung von Trink- und Brauchwasser gerecht werden zu können, mußte auch die siebente Auflage wesentlich umgearbeitet werden. Infolgedessen mußten große Abschnitte, insbesondere die Teile über die Wasserstoffionenkonzentration sowie über Metalle und Mörtel (Beton) angreifende Wässer nahezu umgestaltet werden. Auch sonst wurden viele Verbesserungen und Ergänzungen vorgenommen, wie z. B. der Nachweis von Arsen nach LOCKEMANN, Anforderungen an Bade- und Kühlwasser, Aufnahme einer Zahlentafel über Umrechnungswerte auf Ionen, Beurteilung des „schweren Wassers" und der Fluoride besonders auch in physiologischer Hinsicht usw. Auf allgemeinen Wunsch wurde auch das einschlägige Schrifttum bis auf die neueste Zeit kritisch geprüft und angegeben, so daß dem Leser ein möglichst vollkommener Überblick über den derzeitigen Stand der Trink- und Brauchwasserfragen vermittelt wird. Beschränkung war leider geboten, um diesen Leitfaden nicht so umfangreich werden zu lassen, daß der Name „Untersuchung des Wassers an Ort und Stelle" nicht mehr zutreffen würde. Nach wie vor bin ich für Anregungen aus der Praxis dankbar.

Berlin-Dahlem, im März 1938.

HARTWIG KLUT.

Inhaltsverzeichnis.

Einleitung.

Bei der Entnahme von Wasserproben aus Brunnen, Zapfstellen bei Wasserwerken, aus Quellen, Flüssen, Teichen usw. ist es von großem Wert, daß gewisse Untersuchungen sogleich von dem zugezogenen Sachverständigen an Ort und Stelle selbst eingeleitet und ausgeführt werden, da bei der späteren Untersuchung im Laboratorium bereits Veränderungen an der betreffenden Wasserprobe stattgefunden haben können. Verschiedene Feststellungen lassen sich an eingesandten Wasserproben nicht mehr genau machen, wie z. B. die äußere Beschaffenheit, Temperaturbestimmung, Menge des gelösten Sauerstoffes und der freien Kohlensäure und vor allen Dingen die bakteriologische Prüfung. Zur Erzielung einwandfreier Ergebnisse sind daher einige Untersuchungen an Ort und Stelle nicht zu umgehen. Vielfach kann man neben der eingehenden örtlichen Besichtigung der Wassergewinnungsanlage schon auf Grund dieser Voruntersuchungen entscheiden, ob ein Wasser für den gewünschten Zweck geeignet, oder ob es verunreinigt ist oder nicht. — Bei dieser Art der Untersuchung ist zu berücksichtigen, daß es häufig nicht leicht ist, ausführliche und genaue Prüfungen von Wasser an der Entnahmestelle auszuführen, da man teils alle hierzu erforderlichen Reagenzien und Apparate nicht immer bei sich tragen kann, teils auch ein geeigneter Platz zur Vornahme der Untersuchungen oft nicht zur Verfügung steht.

Für die bakteriologische, biologische und physikalisch-chemische Untersuchung eines Wassers kommt natürlich in erster Linie immer der jeweilige Fachsachverständige in Betracht. So berechtigt diese Forderung auch ist, so wird sie sich in der Praxis doch oft nicht verwirklichen lassen. Dann muß z. B. der Amtsarzt oder ein anderer Sachverständiger die Wasserproben entnehmen und sie einem chemischen Laboratorium zur weiteren genauen Untersuchung übergeben. Diese Sachverständigen müssen aber auch in der Lage sein, gewisse Prüfungen an der geschöpften Wasserprobe sogleich vornehmen und einleiten zu können, wenn die erhaltenen Ergebnisse später für die Beurteilung Wert haben sollen. Es war infolgedessen wichtig, die in Frage kommenden Prüfungsverfahren so zu wählen, daß sie, abgesehen natürlich von ihrer Zuverlässigkeit, auch verhältnismäßig einfach sind und ohne besondere Schwierigkeiten bei einiger Übung und Erfahrung auch von einem Nicht-Spezialsachverständigen sich gebrauchen lassen. Hervorgehoben muß an dieser Stelle gleich werden, daß es sich empfiehlt, soweit wie eben noch möglich, die Ergebnisse der Untersuchung an Ort und Stelle im Laboratorium später nachzuprüfen.

In den nachstehenden Abschnitten finden sich die Arbeiten und Untersuchungen angegeben, die nach meinem Dafürhalten an der Wasserentnahmestelle für gewöhnlich auszuführen sind.

Über den Wert der Ortsbesichtigung.

Für eine abschließende hygienische Beurteilung eines zu Trink- und Wirtschaftszwecken dienenden Wassers ist die genaue Kenntnis der örtlichen Verhältnisse der Gewinnungsanlagen, z. B. des Brunnens, der Quelle, erforderlich. Bei Bohrbrunnen sollte z. B. stets das Bohrprofil des Brunnens vorgelegt werden, das alle durchteuften Schichten nach Tiefenlage und Mächtigkeit unter besonderer Hervorhebung der in den wasserführenden Schichten gemessenen Wasserstände enthält. Vgl. E. Bieske: Rohrbrunnen. München u. Berlin 1929. Wasserentnahmestellen müssen stets so angelegt sein, daß nachteilige äußere Beeinflussungen des Wassers, z. B. durch menschliche oder tierische Abfallstoffe oder Schmarotzer, dauernd ausgeschlossen sind. Durch Trinkwasser können neben anderen Krankheiten, z. B. der sog. Wasserkrankheit und Weilschen Krankheit (ansteckende Gelbsucht), in erster Linie Typhus, Paratyphus, Ruhr und Cholera und besonders für Tiere der Milzbrand übertragen werden. Da die Erreger dieser Krankheiten hauptsächlich mit den menschlichen Entleerungen ausgeschieden werden, können sie bei hygienisch nicht einwandfreien Wassergewinnungsanlagen, die z. B. in der Nähe von Abortgruben sich befinden, in das Trinkwasser gelangen und zur Verbreitung der genannten Krankheiten Anlaß geben. Vgl. u. a. H. Bruns: Typhusepidemien und Trinkwasserleitungen. Gas- u. Wasserfach **70**, H. 23 (1927) und Vom Wasser **3**, Berlin 1930, sowie Hilgermann: Wasser u. Gas **17**, Nr 15 (1927); ferner H. Kathe: Zbl. Hyg. **20**, Nr 14/15 (1929), M. Grünwald: Gas- u. Wasserfach **70**, H. 5 (1927) und O. Solbrig: Der Typhus einst und jetzt im Gesdh.ing. **56**, S. 461 u. 474 (1933); O. Spitta: Typhus und Trinkwasserversorgung. Arch. soz. Hyg. **2**, H. 2 (1927), und H. Hornung im Arch. f. Hyg. **1934**, H. 3; ferner Bruns, Mix u. Petri: Veröff. Volksgesdh.dienst **47**, H. 6 (1936) und Gas- u. Wasserfach **79**, Nr 28 (1936) u. **1938**, 81. Jg., H. 9. Das Wasser, das zum Baden, zur Reinigung der Wäsche usw. von Personen mit diesen ansteckenden Krankheiten gedient hat, ist verseucht; gelangt nun solches Wasser in die Nähe nicht einwandfrei angelegter Brunnen, so ist eine Übertragung der Krankheitserreger ohne weiteres möglich. Ähnlich verhält es sich auch, wenn Eier oder Larven von Eingeweidewürmern in das Trinkwasser hineingeraten. Vgl. u. a. M. Braun u. O. Seifert: Die tierischen Parasiten des Menschen. 2. Teil, 2. Aufl. Leipzig 1920 und Quast im Zbl. Hyg. **1**, H. 7 (1922). Über den schädlichen Einfluß von Ascheablagerungen, Müll und festen Abfallstoffen auf Grundwasser usw. vgl. die näheren Angaben bei H. Haupt im Gas- u.

Wasserfach **78**, Nr 27 (1935). Nachstehende Abbildung möge die Verunreinigung eines Kesselbrunnens durch äußere schädliche Einwirkungen näher erläutern.

Auch in ästhetischer Hinsicht muß verlangt werden, daß eine Wasserentnahmestelle gegen nachteilige äußere Einflüsse, wie Hineingelangen von kleinen Tieren, Staub, Schmutz, dauernd geschützt ist. Vgl. Wasser u. Abwasser **23**, H. 10, 277 (1927); **26**, H. 10, 289 (1930), und Münch. med. Wschr. **80**, Nr 7 (1933), und H. Bruns im Gesundh.-Ing. **60**, H. 18 (1937). Auf dem Lande namentlich lassen die Wasserversorgungsverhältnisse nicht selten noch viel zu wünschen übrig. Wenn Brunnen in der Nähe von Abortgruben, Dung-

Abb. 1. Verunreinigung eines Kesselbrunnens.

stätten und gewerblichen Anlagen liegen und, wie oft, mangelhaft abgedeckt sind, ist das Trinkwasser häufig merklich verunreinigt. Zeigt die örtliche Besichtigung schon ohne weiteres die nachteilige Beeinflussung eines Trinkwassers durch menschliche, tierische und gewerbliche Abgänge an, so erübrigt sich in der Mehrzahl der Fälle eine eingehendere Untersuchung solchen Wassers. Vgl. a. Wasser u. Abw. **24**, 72 (1928).

Über die durchschnittlichen hygienischen Mindestforderungen für Einzelbrunnen nach einer Reihe von den in Deutschland erlassenen Brunnenordnungen vgl. die Darstellung einer im Reichsgesundheitsamt angefertigten schematischen Zeichnung. Diese findet sich abgebildet in dem Buche von O. Spitta: Grundriß der Hygiene, S. 393. Berlin 1920. Es sei ferner noch auf den Entwurf betr. „Technische Vorschriften für Bau und Betrieb von Grundstücksbewässerungsanlagen“, Gas- u. Wasserfach **70**, H. 28 (1927), hingewiesen.

Über die Zuständigkeit des Fachchemikers in Wasserfragen vgl. die Ausführungen in der Angew. Chem. **1934**, Nr 6.

Über den Zustand der Schutzzone bei gemeindlichen Wasserversorgungsanlagen vgl. die näheren Angaben bei A. UNGER im Arch. f. Hyg. **117**, H. 4 (1937).

Über Rohrbelüfter (Rohrunterbrecher) als Schutz der Reinwasserleitungen gegen Rücksaugen vgl. die näheren Angaben bei H. RODIEK in Gas- u. Wasserfach **78**, Nr 51 (1935).

Über die etwaige Gefährdung einer Trinkwasserversorgung durch Gifte[1], wie z. B. durch Arsenik, Barium, Blei, Chrom, Zyankalium, Petroleum, Nitrobenzol, Pikrinsäure, Phosphorwasserstoff usw., finden sich nähere Angaben bei F. FISCHER: Das Wasser, S. 29. Leipzig 1914; A. GÄRTNER: Die Hygiene des Wassers, S. 31, 914. Braunschweig 1915; L. GRÜNHUT: Trinkwasser und Tafelwasser, S. 382, 557. Leipzig 1920; W. HARTMANN: Chem.-Ztg. **1925**, 474; KATHE: Zbl. Hyg. **20**, Nr 4 (1929); H. KLUT: Hyg. Rdsch. **1920**, Nr 17, 518; H. STOOFF: Hyg. Rdsch. **1920**, Nr 20, 613; ferner im J. Gasbeleucht. u. Wasserversorg. **1914**, Nr 40, 911; **1915**, Nr 25, 344, und Gas- u. Wasserfach **74**, H. 34 (1931) und **79**, Nr 48 (1936); in der Zeitschrift Das Wasser **1914**, Nr 27, 724; im Sammelblatt Wasser u. Abwasser **9**, H. 7, 198, 222, 223 (1915); **10**, H. 3, 65; **19**, H. 5, 132 (1924); **22**, H. 4, 100 (1926); **23**, H. 5, 121 (1927); **27**, H. 3, 66 (1930); **28**, H. 5, 139 (1931); **30**, H. 2, 50 (1932), H. 7, 196 (1932); **32**, H. 1, 12 (1934). Im allgemeinen kann man sagen, daß Trinkwasser in großen Behältern durch Einbringen von Giften nur schwer zu einer Gefahr für die angeschlossenen Verbraucher gemacht werden kann. Über Kampfgase und Wasserversorgung vgl. bei THIESING: Wasser u. Gas **1921**, Nr 12/13. — Über Verunreinigung von Grundwasser durch die Abwässer der Gasanstalten vgl. G. METGE: Internat. Z. Wasserversorg. **1914**, Nr 16.

Hinsichtlich der Gewinnung hygienisch einwandfreien Trink- und Brauchwassers sowie des Baues, der Einrichtung und Überwachung

---

[1] Über Nachweis und Bestimmung von Giften und seltenen Stoffen auch im Wasser finden sich nähere Angaben u. a. in folgenden Büchern: AUTENRIETH, W.: Die Auffindung der Gifte. 5. Aufl. Dresden 1923. — FRESENIUS, C. R.: Anleitung zur qualitativen und quantitativen chemischen Analyse. 4. u. 6. Aufl. Braunschweig 1910. — GADAMER, J.: Lehrbuch der chemischen Toxikologie und Anleitung zur Ausmittelung der Gifte. 2. Aufl. Göttingen 1924. — GRÜNHUT, L.: Untersuchung von Mineralwasser in J. KÖNIG: Chemie der menschlichen Nahrungs- und Genußmittel. 4. Aufl., **3 III**. Berlin 1918. — KOBERT, R.: Lehrbuch der Intoxikationen. 2. Aufl. Stuttgart 1906 — Kompendium der praktischen Toxikologie. 5. Aufl. Stuttgart 1912. — KÖNIG, J.: Die Untersuchung landwirtschaftlich wichtiger Stoffe. 5. Aufl. Berlin 1923. — MANNHEIM, E., u. FR. X. BERNHARD: Toxikologische Chemie. 3. Aufl. Berlin u. Leipzig 1926. — SABALITSCHKA, TH.: Anleitung zum chemischen Nachweis der Gifte. Berlin 1923. — TREADWELL, F. P.: Lehrbuch der analytischen Chemie **1**. 15. Aufl. Leipzig u. Wien 1937. Ferner: HARTMANN, W.: Reizgifte in Wässern und Granattrichtern. Chem.-Ztg **49**, 474 (1925).

von kleinen und großen Wasserversorgungsanlagen sei u. a. auf das nachstehende Schrifttum verwiesen:

BAMES, E., u. H. ERTEL: Lebensmittelverkehr. Berlin 1937.

BRIX, J., H. HEYD, u. E. GERLACH: Die Wasserversorgung. München und Berlin 1936.

BUNTE, H.: Das Wasser. Braunschweig 1918.

GÄRTNER, AUG.: Die Hygiene des Wassers. Braunschweig 1915.

GERLACH: Wasserversorgung von Stadtrandsiedelungen. Monatshefte f. Siedlungs- u. Straßenbau 1933, H. 1.

GÖTZE, E.: Wasserversorgung in Weyls Handbuch der Hygiene. 2. Aufl. Bd. 1. Abt. 1. Leipzig 1919.

GONZENBACH, W. v.: Wasserhygiene und Wasserinfektionskrankheiten. Schweiz. Ver. Gas- u. Wasserfachm. Monatsbull. 16. 1936.

GOTSCHLICH, E.: Handbuch der hygienischen Untersuchungsmethoden. Bd. 1. Jena 1926.

GRIEGER, R.: Das werdende deutsche Wasserrecht. Gas- u. Wasserfach **80**, H. 44 (1937).

GROSS, E.: Handbuch der Wasserversorgung. 2. Aufl. München u. Berlin 1930.

HEILMANN, A.: Wasserversorgung Wittenberg 1927.

HILGERMANN, R.: Grundsätze für Wasserversorgungsanlagen. Jena 1918.

HÖFER, H. v.: Heimhalt, Grundwasser und Quellen. Braunschweig 1912.

HOLLUTA, J.: Die Chemie und chemische Technologie des Wassers. Stuttgart 1937.

HUNZIKER: Das Wasser als Träger von Krankheitskeimen. Monats-Bullet. Schweiz. Ver. von Gas- u. Wasserfachm. **11**, Nr 10 (1931).

KEILHACK, K.: Lehrbuch der Grundwasser- und Quellenkunde. 3. Aufl. Berlin 1935.

KISSKALT, K.: Brunnenhygiene. Leipzig 1916.

KISSKALT, K., u. M. KNORR: Die Gefährdung von Diluvialquellen und ihre Untersuchung mit Uranin und Kochsalz. Arch. f. Hyg. **103**, Nr 4/5, 349 (1930).

KLUT, H.: Trink- und Brauchwasser. Berlin 1924.

KRUSE, W.: Die hygienische Untersuchung und Beurteilung des Trinkwassers. In WEYLS Handbuch der Hygiene **1**, 1. Abt. 2. Aufl.

LEHMANN, H.: Wasserversorgung in Bd. 6. Ortshygiene d. Handbücherei f. d. Öffentl. Gesundheitsdienst. Berlin 1936.

LEHR, G. J.: Das Trink- und Gebrauchswasser. Leipzig 1936.

MENGERINGHAUSEN, M.: Be- und Entwässerung in der Kleinsiedlung. Vorbilder und Richtlinien. Berlin 1933.

MEYER, A. F.: Trinkwasser aus Talsperren. München und Berlin 1937.

MEYER, A. F.: Reichswassergesetz, Deutsche Gemeindeordnung und Trinkwasserversorgung. Gas- u. Wasserfach **79**, Nr 25 (1936).

MEYEREN, G. v.: Überblick über die im Deutschen Reiche geltenden Vorschriften für den Bau und Betrieb von Wasserversorgungsanlagen. Gas- u. Wasserfach **73**, H. 36—39 (1930).

MEYEREN, G. v.: Juristische Fragen auf dem Gebiet der Wasserversorgung. Kl. Mitt. der Preuß. Landesanstalt f. Wasser-, Boden- und Lufthygiene. Berlin-Dahlem 6. Jg. Nr 5—6, und ebenda Beiheft 7. Berlin 1930.

Ministerialblatt für die innere Verwaltung Nr 25 vom 20. 6. 1934. Betr. Wasserversorgung auf dem Lande. Rd.-Erl. d. M. d. I. vom 12. 6. 1934. — II D. 2318/34.

NIKOLAI, F.: Über die Wasserversorgung mittels Zisternen. Arch. f. Hyg. **86**, 318 (1917).

OHLMÜLLER-SPITTA-OLSZEWSKI: Untersuchung und Beurteilung des Wassers und des Abwassers. 5. Aufl. Berlin 1931.
OLSZEWSKI, WO.: Chemische Technologie des Wassers. Sammlung Göschen 1925.
OPITZ, K.: Brunnenhygiene. Berlin 1910.
PENGEL-BIESKE: Der praktische Brunnenbauer. 4. Aufl. Berlin 1932. — BIESKE, E.: Rohrbrunnen. München und Berlin 1929.
PRINZ, E.: Handbuch der Hydrologie. 2. Aufl. Berlin 1922.
PRINZ, E., u. R. KAMPE: Quellen. Berlin 1934.
SIERP, F.: Trink- und Brauchwasser. Bd. 4. Von M. LE BLANC. Ergebnisse der angewandten physikalischen Chemie. Leipzig 1936.
SMREKER, O.: Die Wasserversorgung der Städte. 5. Aufl. Leipzig 1924.
SOLBRIG, O.: Ärztliche Sachverständigentätigkeit auf dem Gebiete der Hygiene. Abschnitt Wasser. In P. DITTRICH: Handbuch der ärztlichen Sachverständigentätigkeit auf dem Gebiete der Hygiene. Berlin und Wien 1929.
SPITTA, O., u. K. REICHLE: Die Wasserversorgung. Im Handbuch der Hygiene von M. RUBNER, M. v. GRUBER u. M. FICKER. 2. Aufl. Bd. 2. 2. Abt. Leipzig 1924.
SPITTA, O.: Grundriß der Hygiene. Berlin 1920 und Gas- u. Wasserfach **80**, H. 19 (1937).
WEYRAUCH, R.: Wasserversorgung der Ortschaften. 3. Aufl. Sammlung Göschen 1921.
ZEISS, H., u. E. RODENWALDT: Einführung in die Hygiene und Seuchenlehre. 2. Aufl. Stuttgart 1937.
ZIEGLER, P.: Schnellfilter, ihr Bau und Betrieb. Leipzig 1919.
Brunnenordnung. Polizeiverordnung über die Wasserversorgung mit Ausnahme der zentralen Wasserwerke. 1935. Carl Heymanns Verlag in Berlin W 8.
Dienstvorschrift der Deutschen Reichsbahn-Gesellschaft für den Bau und die Überwachung von Bahnwasserwerken vom 1. 5. 1930 sowie Niederschriften von Vorträgen über Wasserversorgung 1935. Anhang 2 zur Bawa d. V. 964 b.
Grundzüge der Trinkwasserhygiene. Herausgegeben v. d. Preuß. Landesanstalt f. Wasser-, Boden- und Lufthygiene in Berlin-Dahlem. 2. Aufl. Berlin 1938.
Hygienische Leitsätze für die Trinkwasserversorgung. Beratungen im Preuß. Landesgesundheitsamt. Veröff. Med. verw. Bd. 38, H. 1. Berlin 1932.
Kalender f. d. Gas- und Wasserfach. Herausgegeb. v. Deutschen Verein von Gas- u. Wasserfachmännern e. V. Vgl. auch Gas- u. Wasserfach **79**, H. 26—27. (1936).
Kleine Mitteilungen. Herausgegeb. v. d. Preuß. Landesanstalt f. Wasser-, Boden- und Lufthygiene. Bislang 13 Jg.
Vom Wasser. Jahrbuch für Wasserchemie und Wasserreinigungstechnik. Seit 1927. Herausgegeben von der Fachgruppe für Wasserchemie des Vereins Deutscher Chemiker, E. V. Verlag Chemie G. m. b. H. in Berlin W 35.

Entnahme von Wasserproben.

Diese erfolgt zweckmäßig an Hand einer näheren Anweisung, wie solche — Fragebogen über die örtlichen Verhältnisse meist vorgedruckt — bei vielen Stellen im Gebrauch ist und zur Einsendung von Wasserproben abgegeben wird. Über die Entnahme von Wasserproben gebe ich nachstehend die etwas gekürzte „Anweisung" hierzu von der Preußischen Landesanstalt für Wasser-, Boden- und Lufthygiene in Berlin-Dahlem mit einigen kleinen Anmerkungen wieder:

„Allgemeine Vorschriften. Von jeder zu untersuchenden Probe sind mindestens zwei Liter zu senden. Zur Versendung sind vollkommen reine, mit dem zu untersuchenden Wasser wiederholt (mindestens dreimal) vorgespülte Glasflaschen zu verwenden, möglichst solche mit Glasstopfen. In Ermangelung derartiger Flaschen sind die Flaschen mit neuen Korken zu verschließen. Im allgemeinen sind die Flaschen nicht zu versiegeln. Ist eine Versiegelung der Flasche angezeigt, so ist der Kork zu verschnüren und das Siegel nicht auf dem Korke, sondern an der Verschnürung anzubringen. Ort und Zeit der Entnahme sind auf den Flaschen anzugeben. Auf dem Begleitschein muß angegeben sein, wer den Auftrag zur Untersuchung erteilt, wie die Flasche bezeichnet ist und wohin das Untersuchungsergebnis zu senden ist.

Bevor das Wasser zur Untersuchung aufgefangen wird, muß der Brunnen unmittelbar vorher mindestens 20 Minuten hindurch

---

Anmerkungen. Für die mikroskopische (biologische) Untersuchung kann es unter Umständen vorteilhaft sein, Planktonfänge auch vor dem Abpumpen zu machen.

Über die Entnahme von bakteriologischen sowie Sauerstoffproben usw. vgl. die betreffenden Artikel. Über die geeignete Entnahme von Wasserproben aus Bohrlöchern, Schürfgräben usw. hat RENK im J. Gasbel. u. Wasserversorg. **1907**, Nr 44 eingehend berichtet. Einiges sei aus dem Vortrage kurz wiedergegeben. Entnahme aus Bohrlöchern: Das Wasser darf nicht im Bohrloche längere Zeit gestanden haben, ferner muß die obere Öffnung des Bohrloches verschlossen gewesen sein.

Bei neuangelegten Brunnen sollte eine Wasseruntersuchung und hygienische Begutachtung erst dann veranlaßt werden, nachdem eine gründliche Reinigung durch wiederholtes Abpumpen des angesammelten Wassers und Ausheben des beim Bau eingedrungenen Schmutzes erfolgt ist.

Entnahme aus Schürfgräben ist in einfachster Weise dadurch zu erreichen, daß man am obersten Ende jedes Schürfgrabens ein etwa 1 m langes Eisen- oder Tonrohr derart einlegt, daß wenigstens ein Teil des dort aus dem Erdboden austretenden Wassers durch das Rohr abfließen muß.

Probenahme für Untersuchung auf Betonangriff. Aus Bohrlöchern ist das Wasser z. B. mittels einer Handpumpe zu entnehmen und mittels eines Trichters und eines daran befestigten bis auf den Boden der Probeflasche reichenden Gummischlauches so einzufüllen, daß kein Verspritzen des Wassers stattfindet und es möglichst wenig mit Luft in Berührung kommt. Aus Schürflöchern können Proben durch Eintauchen der schräg gehaltenen Flaschen entnommen werden.

Die Probeflaschen müssen vollständig gefüllt sein.

Weitere Angaben über Entnahme von Wasserproben auch aus größeren Tiefen vgl. bei SALLER im obengenannten Journal **1919**, Nr 25, 343 und L. SCHWARZ: Die gesunde Stadt. Gesundheit **45**, 92 (1920) und L. SCHIOPPA: Zbl. Bakter. I Orig. **130**, Nr 3/4 (1933) und KISKER: Kl. Mitt. Landesanst. **7**, H. 2, 178 (1931) und K. SCHILLING: Gas- u. Wasserfach **79**, Nr 15 (1936).

langsam und gleichmäßig abgepumpt werden, wobei bei Kesselbrunnen[1] darauf zu achten ist, daß das ausgepumpte Wasser nicht wieder in den Brunnenkessel zurückläuft.

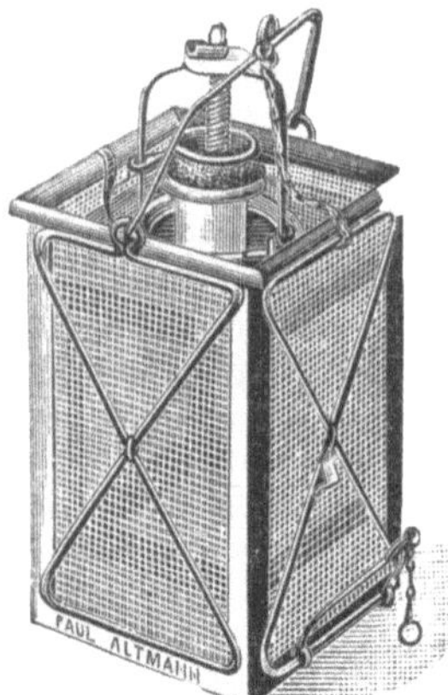

Abb. 2. Wasserentnahmeapparat nach HEYROTH.

Hat der Brunnen nur wenig Wasser, oder ist kurz vor der Entnahme zu irgendwelchen anderen Zwecken schon eine größere Wassermenge abgepumpt worden, so kann die Zeitdauer des eben geforderten Abpumpens entsprechend beschränkt werden.

Bei Wasserleitungen muß man das Wasser unmittelbar vor der Entnahme mindestens 20 Minuten lang ablaufen lassen.

Bei Brunnen ohne Pumprohr wird ein vorher sorgfältig innen und außen gereinigter, zweckmäßig unmittelbar vor der Benutzung mit heißem Wasser ausgespülter Eimer in den Brunnenkessel hinabgelassen und so zum Schöpfen des Wassers benutzt.

Quell-, Fluß-, Teichwässer werden ohne weiteres in die oben näher beschriebenen Flaschen gefüllt."

Für die Entnahme von Wasserproben sind zahlreiche Apparate ausgeführt worden. Man vgl. hierüber beispielsweise nur einmal die vielen Abbildungen in den Preislisten der verschiedenen Firmen.

Abb. 3. Glasflasche für Wasserproben.

Beim Abschnitt „Bestimmung des in Wasser gelösten Sauerstoffes" sind mehrere recht brauchbare Apparate beschrieben. Von den vielen sei nebenstehend eine Vorrichtung für Wasserprobe-Entnahme zur chemischen Untersuchung nach HEYROTH abgebildet (Abb. 2). Sie besteht aus einem Drahtkorb mit Deckel zur Aufnahme der Flaschen für Wasserproben: Innen ist er mit Gummipolster versehen, und zur Überwindung des Auftriebes beim Versenken im Wasser besitzt er einen Bleiboden. Zur Befestigung der zum Versenken vorgesehenen Schnur dient ein Karabinerhaken. Um aus beliebigen Wassertiefen Proben entnehmen zu können, ist auf dem Deckel ein Federventil angebracht, das den Flaschenhals verschließt und durch Zug an einer zweiten Schnur von oben geöffnet werden kann, sobald sich der Flaschenhals in der gewünschten Entnahmetiefe befindet.

Abb. 4. Sicherheitsverschluß.

[1] Man vermeide jedoch das Abpumpen von Kesselbrunnen bis zur Erschöpfung, da sonst leicht der auf dem Boden des Kessels befindliche Schlamm aufgewirbelt wird und in die Probe gelangt.

Geeignete Apparate zur gleichzeitigen Wasserentnahme für die bakteriologische und chemische Untersuchung werden nach OLSZEWSKIS Angaben[1] von der Firma Hugo Keyl in Dresden-A. in den Handel gebracht.

Zur Aufnahme der Wasserproben verwendet die Landesanstalt meist viereckige Flaschen mit eingeschliffenem Glasstopfen und 1,5 l Inhalt, mit Nummern auf Stopfen und Flasche. Eine Seite des Gefäßes ist mattgeschliffen für Bleistiftangaben (Abb. 3).

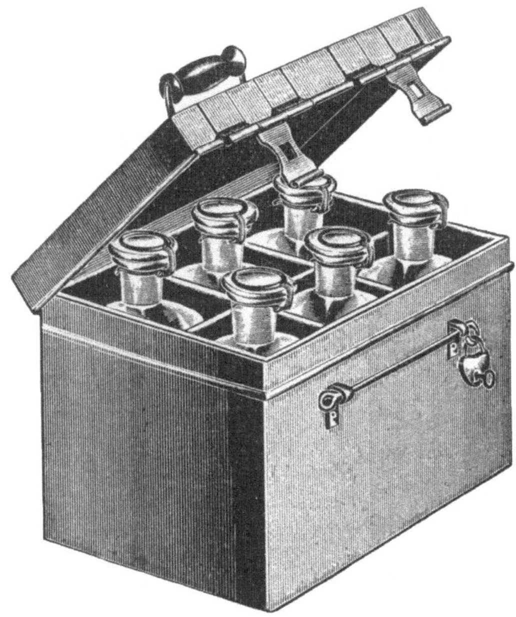

Abb. 5. Versandkasten für Wasserproben.

Als Sicherheitsverschluß dient eine federnde Metallklammer zum Festhalten des Glasstöpsels (Abb. 4).

Zur Aufnahme der entnommenen Wasserproben verwendet die Anstalt den obenstehend abgebildeten Kasten, der völlig aus Metall hergestellt und innen zur sicheren Beförderung der Glasgefäße mit einer starken Filzauskleidung versehen ist (Abb. 5).

Von verschiedenen Seiten wurde ich aufgefordert, für die Untersuchung des Wassers am Orte der Entnahme einen einfachen und handlichen Untersuchungskasten zusammenzustellen. Diesem Wunsche bin ich nachgekommen.

---

[1] Pharmaz. Z.halle Dtschld 70, Nr 12, 189 (1929).

Der abgebildete „Wasserkasten“ (vgl. Abb. 6) enthält die Apparate nebst Reagenzien in flüssiger Form zur physikalischen und chemischen Vorprüfung eines Wassers an Ort und Stelle. Aus den

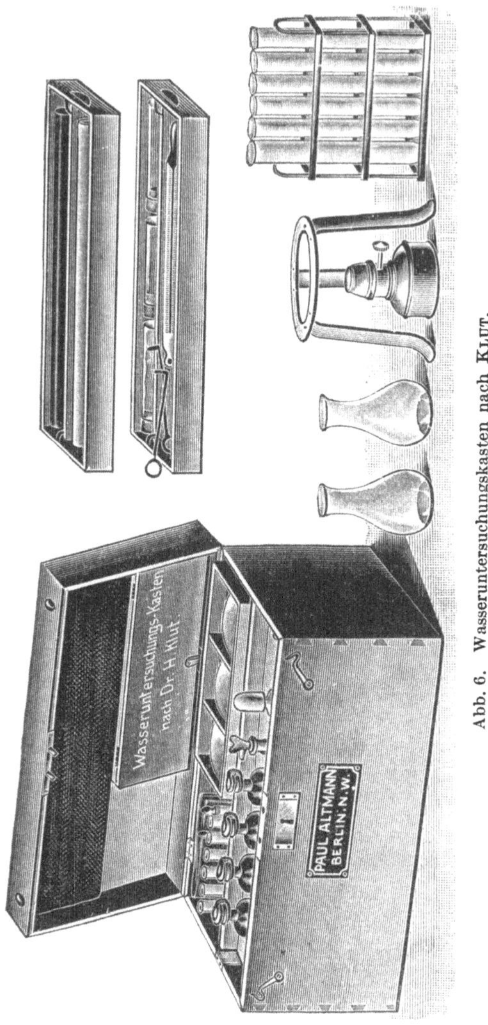

Abb. 6. Wasseruntersuchungskasten nach Klut.

Ergebnissen dieser Untersuchungen erhält man in vielen Fällen schon ausreichende Anhaltspunkte über die Beschaffenheit und Brauchbarkeit eines Wassers.

Der Wasseruntersuchungskasten nebst Reagenzien ebenso wie die anderen erwähnten Apparate sind durch die Firma Franz

Bergmann und Paul Altmann, Berlin NW 7, Luisenstraße 45 und 47, erhältlich.

Nähere Angaben über das analytische Gerät des Wasserchemikers finden sich bei H. Bach: Chem. Fabrik **1927**, Nr 6.

Untersuchung des Wassers[1] an Ort und Stelle.

Reihenfolge der Untersuchungen.

Es wird sich im allgemeinen empfehlen, die Untersuchungen in nachstehender Reihenfolge auszuführen:

Bestimmung der Temperatur,
„ „ Klarheit und Durchsichtigkeit,
„ „ Farbe (auch als Nachweis der organischen Stoffe),

---

[1] Nachstehend sei außer dem bereits mitgeteilten noch einiges neueres Schrifttum über Untersuchung von Wasser angegeben:

Beythien, A.: Laboratoriumsbuch für den Nahrungsmittelchemiker. Dresden u. Leipzig 1931.

Brennecke, E., K. Fajans, N. H. Furman, R. Lang u. H. Stamm: Neuere maßanalytische Methoden **33**. In W. Böttger: Die chemische Analyse. 2. Aufl. Stuttgart 1937.

Czensny, R.: Die zu den wichtigsten chemischen Methoden der Wasseruntersuchung benötigten Gerätschaften und Chemikalien sowie ihre Anwendung auf der Reise und im Labor. Z. Fischerei **24**, 435 (1926).

Dost Hilgermann u. Zitek: Grundlinien für die chemische Untersuchung von Wasser und Abwasser. 2. Aufl. Jena 1919.

Grünhut, L.: Trinkwasser und Tafelwasser. Leipzig 1921.

Kolthoff, J. M.: Die Maßanalyse. 2. Aufl. Berlin 1931. — Säure-Basen-Indikatoren. 4. Aufl. Berlin 1932.

Lockemann, G.: Aschenanalyse. In E. Abderhalden: Handbuch der biologischen Arbeitsmethoden, Abt. 1, Teil 3. Berlin u. Wien 1920.

Ohlmüller-Spitta u. Olszewski: Untersuchung und Beurteilung des Wassers und des Abwassers. 5. Aufl. Berlin 1931.

Splittgerber, R., u. E. Nolte: Untersuchung des Wassers. In Abderhaldens Handbuch der biologischen Arbeitsmethoden, Abt. 4, Teil 15. Berlin u. Wien 1931.

Tillmans, J.: Die chemische Untersuchung von Wasser und Abwasser. 2. Aufl. Halle a. d. S. 1932 — Wasser im Handbuch der Lebensmittelchemie von Bömer, Juckenack u. Tillmans **1**. Berlin 1933.

Treadwell, W. D.: Lehrbuch der analytischen Chemie **1**. 15. Aufl. 1937; **2**, 11. Aufl. Leipzig u. Wien 1935.

Urbach, C.: Stufenphotometrische Trinkwasseranalyse. Wien u. Leipzig 1937.

Winkler, L. W.: Ausgewählte Untersuchungsverfahren für das chemische Laboratorium, Teil 1 und 2. In W. Böttger: Die chemische Analyse **29** und **35**. Stuttgart 1931 und 1936.

Wulff, P.: Anwendung physikalischer Analysenverfahren in der Chemie. München 1936.

Einheitsverfahren der chemischen und physikalischen Wasseruntersuchung. Bearbeiter: H. Stooff und L. W. Haase. Herausgeg. v. d. Fachgruppe f. Wasserchemie des Vereins deutscher Chemiker. E. V. Berlin 1936.

Standard Methods for the Examination of water and Sewage. 8. Aufl. New York 1936.

Ermittlung organischer Verunreinigungen,
Bestimmung des Geruches,
„ „ Geschmackes,
Prüfung auf salpetrige Säure,
„ „ Salpetersäure,
„ „ Ammoniak,
„ der Reaktion,
Ermittlung der Wasserstoffionenkonzentration,
Einleitung der bakteriologischen Untersuchung,
Prüfung auf Eisen,
„ „ Kohlensäure und ihre Bestimmung (Kalkbedarf),
Bestimmung des gelösten Luftsauerstoffes.
In gewissen Fällen noch:
Bestimmung der Chloride,
„ „ Härte,
Prüfung auf Blei,
mikroskopische Prüfung und Probenahme für die biologische Untersuchung,
Prüfung auf Mangan,
Nachweis und Bestimmung von freiem Chlor sowie Hypochloriten im Wasser,
Nachweis von Arsen,
Bestimmung der elektrischen Leitfähigkeit,
„ „ Radioaktivität,
Untersuchung mit dem Interferometer.

Zahlentafel. Umrechnungswerte auf Ionen.

Salpetersäure:
1 mg/l N_2O_5 = 1,148 mg/l NO_3'
1 mg/l NO_3' = 0,871 mg/l N_2O_5

Salpetrige Säure:
1 mg/l N_2O_3 = 1,211 mg/l NO_2'
1 mg/l NO_2' = 0,826 mg/l N_2O_3

Schwefelsäure:
1 mg/l SO_3 = 1,1998 mg/l SO_4''
1 mg/l SO_4'' = 0,833 mg/l SO_3

Kohlensäure:
1 mg/l CO_2 = 1,386 mg/l HCO_3'
1 mg/l HCO_3' = 0,721 mg/l CO_2

Ammoniak:
1 mg/l NH_3 = 1,059 mg/l $NH_4^{\cdot}$
1 mg/l $NH_4^{\cdot}$ = 0,944 mg/l NH_3

Eisen:
1 mg/l Fe_2O_3 = 0,6994 mg/l $Fe^{\cdots}$
1 mg/l FeO = 0,777 mg/l $Fe^{\cdot\cdot}$
1 mg/l $Fe^{\cdots}$ = 1,430 mg/l Fe_2O_3
1 mg/l $Fe^{\cdot\cdot}$ = 1,287 mg/l FeO

Kalk:
1 mg/l CaO = 0,715 mg/l $Ca^{\cdot\cdot}$
1 mg/l $Ca^{\cdot\cdot}$ = 1,399 mg/l CaO

Magnesia:
1 mg/l MgO = 0,603 mg/l $Mg^{\cdot\cdot}$
1 mg/l $Mg^{\cdot\cdot}$ = 1,658 mg/l MgO

Kaliumpermanganatverbrauch:
1 mg/l $KMnO_4$-Verbrauch = 0,253 mg/l Sauerstoffverbrauch
1 mg/l Sauerstoffverbrauch = 3,95 mg/l $KMnO_4$-Verbrauch

Kochsalz:
1 mg/l NaCl = 0,607 mg/l Cl′
1 mg/l Cl′ = 1,649 mg/l NaCl.

Temperaturbestimmung.

Die Temperatur eines Trinkwassers liegt, wenn es ein Genußmittel sein soll, am besten zwischen 7° und 11° C. Nur reines kühles Wasser ist wohlschmeckend und erfrischend. Doch wird von den meisten Menschen auch Wasser mit einer Temperatur zwischen 5° und 7° und 12° und 15° C noch nicht unangenehm empfunden. Dagegen erfrischen Wässer mit höheren Wärmegraden nicht mehr, und es ist dies ein Hindernis für ihre Verwendung. Trinkwässer unter 5° C sind für viele Menschen geradezu gesundheitsschädlich. Vgl. auch M. RUBNER: Lehrbuch der Hygiene. 8. Aufl. Leipzig und Wien 1907. S. 344.

Kaltes Wasser ist auch nachteilig beim Tränken des Viehes, z. B. wird beim Rindvieh die Milcherzeugung hierdurch ungünstig beeinflußt.

Die Ermittlung der Temperatur eines Wassers gibt häufig wertvolle Aufschlüsse über seine Herkunft. Grund- und Quellwässer haben eine gleichmäßige, von den Jahreszeiten wenig beeinflußte Temperatur. Auffällig hohe oder niedere Temperaturen sind oft ein Anzeichen dafür, daß das Wasser aus geringer Tiefe unter der Oberfläche stammt und somit vielleicht eine ungenügende Filtration im Boden erfahren hat. Darauf bezieht sich auch der Ministerialerlaß vom 23. April 1907, betr. Leitsätze für die Beschaffung hygienisch einwandfreien Wassers, in welchem es in § 6 heißt: „Größere Temperaturschwankungen weisen beim Grund- und Quellwasser darauf hin, daß Oberflächenwasser rasch und in erheblicher Menge dem unterirdischen Wasser zufließt. Das Gleichbleiben der Temperatur aber schließt das Vorhandensein solcher Zuflüsse noch nicht mit Sicherheit aus." Vgl. auch Veröff. Med.verw. 38, H. 1, 414 (1932).

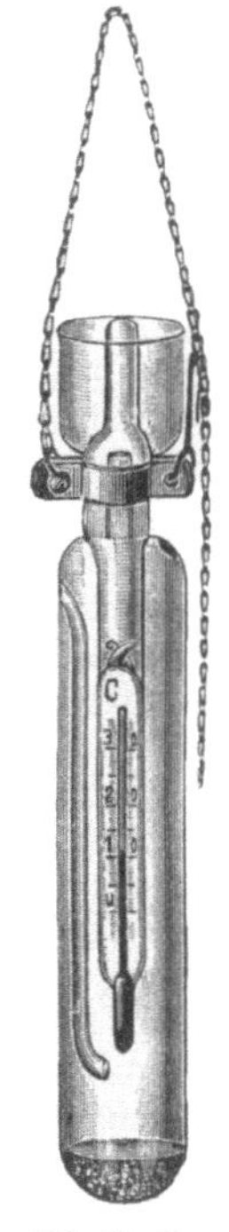

Abb. 7. Durchflußthermometer für Wasserwerke nach K. THUMM.

Nach E. PRINZ und R. WEYRAUCH sind für die Temperatur des unterirdischen Wassers von ausschlaggebender Bedeutung: Die Herkunft des Wassers, die geologische Beschaffenheit und Mächtigkeit des Wasserträgers, und zwar sowohl in lotrechter als auch in waagerechter Richtung, die Überlagerung des Grundwasserspiegels, die Geschwindigkeit der Wasserbewegung, die Nachbarschaft von Oberflächenwasser, die Höhenlage gegen den Meeresspiegel und die geographische Breite.

Über den Einfluß der Fortleitung des Wassers auf seinen Wärmegrad vgl. die näheren Angaben bei L. GRÜNHUT: Trinkwasser und Tafelwasser, S. 481. Leipzig 1920.

Über die Bewertung der Temperatur bei Versorgung mit Oberflächenwasser vgl. die Ausführungen von E. GÖTZE in Weyls

Handbuch der Hygiene. 2. Aufl., I 1, Wasserversorgung, S. 24. Leipzig 1919.

Messung der Temperatur. Da, wie bereits erwähnt, die Temperatur nicht selten Auskunft zu geben vermag über die Herkunft des Wassers und darüber, ob das Wasser nachteiligen äußeren Einflüssen ausgesetzt ist, so sind Temperaturmessungen von großem Wert. Alle dazu dienenden Thermometer sollten deshalb stets vor ihrem Gebrauch auf ihre Genauigkeit geprüft werden. Am einfachsten geschieht dies durch einen Vergleich mit einem Normalthermometer. Man benutze, wenn irgend möglich, zur Temperaturbestimmung Thermometer aus Jenaer Normalglas, da diese im Laufe der Zeit ihren Null- und Siedepunkt nicht oder kaum verändern. Für praktische Zwecke genügen meist Thermometer, die halbe Grade anzeigen, für genauere Untersuchungen solche mit Einteilung in Zehntelgraden. Maximum- und Minimumthermometer sind für Wärmemessungen auch recht geeignet. Für fortlaufende Messungen verwendet man am besten selbstregistrierende Thermometer.

Zur Bestimmung der Temperatur bei Brunnen- oder Leitungswässern hält man das Thermometer in das fließende Wasser und beobachtet so lange, bis eine Veränderung der Temperatur nicht mehr stattfindet. Bei einem Oberflächenwasser nimmt man für die Temperaturbestimmung zweckmäßig eine große Probe (z. B. einen Eimer voll), taucht das Thermometer ganz in das Wasser und beobachtet bis zum gleichmäßigen Stand. Zum Vergleich mißt man in allen Fällen auch noch die bei der Entnahme der Wasserprobe herrschende Lufttemperatur.

Fehlerhaft ist es, wenn die Temperatur außerhalb des fließenden Wassers abgelesen wird, da hierdurch, besonders bei windigem Wetter, die Bestimmung ungenau wird.

Für genauere Bestimmungen von Grund- und Oberflächenwässern hat K. Thumm nach seinen Angaben von der Firma Franz Bergmann u. Paul Altmann, Berlin NW 7, ein auf dem Durchflußgrundsatz beruhendes Durchflußthermometer herstellen lassen, das besonders bei umfassenderen Untersuchungen recht zu empfehlen ist. Umstehende Abb. 7 zeigt ein solches Thermometer.

Klarheit und Durchsichtigkeit.

Trinkwasser soll klar und durchsichtig sein. Schwebestoffe dürfen nicht oder nur in äußerst geringer Menge darin enthalten sein. Selbst leicht getrübte Wässer stören schon beim Genuß. Der Laie hält vielfach trübes Wasser für gesundheitsschädlich. Wenngleich die ungelösten Bestandteile häufig keine gesundheitlichen Schädigungen bedingen, z. B. Sand-, Lehm-, Tonpartikelchen, Eisenhydroxyd, Karbonate usw., so machen sie doch ein solches Wasser zum mindestens unappetitlich. Bei neuen Fassungsanlagen muß deshalb die Entsandung stets so weit getrieben werden, daß das geförderte Wasser klar und durchsichtig ist. Vielfach werden aber Trübungen des Wassers auch durch andere Stoffe, z. B. organischen Detritus, Stoff- und Holzfasern, Pilzfäden, Strohreste usw., hervorgerufen, die in der Regel dann Anzeichen der Verunreinigung des fraglichen Wassers durch äußere Einflüsse, zurückgebliebene Verschmutzungen vom Bau des Brunnens — schlechte Brunnenabdeckung[1], Nähe von Wohnstätten usw. — sind.

In dem gemeinsamen Erlaß des Ministers der geistlichen, Unterrichts- und Medizinalangelegenheiten sowie des Innern vom 23. April 1907, betr. die Gesichtspunkte für Beschaffung eines brauchbaren, hygienisch einwandfreien Trinkwassers, heißt es in § 5: „Trübungen in einem Quell- oder Grundwasser, die auf Erdteilchen beruhen, sind an sich ungefährlich; aber sie können, ähnlich wie die Bakterien, andeuten, daß ungenügend filtriertes Wasser eindringt. Feste Gesteine geben trübende Teilchen in der Regel nicht ab. Ebenso können kleine Wasserpflanzen und -tiere oder Luftblasen ein Anzeichen für ungenügende Bodenfiltration sein.“ Vgl. auch Veröff. Med.verw. **38**, H. 1, 414 (1932).

Die Bestimmung der Klarheit und Durchsichtigkeit eines Wassers an Ort und Stelle selbst ist meist von gewisser Bedeutung; so sind beispielsweise eisenhaltige Grundwässer frisch geschöpft fast durchweg klar, aber schon nach kurzer Zeit beobachtet man häufig eine stetig zunehmende Opaleszenz, und schließlich erfolgt Ausscheidung feiner gelbbrauner Flöckchen von Eisenoxydhydrat[2]. Das in dem Wasser anfangs gelöste Eisenbikarbonat wird durch den Zutritt von Luftsauerstoff in unlösliches Ferrihydroxyd verwandelt. Ferner kann bei Wässern mit hohem Gehalte an Kalziumbikarbonat durch Abspaltung der halbgebundenen Kohlensäure kohlensaurer Kalk ausgeschieden und hierdurch eine Trübung des Wassers bedingt werden. Auch bei Oberflächenwässern — wie Talsperren, Seen, Flüssen — kann einwandfrei die ursprüngliche äußere Beschaffenheit oft nur an der frisch entnommenen Probe festgestellt werden, da beim Versand und bei der späteren Prüfung durch biologische Vorgänge usw. bereits Veränderungen eingetreten sein können.

Häufig beobachtet man, daß aus Zapfhähnen zentraler Wasserversorgungsanlagen durch feinste Gasbläschen — meistens Luft — milchig getrübtes Wasser austritt. Diese Erscheinung beruht für gewöhnlich auf einer Übersättigung des Wassers mit Luft. Nach kurzem Stehen des Wassers entweichen die Gasbläschen nach oben, ohne einen Rückstand zu hinterlassen; infolgedessen ist diese Trübung gesundheitlich belanglos. Die Entstehungsursache ist oft in geschlossenen Enteisenungsanlagen zu suchen, bei denen Luft mittels Gebläse (Kompressor) in das Wasser eingepreßt wird.

[1] Sehr lehrreich sind die verschiedenen Abbildungen über schlechte Brunnenabdeckungen in dem kleinen Buche von KISSKALT: Brunnenhygiene. Leipzig 1916.

[2] Es ist daher wichtig, anzugeben, ob die frisch geschöpfte Probe nach ganz kurzem Stehen einen Bodensatz zeigt und ob dieser bedeutend oder gering, fein oder flockig, gefärbt usw. ist.

Zur Bestimmung der Klarheit eines Wassers hält man am einfachsten die frisch geschöpfte Probe in einem farblosen Glasgefäße von etwa 1—2 l Inhalt gegen das Licht und beobachtet. Besser aber verwendet man etwa. 30 cm hohe und 3—5 cm weite farblose Glaszylinder mit ebenem Boden, die mit dem zu prüfenden Wasser bis zum Rande gefüllt werden; hierbei läßt sich eine etwaige Trübung des Wassers leicht feststellen, besonders bei auffallendem Licht. Durch Vorhalten einiger Finger gegen das Licht kann man auch eine teilweise Dunkelfeldbeleuchtung schaffen und auf diese Weise eine feinere Untersuchung der ungelösten Bestandteile ermöglichen. Bei Zuhilfenahme einer Lupe für diese Zwecke empfiehlt sich eine 10- bis 15fache Vergrößerung.

Als Grade der Klarheit wählt man zweckmäßig folgende Bezeichnung: klar, schwach opalisierend, opalisierend, schwach trübe, trübe und stark trübe. Als Maßstab für den Grad der Opaleszenz und Trübung einer Flüssigkeit seien hier zum Vergleich die von H. Thoms in Berlin nachstehend angegebenen Zahlenwerte mitgeteilt [vgl. Arch. Pharmaz. **1926**, H. 7/8 u. F. Hebler: Pharmaz. Ztg **71**, Nr 98, 1541 (1926)].

Unter Opaleszenz versteht man eine Trübung, wie sie auftritt, wenn 10 ccm einer Mischung von 1 ccm n/100-Salzsäure und 99 ccm destilliertes Wasser mit 1 ccm n/10-Silbernitratlösung versetzt werden.

Opalisierende Trübung entspricht einer Trübung, die dadurch entsteht, daß 10 ccm einer Mischung von 2 ccm n/100-Salzsäure und 98 ccm destilliertes Wasser mit 1 ccm n/10-Silbernitratlösung versetzt werden.

Unter Trübung versteht man den Grad einer Trübung, die entsteht, wenn 10 ccm einer Mischung von 4 ccm n/100-Salzsäure und 96 ccm destilliertes Wasser mit 1 ccm n/10-Silbernitratlösung versetzt werden. Vgl. auch die Angaben im Deutschen Arzneibuch. 6. Ausgabe. 1926. S. XXXIV.

Enthält ein Wasser — z. B. aus einem Fluß[1] — ziemlich viele Schwebestoffe, und soll seine Durchsichtigkeit[2] gemessen werden, so wird am besten das unfiltrierte, gut durchgeschüttelte Wasser in einen mit ebenem Boden versehenen, aus farblosem Glase hergestellten, mit Zentimetereinteilung und seitlichem, verschließbarem Bodenabflußrohr ausgestatteten Zylinder — Durchsichtigkeitszylinder (Abb. 8) — gegossen und der letztere über eine Druckschriftprobe mit nicht zu kleinen Satztypen gehalten. Durch Öffnen des Verschlusses des Abflußrohres läßt man schnell so lange Wasser abfließen, bis man die einzelnen Buchstaben und Zahlen der Leseprobe deutlich zu erkennen vermag. Die Höhe der in dem Zylinder zurück-

---

[1] Eine gewisse Trübung, meist durch tonige und erdige Beimengungen, hat jedes Flußwasser.

[2] Vgl. auch Guillerd: Ann. Hyg. publ. **1928**, Nr 8; ferner Wasser u. Abwasser **25**, H. 7 u. 8, 203 u. 234 (1929); **31**, H. 3, 78 (1933) und „Einheitsverfahren" der physikal. u. chem. Wasseruntersuchung usw. a. a. O. Berlin 1936.

gebliebenen Flüssigkeitsschicht, in Zentimetern ausgedrückt, wird als Durchsichtigkeitsgrad des Wassers betrachtet. Man muß besonders darauf achten, daß das fragliche Wasser in dem Zylinder sich nur ganz kurze Zeit aufhält, um ein Festsetzen ungelöster Bestandteile an den Wandungen und am Boden des Gefäßes möglichst zu vermeiden.

Um die Durchsichtigkeit bei Oberflächenwässern zu bestimmen, genügt oftmals für die Praxis folgende einfache Methode:

Man versenkt eine reine weiße Scheibe (Abb. 9), am besten aus Porzellan, in das Wasser. Diejenige Tiefe, gemessen von der Wasseroberfläche an, bei der die Scheibe eben für das Auge verschwindet, ist

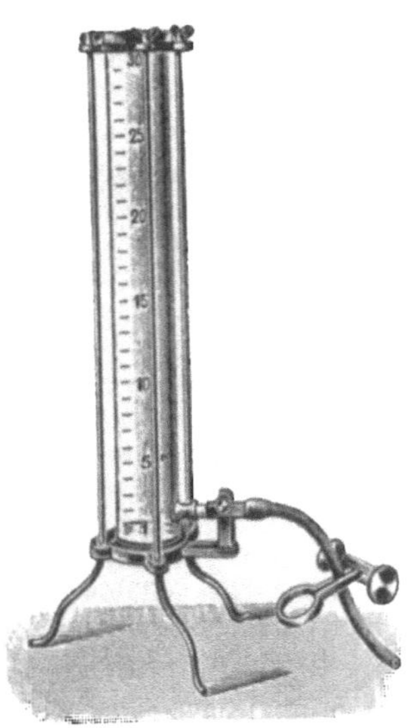

Abb. 8. Durchsichtigkeitszylinder.

Abb. 9 Sichtscheibe.

der Maßstab für die Durchsichtigkeit. Bei starker Wellenbewegung unterbleibt diese Art der Bestimmung besser, falls man nicht für diese Untersuchung mit einem Wassergucker[1] (Abb. 10) ausgerüstet ist. Um hier einige Werte zu nennen, sei bemerkt, daß die Scheibe bei stärkerer Trübung des Wassers bei etwa 25—50 cm Tiefe verschwindet; in klaren Gewässern dagegen erst bei einigen Metern unter der Wasseroberfläche. Die Farbe des Wassers spielt hierbei im allgemeinen eine untergeordnete Rolle; von Wichtigkeit dagegen

[1] Vgl. R. Kolkwitz: Biologische Probeentnahme- und Untersuchungsinstrumente. Mitt. Prüfgsanst. Wasserhyg. Berl. **1907**, H. 9, 111. Ferner Pflanzenphysiologie. 3. Aufl. Taf. XII. Jena 1935.

sind die Witterungsverhältnisse (Sonnenlicht, Sonnenstand, Bewölkung, Regen usw.).

Als geeignete Verfahren zur genaueren Bestimmung des Durchsichtigkeits- oder Trübungsgrades von Wässern seien genannt:

Das Normal-Trübungsmaß des U. S. geological Survey Department von ALLEN HAZEN und GEORGE C. WHIPPLE, das auch bei uns in Deutschland viel benutzt wird. Bei dieser Bestimmung wird ein Maßstab in das zu prüfende Wasser eingetaucht, der an seinem unteren Ende einen Platinstift von 1 mm Stärke trägt. Die Tauchtiefe, bei der die Platinnadel für das Auge eben unsichtbar wird, gilt als Maß der Trübung. Die Einteilung geschieht nach bestimmten Trübungsgraden. Als Vergleichsflüssigkeit dient eine Aufschwemmung von reiner Kieselsäure in Wasser. Als „Einheit der Trübung" gelten 100 Teile Kieselsäure (SiO_2) zu einer Million Teilen Wasser in feinster Verteilung. Ausführlich ist dieses Verfahren unter Beigabe von Abbildungen und Zahlentafeln beschrieben bei A. GÄRTNER[1] und O. SPITTA[2].

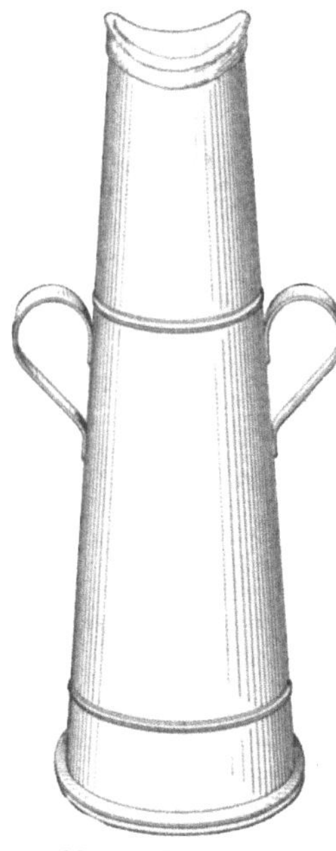

Abb. 10. Wassergucker.

An Stelle der Kieselsäure hat man auch die durch das Mastixharz sich im Wasser bildende Trübung[3] als Vergleich vorgeschlagen.

K. KISSKALT[4] bringt das zu prüfende Wasser in eine 20 cm lange und 7 cm weite Glasröhre, die mit einem Metallmantel umgeben ist. Auf die oben offene und unten mit einer Glasplatte verschlossene Röhre läßt man Licht von bestimmter Stärke (am besten elektrisches Glühlicht) fallen, und zwar von oben durch die Wassersäule auf einen weißen Gegenstand. Die Ermittlung der Lichtstärke geschieht mit dem Weberschen Photometer. Die Prüfung geschieht in einem dunklen Raume.

W. MECKLENBURG und VALENTINER[5] benutzen zur Messung von Trübungen ein besonderes optisches Verfahren, bei dem der Grad der Trübung die Helligkeit des Tyndallstreifens bedingt. Das Tyndall-

[1] GÄRTNER, A.: Die Hygiene des Wassers, S. 52. Braunschweig 1915.

[2] OHLMÜLLER-SPITTA-OLSZEWSKI: Die Untersuchung und Beurteilung des Wassers und des Abwassers. 5. Aufl. Berlin 1931, S. 4 — Vgl. auch ILZHÖFER: Arch. f. Hyg. u. Bakt. **101**, H. 1 (1929).

[3] DERNBY, K. G. im J. Gasbeleucht. u. Wasserversorg. **1916**, Nr 51, 642.

[4] KISSKALT: Eine neue Methode zur Bestimmung der sichtbaren Verunreinigung von Fluß- und Abwasser. Hyg. Rdsch. **1904**, Nr 21, 1036.

[5] MECKLENBURG u. VALENTINER: Ein Apparat zur Messung von Trübungen (Tyndallmeter). Z. Instrumentenkde **1914**, 209.

phänomen[1] wird in der Flüssigkeit von einem eindringenden Lichtbündel erzeugt. Das „Tyndallmeter" liefert die Firma Franz Schmidt & Haensch, Berlin S 42. Auch das Nephelometer nach KLEINMANN [Biochem. Z. **99**, 130 (1919)] kommt für diese Zwecke in Betracht.

Von weiteren Apparaten seien noch erwähnt: das Turbido-Kolorimeter (Trübungs- und Tönungsmesser) nach H. DOLD, Marburg a. L., das in der Chem.-Ztg **49**, 842 (1925) näher beschrieben ist, und der Trübungs- und Farbmesser für Wasseruntersuchungen nach OLSZEWSKI-ROSENMÜLLER, Dresden, der ebenfalls in der Chem.-Ztg **50**, 694 (1926) eingehend beschrieben ist.

Über photoelektrische Trübungsmesser vgl. HAASE, L. W., und H. THIELE: Gas- u. Wasserfach **71**, 414 (1928), ferner G. GOLLNOW: Die lichtelektrischen Erscheinungen als Grundlage für ein objektives Trübungs-Meßgerät von Wasser usw. Gas- u. Wasserfach **75**, Nr 43 (1932), und A. DRENNIG: Wassertrübungen und Trübungsmessung, ebenda **75**, Nr 41 (1932); ferner P. JAKUSCHOFF: Photoelektrisches Verfahren zur Bestimmung der Trübung von Flüssigkeiten. Z. Ver. deutsch. Ing. **75**, Nr 14, 426 (1931). Weitere Angaben finden sich in Wasser u. Abwasser **26**, H. 3, 79, 80 (1929). Eine zusammenfassende Arbeit über Trübungsmessung findet sich bei E. NAUMANN im Jb. Vom Wasser **3**. Berlin 1929, S. 123 und Z. anal. Chem. **97**, H. 3 u. 4 (1934).

Prüfung auf Farbe.

Vollkommen farbloses Grundwasser findet man in der Natur nur selten, jedoch ist im allgemeinen die Färbung so gering, daß sie praktisch nicht in Betracht kommt. Die chemisch reinem Wasser eigene Farbe[2] ist in 5 m hoher Schicht rein himmelblau. Oberflächenwasser[3] ist dagegen fast stets mehr oder weniger deutlich gefärbt. Bedingt kann eine Färbung von Wasser sein durch Auslaugungsprodukte des Bodens, z. B. Huminstoffe, oder auch durch Zuführung mancher organischer Verunreinigungen. Findet eine direkte Zuführung von Farbstoffen statt, so zeigt sich für gewöhnlich ein gelblicher bis gelbbrauner Farbenton des Wassers. Hygienische Bedeutung gewinnt die Färbung eines Wassers nur dann, wenn sie durch menschliche oder tierische Abfallstoffe hervorgerufen wird. Ein durch natürliche Beeinflussung gefärbtes Wasser, z. B. aus Moor-

---

[1] Über das Tyndallphänomen s. bei E. LAMLA: Grundriß der Physik. 5. Aufl., S. 143. Berlin 1925; J. EGGERT: Lehrbuch der physikalischen Chemie. 2. Aufl. Leipzig 1929, S. 229 und W. WESTPHAL: Physik. 4. Aufl. Berlin 1937, S. 494.

[2] Vgl. K. A. HOFMANN: Lehrbuch der anorganischen Chemie. 8. Aufl., S. 59. Braunschweig 1934. — OETTLINGER, E.: Die Farbe des Wassers. Berlin 1919. — SPLITTGERBER, A.: Die Farbe von Wässern. Wasser u. Gas **1922**, Nr 34.

[3] Vgl. H. BUNTE: Das Wasser, S. 166, 215. Braunschweig 1918. — HALBFASS, W.: Das Süßwasser der Erde, S. 40. Leipzig 1914.

gegenden, ist zwar an sich gesundheitlich unbedenklich, regt jedoch zum Genusse nicht gerade an[1].

In dem bereits erwähnten gemeinsamen Erlaß der Minister der geistlichen, Unterrichts- und Medizinalangelegenheiten sowie des Innern vom 23. April 1907, betr. die Gesichtspunkte für Beschaffung eines brauchbaren, hygienisch einwandfreien Trinkwassers heißt es in § 3 bei der Wahl des Wassers:

„Das Wasser soll möglichst farblos, klar, gleichmäßig kühl, frei von fremdartigem Geruch oder Geschmack, kurz von solcher Beschaffenheit sein, daß es gern genossen wird." Vgl. auch „Hygienische Leitsätze für die Trinkwasserversorgung." Veröff. Med.verw. Berlin 1932. Bd. 38. H. 1.

Da eine Färbung in einem ursprünglich farblosen Wasser auch nachträglich durch bestimmte Veränderungen, wie beispielsweise Ausscheiden von Eisenhydroxyd, erfolgen kann, so empfiehlt es sich, zur Erlangung einwandfreier Befunde die Farbe möglichst sogleich nach der Entnahme festzustellen. Läßt sich eine Färbung des Wassers nicht ohne weiteres schon in dem Schöpfgefäße erkennen, so prüft man am einfachsten auf die Weise, daß man einen farblosen Glaszylinder von 20—25 mm l. W., nicht unter 40 cm Länge und plattem Boden, mit dem zu prüfenden Wasser anfüllt. Zur Fernhaltung der seitlich einfallenden, störenden Lichtstrahlen ist ein Überzug von schwarzem Papier, Lack oder Metallhülse usw. erforderlich. Die Beobachtung der Wassersäule geschieht am besten von oben her über einer dem freien Tageslichte ausgesetzten weißen Unterlage (Porzellanplatte). Zum Vergleiche kann man sich eines gleich großen, mit destilliertem Wasser gefüllten Zylinders bedienen. In den meisten Fällen wird man hierbei eine Färbung des Wassers beobachten können.

Wasser, das durch ungelöste Stoffe, wie Sand-, Ton- und Lehmpartikelchen usw. gefärbt erscheint, wie man es oft bei neuen Bohrbrunnen beobachtet, läßt man vorher absetzen. Durch Filtrieren können auch gelöste färbende Stoffe durch Adsorption zurückgehalten werden. Vgl. E. NAUMANN, Jb. Vom Wasser **3**. Berlin 1929.

Zur genaueren kolorimetrischen Bestimmung der Farbe eines Wassers sind eine Reihe von Verfahren[2] bekannt. Meist wird die Färbung durch Huminstoffe bedingt (Moorwässer). Der Farbenton solcher Wässer ist je nach der Menge dieser Stoffe gelblich bis gelbbraun.

In Amerika bedient man sich zur Farbenbestimmung der Wässer einer Vergleichslösung, die durch Mischung einer Kaliumplatin-

[1] Vgl. FINGER: Die Wasserversorgung in den Marschen des Reg.-Bez. Stade. Klin. Jb. **19**. Jena 1908. — GÄRTNER, A.: Die Hygiene des Wassers, S. 47. Braunschweig 1915. — SARTORIUS, F.: Gesdh.ing. **59**, H. 42 (1936) — Veröff. Med.verw. **38**, H. 1, 25 (1932). Berlin.

[2] Eine nähere Beschreibung der verschiedenen Verfahren findet man bei J. KÖNIG: Chemie der menschlichen Nahrungs- und Genußmittel. 4. Aufl., **3 I**, 135. Berlin 1920 und bei G. u. H. KRUESS: Kolorimetrie und quantitative Spektralanalyse. 2. Aufl. Hamburg u. Leipzig 1909.

chloridlösung mit Kobaltchloridlösung hergestellt wird. Die Vergleichslösung, welche die Farbe 500 hat, wird dadurch erhalten, daß man 1,245 g Kaliumplatinchlorid = 0,5 g Pt und 1,01 g krist. Kobaltchlorür = 0,25 g Co in 100 ccm Salzsäure (d:1,19) löst und mit destilliertem Wasser zu 1 l auffüllt. Durch Verdünnen dieser Lösung werden Vergleichslösungen hergestellt, deren Farbe mit 5 — 10 — 15 — 20 — 25 — 30 — 35 — 40 — 50 — 60 — 70 bezeichnet wird. Die Zahlen entsprechen Milligramm Platin im Liter (Platin-Kobalt-Verfahren nach ALLAN HAZEN und WHIPPLE).

An Ort und Stelle der Wasserentnahme verwendet man statt dieser Lösungen zweckmäßig Kobalt-Kaliumplatinchloridglasplatten[1], die entsprechend gefärbt sind und als Verschluß am Ende einer Aluminiumröhre angebracht werden, so daß sie mit einer in einem 20 cm hohen Aluminiumrohre untergebrachten Schicht des zu prüfenden Wassers verglichen werden können. Mit diesem Apparat hat man fast durchweg günstige Ergebnisse erhalten.

Für die Bestimmung der Farbe von Oberflächenwässern versenkt man gleichfalls, wie bei der Bestimmung der Klarheit angegeben, eine weiße Scheibe. Dabei wird es im allgemeinen genügen, wenn diese einige Dezimeter bis einige Meter tief unter die Wasseroberfläche versenkt wird. Die hierbei eintretende oft bedeutende Farbenveränderung der weißen Scheibe gibt eine für die Praxis ausreichende Bestimmung der Farbe des Wassers. Eine genaue Angabe des Farbentons ist nur erreichbar durch Vergleichung mit bestimmt getönten Flüssigkeiten oder Glasscheiben[2].

Gegenwärtig verwendet man auch mit gutem Erfolge den Ostwaldschen Farbnormenatlas in Verbindung mit 40 cm langen Schauröhren (Lieferant: Verlag Unesma in Leipzig). Besonders in der Seenkunde verwendet man zur Bestimmung der Farbe die Forel-Ule-Skala. Vgl. W. ULE: Physiogeographie des Süßwassers. Leipzig u. Wien 1925.

Die Farbe des nicht getrübten, natürlichen Wassers im durchfallenden Lichte ist blau, blaugrün, grün, gelb oder braun je nach dem Gehalte an färbenden organischen Stoffen. Durch die Vegetationsfarbe infolge Anwesenheit zahlreicher gefärbter Lebewesen kann die Eigenfarbe verdeckt werden, z. B. in „Blutseen" durch Euglena sanguinea. Farbige Abbildungen, die die vorstehenden Darlegungen wiedergeben, finden sich bei R. KOLKWITZ[3]. In dieser Arbeit ist auch darauf hingewiesen, daß der Kaliumpermanganat-

---

[1] Dieses Verfahren empfiehlt besonders A. GÄRTNER in seinem Handbuch der Hygiene des Wassers, S. 56. Braunschweig 1915. Der Apparat wird von ihm unter Beigabe von Abbildungen genau beschrieben.

[2] KOLKWITZ, R.: Pflanzenphysiologie. 3. Aufl., S. 219. Jena 1935.

[3] Die Farbe der Seen und Meere. Dtsch. Z. öff. Gesdh.pfl. **42**, H, 2 (1910). Vgl. auch R. KOLKWITZ: Pflanzenphysiologie. 3. Aufl. Taf. XI, S. 226. Jena 1935. — BLOCH, W.: Die Eigenfarbe des Wassers. Das Wasser **1918**, Nr 17, 201. — Weitere Angaben finden sich in den „Einheitsverfahren" der physikal. u. chem. Wasseruntersuchung. a. a. O. Berlin 1936.

verbrauch (Bestimmung der organischen Stoffe) in blauen Seen etwa 1—3 mg für 1 l beträgt; in großen grünen Seen 6—14 mg; in gelben Seen 30—40 mg und in braunen (moorigen) Seen meist über 50 mg $KMnO_4$ für 1 l.

Danach wird ein natürliches Oberflächenwasser, welches in einer größeren Flasche von etwa 1,5 l einen gelblichen Farbenton zeigt, nicht viel weniger als etwa 14 mg $KMnO_4$ für 1 l zur Oxydation der organischen Stoffe verbrauchen.

Für klare Grundwässer ergeben sich ähnliche Farbenabstufungen wie für klare, natürliche Oberflächenwässer.

Nachweis der organischen Stoffe.

Die Bestimmung der organischen Stoffe eines Wassers führt man fast durchweg durch Kochen einer bestimmten Wassermenge mit einer Kaliumpermanganatlösung von genau bekanntem Gehalt aus (Oxydierbarkeitsbestimmung). Der Verbrauch eines Wassers an Kaliumpermanganat ist ein Maßstab für die Menge der oxydierbaren Stoffe. Man drückt die Menge der organischen Stoffe in einem Wasser am besten durch Angabe der verbrauchten Milligramm Kaliumpermanganat für 1 l aus oder auch, wie öfters üblich, als Sauerstoffverbrauch in Milligramm. Die Angabe als organische Substanzen, wie dies mitunter noch geschieht, ist wissenschaftlich nicht richtig, da die organischen Stoffe sehr abweichende Werte bei der Oxydation mit Kaliumpermanganat liefern. Es werden durch gleiche Mengen verschiedener organischer Substanzen unter denselben Bedingungen ganz unterschiedliche Mengen von Kaliumpermanganat reduziert[1]. Aus dem Ausfall der Kaliumpermanganatprobe lassen sich nur bedingt allgemeine Schlüsse auf die Menge der in einem Wasser vorhandenen organischen Stoffe ziehen. Die Kaliumpermanganatmethode läßt nur einen allgemeinen Rückschluß zu, da gleiche Gewichtsmengen verschiedener organischer und stickstoffhaltiger organischer Stoffe wechselnde Mengen von Kohlenstoff oder Kohlenstoff und Stickstoff enthalten. Dennoch ist diese Bestimmung bei der Wasseruntersuchung und Beurteilung von gewisser praktischer Bedeutung. Um vergleichbare Werte zu erhalten, hat man nach J. König[2] folgende Vereinbarung getroffen: 40 ccm 1/100 Normal-Kaliumpermanganatlösung = 12 mg Kaliumpermanganat = 3 mg Sauerstoff = 63 mg organische Stoffe. Zu berücksichtigen[3] ist, daß Kaliumpermanganat auch auf anorganische Verbindungen einwirkt. Bei Wasser kommt für gewöhnlich Eisenoxydul, salpetrige Säure und Schwefelwasserstoff in Betracht:

[1] Beispielsweise sind zur Oxydation von 1 g Fett und 1 g Zucker ganz verschiedene Mengen von Kaliumpermanganat erforderlich.

[2] Die Verunreinigung der Gewässer, deren schädliche Folgen sowie die Reinigung von Trink- und Schmutzwasser. 2. Aufl., **1**, 54. Berlin 1899.

[3] Vgl. auch L. W. Winkler: Beitrag zur Bestimmung des Reduktionsvermögens natürlicher Wässer. Z. anal. Chem. **1914**, 561.

1 Teil FeO	verbraucht zur Oxydation	0,44	Teile $KMnO_4$
1 „ N_2O_3	„ „ „	1,66	„ „
1 „ H_2S	„ „ „	1,86	„ „

Für die Praxis ist jedoch meist eine Korrektur nicht nötig, da die hierdurch bedingten geringen Mengen Mehr-Kaliumpermanganatverbrauch für die Beurteilung nur selten von größerer Bedeutung sind.

Die Bestimmung des Kaliumpermanganatverbrauches geschieht bei Wässern, die unter 300 mg/l Chloride (Cl) enthalten, gewöhnlich in folgender Weise: 100 ccm des zu untersuchenden Wassers werden in einem 300 ccm fassenden, mit 1% $KMnO_4$-Lösung vorher ausgekochten Erlenmeyerkolben mit 5 ccm verdünnter Schwefelsäure (1 : 3) und einer winzigen Menge von Bimstein — zur Vermeidung eines Siedeverzuges — versetzt und auf dem Asbestdrahtnetz zum Sieden erhitzt. In die kochende Flüssigkeit werden sodann 15,0 ccm 0,01 n-Kaliumpermanganatlösung gegeben und vom neu beginnenden Sieden ab genau 10 Minuten lang gekocht. Darauf werden rasch der siedenden Flüssigkeit 15,0 ccm 0,01 n-Oxalsäurelösung zugesetzt, man kocht nun bis zum Entfärben der Flüssigkeit weiter und titriert die farblose Flüssigkeit sodann mit 0,01 n-$KMnO_4$-Lösung bis zum Auftreten einer eben sichtbaren und kurze Zeit bleibenden Rosafärbung.

Jeder Kubikzentimeter 0,01 n-Kaliumpermanganatlösung entspricht 0,316 mg $KMnO_4$.

Bei Wässern mit einem Chloridgehalt über 300 mg/l Cl muß die Bestimmung in alkalischer Lösung ausgeführt werden. Vgl. hierüber die näheren Angaben in den Büchern über die chemische Wasseruntersuchung.

Reine Trinkwässer haben für gewöhnlich einen Kaliumpermanganatverbrauch unter 12 mg $KMnO_4$ für 1 l. Verunreinigtes Wasser hat fast immer einen höheren Kaliumpermanganatverbrauch[1]. Man darf aber nicht jedes Wasser mit viel organischen Stoffen ohne weiteres als verunreinigt ansehen, wie dies manchmal geschieht. Es gibt viele Trinkwässer, die hygienisch ganz einwandfrei sind und einen oft nicht unwesentlich höheren Kaliumpermanganatverbrauch[2] aufweisen, z. B. die der Grundwasserversorgung der Stadt Berlin. Die meisten Wässer aus moorigem Untergrunde usw. haben einen höheren Gehalt an organischen Stoffen, der nur selten eine gesundheitliche Bedeutung erlangt (Humussubstanzen). Letztere stellen schwer völlig zu oxydierende Verbindungen dar. Nach E. WOLLNY[3]

---

[1] Vgl. auch A. KAESS: Inwieweit kann die Beziehung zwischen Permanganatverbrauch und Chlorzahl einen Hinweis auf eine fäkale Verschmutzung bei Wässern geben? Gesdh.ing. **57**, Nr 3—4 (1934).

[2] Vgl. u. a. FINGER: Die Wasserversorgung in den Marschen des Reg.-Bez. Stade. Klin. Jb. **19** (1908).

[3] Die Zersetzung der organischen Stoffe und die Humusbildungen, S. 214. Heidelberg 1897; ferner P. EHRENBERG: Die Bodenkolloide. Dresden u. Leipzig 1915. — RAMANN, E.: Bodenkunde. 3. Aufl. Berlin 1918. — STREMME, H.: Grundzüge der praktischen Bodenkunde. Berlin 1926. — STEBUTT, A.: Lehrbuch der allgemeinen Bodenkunde. Berlin 1930. — SCHUCHT, F.: Grundzüge der Bodenkunde. 1930. — RUSSELL-MÜLLER: Boden und Pflanze. 2. Aufl. Dresden u. Leipzig 1936.

enthalten die Humusstoffe dieselben Bestandteile wie die Pflanzen- und Tierreste, aus denen sie entstanden sind, aber in einem teilweise anderen Mengenverhältnis, je nach dem Grade und den äußeren Ursachen der Zersetzung. Indem der Humus fortwährend Umwandlungen unterliegt, bildet er eine Substanz, die keine bestimmte chemische Zusammensetzung hat und auch kein Gemisch von bestimmten chemischen Verbindungen darstellt, sondern aus einer Gruppe veränderlicher und noch unzulänglich erforschter Zersetzungsgebilde besteht. Alle Bemühungen, die darauf gerichtet waren, aus dem Humus Verbindungen von stets gleicher Zusammensetzung zu gewinnen, müssen als mehr oder weniger verfehlt angesehen werden. Die aus dem Humus rein dargestellten Bestandteile wie Ulmin, Ulminsäure, Humin, Huminsäure[1], Quellsäure, Quellsatzsäure usw. haben fast ausschließlich wissenschaftliche Bedeutung.

Nach Br. Tacke, Bremen, kann man allgemein Humusstoffe als überwiegend organische, aus Kohlenstoff, Wasserstoff, Sauerstoff und Stickstoff gebildete Verbindungen bezeichnen, die wechselnde Mengen anderer Bestandteile wie Schwefel, Phosphor, namentlich Asche enthalten und meist dunkel gefärbt sind. In erdfeuchtem Zustande sind sie stark wasserhaltig und schrumpfen beim Austrocknen in wechselnder Stärke zusammen. Beim Wiederbenetzen nimmt die lufttrockene Masse in verschiedener Stärke Wasser auf, ohne jedoch stets den ursprünglichen Sättigungsgrad zu erreichen. Sie bildet mehr oder weniger weiche, erdige und krümelige Massen. Nähere Angaben hierüber finden sich bei Tacke: Neuzeitliche Moorkultur H. 1. Berlin: P. Parey.

Im übrigen sei noch bemerkt, daß zu den Humusböden die Moorböden gehören. Ein Moor besteht aus einzelnen Torfschichten. Torf ist der mineralogische und Moor der geologische Begriff.

Sind Verunreinigungen des Grundwassers durch tierische und pflanzliche Stoffwechsel- oder Umsetzungsgebilde ausgeschlossen, so zeigt der Kaliumpermanganatverbrauch in der Mehrzahl der Fälle sog. Humusstoffe (Huminstoffe) an.

Nach heute gültiger Auffassung stellen die Humusstoffe im weiteren Sinne (Huminsäuren, Humoligninsäuren, Humine) eine Gruppe dunkelbraun gefärbter, anscheinend amorpher Naturstoffe dar, die im Boden aus abgestorbenem, vorwiegend pflanzlichem Ausgangsmaterial durch chemische und biologische Umsetzungen entstehen. Vgl. hierüber die näheren Angaben bei S. W. Souci: Die Chemie des Moores. Stuttgart 1938.

Bestimmte Reaktionen auf Humusstoffe[2] sind, wie auch nach Vorstehendem anzunehmen ist, nicht bekannt, dürften auch

[1] Über Humussäuren (Huminsäuren) vgl. u. a. Bülow, K. v.: Handbuch der Moorkunde. Berlin 1930; ferner bei Br. Tacke u. seinen Mitarbeitern: Landw. Jb. **45**, 195 (1913). Die Humussäure besitzt einen Kohlenstoffgehalt von rund 58%.

[2] Über Nachweis und Bestimmung von Humusstoffen s. bei C. Blacher: Das Wasser in der Dampf- und Wärmetechnik. Leipzig 1925. — Fuchs, M.: Huminsäuren. Dresden u. Leipzig 1930.

wohl kaum bei der sehr verschiedenartigen Zusammensetzung dieser Verbindungen gefunden werden. Als allgemeine Merkmale können angesehen werden je nach dem Gehalte der Wässer an Huminstoffen:

Farbe: gelblich bis gelbbraun,
Geruch: schwach bis stark dumpfig-moorig,
Geschmack: eigenartig, fade,
Reaktion: vielfach schwach bis deutlich sauer gegen Lackmus.

„In gesundheitlicher Hinsicht sind Huminstoffe[1] im Wasser belanglos, stellen aber einen Schönheits-, zuweilen auch einen Geschmacksfehler dar, der durch Filtration des Wassers wohl gebessert, aber nicht immer beseitigt werden kann." Nach den „Hygienischen Leitsätzen für die Trinkwasserversorgung" vgl. Veröff. Med.verw. **38**, 25, H. 1, Berlin 1932, sind die Humussubstanzen (Huminstoffe) nicht giftig; selbst Wässer, die verhältnismäßig größere Mengen davon enthalten, wirken, auch wenn sie andauernd genossen werden, nicht gesundheitsschädlich. Wässer mit größerem Gehalt an Huminstoffen beeinträchtigen das gute Aussehen und den Geschmack und sind daher, wenn angängig, als Genuß- und Gebrauchswasser zu vermeiden. Im Hausgebrauch stört Moorwasser besonders zur Kaffee- und Teebereitung sowie auch beim Waschen durch Gelbfärben und Muffigwerden der Wäsche.

Für gewerbliche Zwecke, wie Bleicherei, Färberei, Papierherstellung usw., ist gelbes Wasser störend. Zu Kesselspeisezwecken sind Torf- und Moorwässer mit viel Huminstoffen nicht geeignet, da sie die Kessel stark angreifen. Vgl. die näheren Angaben bei H. Klut in Arch. Pharmaz. **1934**, H. 3.

Nach E. Prinz[2] sollte der Hydrologe von der Verwendung huminstoffreicher Wässer möglichst abraten, da solche meist technisch schwer zu entfärben sind.

Zur Entfärbung solcher Wässer werden häufig Chemikalien, wie Aluminiumsulfat (z. B. in Hamburg, Neiße, Stralsund, in Verbindung mit Kalk in Plauen, Bremen), Aktiv-Kohle, Eisenverbindungen, Kaliumpermanganat (z. B. in Senftenberg-Lausitz), Ozon, Chlor usw. verwendet. Vgl. die näheren Angaben bei R. Schmidt in Gas- u. Wasserfach **1937**, 80. Jg., H. 32.

Die Oxydierbarkeitsbestimmung eines Wassers durch Kaliumpermanganat ist am Orte der Entnahme infolge des Kochens der Probe usw. mehr oder weniger unbequem und zeitraubend.

---

[1] Gemeinsamer Erlaß der Minister der geistl. Unterrichts- und Medizinalangelegenheiten und des Innern vom 23. April 1907, betr. die Gesichtspunkte für Beschaffung eines brauchbaren, hygienisch einwandfreien Wassers, zu Nr. 7, Erläuterungen. Minist.bl. Med.- u. med. Unterrichtsangel. **1907**, Nr 11, 169. — Veröff. Med.-verw. **38**, 1. H., S. 419 (Berlin 1932). — Gärtner, A.: Die Hygiene des Wassers, S. 444. Braunschweig 1915.

[2] Prinz, E.: Handbuch der Hydrologie. 2. Aufl. Berlin 1923.

Nach meinen Untersuchungen kann diese Bestimmung bei Trinkwässern sowie bei nicht durch organische Stoffe allzu stark verunreinigten Oberflächenwässern später im Laboratorium noch gut ausgeführt werden. Die erhaltenen Unterschiede sind fast stets praktisch ohne Belang, sofern dafür Sorge getragen wird, daß die betreffenden Wasserproben in möglichst gefüllten und gut verschlossenen, reinen Flaschen der betreffenden Untersuchungsstelle unverzüglich zugesandt werden. Daß die Proben beim Versand kühl aufzubewahren sind, darf wohl als selbstverständlich angesehen werden.

Wässer mit einem höheren Gehalt an organischen Stoffen[1] kann man oft schon daran leicht erkennen, daß die frisch geschöpfte Probe — etwa 1 l Wasser — schwach bis deutlich gelblich gefärbt aussieht. Sehr häufig kann man beobachten, daß Wässer mit einem Verbrauch von 14 mg $KMnO_4$ für 1 l aufwärts in dem bei dem Artikel Farbe angegebenen Glaszylinder — frisch geschöpft — schwach gelblich bis gelb, je nach dem $KMnO_4$-Verbrauch[2], erscheinen. Somit kann man am Orte der Entnahme aus der Stärke der Färbung vielfach ungefähr auf den Gehalt eines natürlichen Wassers an organischen Stoffen schließen.

Über die in der Praxis üblichen Verfahren zur Bestimmung der organischen Substanz im Wasser vgl. die Arbeiten von CZENSNY in Z. Fischerei **26**, H. 4 (1928); KEISER in Arch. f. Hyg. **100**, 40 (1928) und V. MÜHLENBACH in Gesdh.ing. **1935**, Nr 20 u. Arch. f. Hyg. **119**, 199, H. 4 (1938).

Ermittlung organischer Verunreinigungen im Wasser. (Praktisches Schnellverfahren.)

Verunreinigte Wässer kennzeichnen sich vielfach schon durch ihr nicht klares Aussehen, ihren Geruch und ihre mehr oder weniger gelbliche bis gelbe Farbe, die durch den Gehalt des Wassers an organischen Stoffen bedingt sein kann, sofern es sich nicht um ausgeschiedenes Eisenhydroxyd (Eisenocker) handelt. Die organischen Stoffe sind sowohl menschlicher oder tierischer als auch pflanzlicher Herkunft und sind im Wasser teilweise als hydrophile, d. h. wasseraufnehmende Kolloide, gelöst vorhanden; sie haben nun die Eigenschaft, beim Schütteln eines solchen Wassers Blasen- und Schaumbildung zu erzeugen. Hierauf beruht das von BECK und J. V. DARANYI ausgearbeitete Verfahren zur einfachen und schnellen Feststellung der Verschmutzung von Wasser. Die genannten Forscher fanden, daß selbst nur geringfügig verunreinigtes Wasser durch mehrere Sekunden langes Schütteln im Reagenzglase Blasen und Schaum an der Oberfläche des Wassers entstehen läßt, die erst nach kürzerer oder längerer Zeit wieder verschwinden.

---

[1] Vgl. auch K. MULSOW in Wasser und Abwasser **7**, Nr 617, 351 (1913/14).

[2] Vgl. auch R. KOLKWITZ: a. a. O. — Pflanzenphysiologie. 3. Aufl. Jena 1935.

Einwandfrei läßt sich diese Prüfung jedoch nur mit frischem Wasser sogleich am Orte der Entnahme ausführen, da die im Wasser gelösten Bestandteile bei längerem Stehen ihre Eigenschaften zum Teil ändern.

Bei Moorwässern ist infolge ihres hohen Gehaltes an organischen, sog. Huminstoffen bei der Anwendung dieses Verfahrens Vorsicht geboten, da diese beim Schütteln ebenfalls Schäumen verursachen können, ohne daß solche Wässer an sich verschmutzt zu sein brauchen.

Zur Ausführung der Probe verwendet man Reagenzgläser, die mit dem Untersuchungswasser zuvor mehrmals ausgespült sind. Zur Prüfung wird das Reagenzglas zu etwa $^3/_4$ mit dem betreffenden Wasser angefüllt und 10 Sekunden lang in waagerechter Richtung gleichmäßig kräftig hin und her geschüttelt.

Um die Blasenbildung deutlicher zu erkennen, kann man nach dem Vorschlage von Beck vor dem Schütteln der Wasserprobe 2 Tropfen Methylenblaulösung oder 2 Tropfen Alizarintinte (Pelikantinte) hinzufügen. Das Untersuchungsergebnis wird durch die beiden Farbstofflösungen weit deutlicher ausgeprägt. Die Methylenblaulösung wird zweckmäßig nach der Vorschrift von Seligmann hergestellt. (1 g Methylenblau med., 20 g Alkohol abs., 29 ccm dest. Wasser werden mit keimfreiem Wasser auf das 120fache verdünnt.)

Je nach der Stärke des Schaums und der Dauer seines Bestehenbleibens über dem Wasser wird der Befund als negativ, wenig, stark oder sehr stark positiv bezeichnet. Im ersten Falle verschwindet der Schaum bereits nach 1—2 Sekunden nach Aufhören des Schüttelns wieder, im andern Falle bleibt der Schaum mehrere Sekunden und noch länger stehen und geht nach und nach in Perlen über, die am Rande des Reagenzglases sich ansetzen und hier einige Zeit halten. Ist die Probe negativ, so verschwinden diese Perlen auch nach kürzester Zeit und sind in diesem Falle kleinblasig, während sie bei positivem Befunde großblasig aussehen.

Weitere ausführliche Angaben hierüber finden sich in folgenden Veröffentlichungen:

Beck, M. (Stade): Über eine einfache Art zur Feststellung der Verschmutzung und der Härte von Gebrauchswässern beim Gebrauch zu Desinfektionslösungen. Z. Desinf. **17**, H. 5 (1925).

Daranyi, J. v. (Budapest): Die Anwesenheit von hydrophilen Kolloiden im Trinkwasser. Dtsch. med. Wschr. **51**, Nr 1 (1925).

Liesegang, Raph. Ed.: Kolloidchemie. 2. Aufl. Dresden u. Leipzig 1926.

Wedekind, E.: Kolloidchemie. Sammlung Göschen. Berlin u. Leipzig 1925.

Über den besonderen chemischen Nachweis fäkaler Verunreinigungen im Wasser vgl. die Veröffentlichung von R. Schmidt in Gas- u. Wasserfach **70**, H. 4 (1927).

Das früher vielfach übliche Verfahren zum Nachweise von Abfallstoffen im Wasser durch die Grießsche Reaktion (Diazo-Reaktion) hat sich in der Praxis oft nicht bewährt, da besonders Wässer mit einem hohen Gehalt an Ammoniakverbindungen und Huminstoffen die Farbreaktion beeinflussen. Vgl. u. a. auch A. Reuss: Z. Unters. Lebensmitt. **73**, 47 (1937).

Bestimmung des Geruchs.

Zu den Anforderungen, die man an die hygienische Trinkwasseruntersuchung zu stellen hat, gehört auch die Geruchsbestimmung[1]. Von einem zu Genußzwecken dienenden Wasser verlangt man mit Recht, daß es geruchlos oder so gut wie geruchlos ist; insbesondere ist das Fehlen jedes Fäulnisgeruches ohne weiteres Bedingung. Jeder fremdartige Geruch macht ein Wasser meist widerlich und zum Genuß ungeeignet. Bei Ziehbrunnen und alten Kesselbrunnen wird das Wasser nicht selten durch morsches Holz der Abdeckung, Wandbekleidung oder des Pumpenkolbens usw. nachteilig beeinflußt. In nicht gefaßten oder mangelhaft gefaßten Quellen, in offenen oder schlecht abgedeckten Schachtbrunnen kann durch Absterben der von außen in das Wasser gelangten und dort weiterentwickelten Tier- und Pflanzenwelt an diesem häufig ein dumpfiger, muffiger oder erdiger Geruch wahrgenommen werden. Auch durch Auslaugungsstoffe des umgebenden Erdreiches kann Wasser riechende Stoffe aufnehmen. Bei Oberflächenwässern[2], wie Bächen, Flüssen, Seen usw., kann unangenehmer Geruch auf Verunreinigung durch menschliche Abfallstoffe, in Zersetzung befindliche Pflanzen und Tierreste, Teererzeugnisse, Petroleum, Chlor, Moder usw. hinweisen. Grundwässer mit verhältnismäßig viel organischen Stoffen — namentlich mit Huminverbindungen — lassen häufig einen eigenartigen moorigen oder torfigen Geruch erkennen. Stark eisenhaltige Wässer verraten sich ebenfalls häufig durch den Geruch. In Wässern aus tiefen Bodenschichten beobachtet man neben hohem Eisengehalt oft auch Schwefelwasserstoff[3], der, wie später noch gezeigt werden soll (vgl. Ammoniaknachweis), durch Umsetzung von Schwefeleisen und Kohlensäure entstehen kann. Bei Berührung eines solchen Wassers mit Luft verflüchtet sich der Geruch in der Regel schnell, und der Schwefelwasserstoff verwandelt sich teilweise in elementaren Schwefel und Wasser: $H_2S + O = S + H_2O$. Die Umsetzung ist oft auch biologischer Natur und dann durch Schwefelbakterien (Beggiatoa, Thiothrix) erzeugt[4]. Der Geruch nach diesem Gase ist für Enteisenungsanlagen im allgemeinen kennzeichnend. Über 3 Todesfälle durch Schwefelwasserstoff beim Aussäuern eines Tiefbrunnens vgl. bei H. Beger in den Kl. Mitt. Landesanstalt usw. **9**, Nr 11/13, 312 (1933); ferner E. Naumann in Gas- u. Wasserfach **1936**, 79. Jg., H. 34. Bei Flachbrunnen

---

[1] Vgl. H. Henning: Der Geruch. 2. Aufl. Leipzig 1924. — Ruzicka, L.: Die Grundlagen der Geruchschemie. Chem.-Ztg **1920**, Nr 14 u. 19, 93 u. 129. — Nach A. Tschirch (Pharmaz. Ztg **1921**, Nr 62, 654) ist der Geruch ein chemischer Sinnenreiz; ferner W. Leybold im J. Gasbel. u. Wasserversorg. **1919**, Nr 45 — Wasser u. Abwasser **16**, H. 10, 291 (1922).

[2] Gärtner, A.: Die Hygiene des Wassers, S. 65. Braunschweig 1915.

[3] Über das Vorkommen von Schwefelwasserstoff im Wasser vgl. bei E. Prinz: Handbuch der Hydrologie. 2. Aufl. Berlin 1923; ferner G. Wiegand in Gas- u. Wasserfach **79**, Nr 13 (1936).

[4] Bavendamm, W.: Die farblosen und roten Schwefelbakterien des Süß- und Salzwassers. Jena 1924; ferner Wasser u. Abwasser **25**, H. 4, 118 (1928).

bemerkt man bisweilen einen deutlichen Geruch des Wassers nach Leuchtgas[1], der darauf zurückzuführen ist, daß die in der Nähe befindlichen Gasröhren nicht ganz dicht sind. Der chemische Nachweis dieser Verunreinigung ist nicht leicht zu erbringen, wie überhaupt flüchtige Stoffe im Wasser, abgesehen von der Geruchsprüfung, chemisch nur schwer festzustellen sind.

An Endsträngen im Leitungsnetz oder an wenig benutzten Anschlußleitungen beobachtet man zuweilen ein Faulwerden des Wassers infolge längeren Stehens in der Leitung. Der Sauerstoff des Wassers wird in solchen Fällen durch die Anwesenheit von Kleinlebewesen, z. B. Eisenbakterien, allmählich verbraucht. Durch das Absterben der sauerstoffliebenden Bakterien treten alsdann Zersetzungsvorgänge unter störender Geruchsentwicklung im Wasser auf.

Zur Ermittlung, ob ein Wasser riechende Bestandteile aufweist, prüfe man den Geruch zuerst an der frisch geschöpften — im Winter bei Zimmertemperatur, darauf an der auf 40—60° C erwärmten — Probe; bei diesem Wärmegrad läßt sich das Glasgefäß gerade noch mit der Hand halten. Man verwende nicht zu geringe Mengen von dem zu untersuchenden Wasser. Im allgemeinen soll man nicht unter 200 ccm nehmen. Als Gefäße eignen sich hierzu mit Glasstopfen versehene Glaskolben oder Flaschen mit weitem, kurzem Halse am besten, die aber höchstens bis zur Hälfte angefüllt sein dürfen. Am deutlichsten ist ein etwaiger Geruch des Wassers in der Wärme beim Umschütteln zu bemerken. Überhaupt ist bei erhöhter Temperatur diese Prüfung des Wassers ganz erheblich schärfer als in der Kälte. Auf diese Weise läßt sich ein etwaiger aromatischer, erdiger, grasartiger, modriger oder sonst eigenartiger Geruch im Wasser leicht ermitteln. A. Gärtner[2] gießt zur Geruchsbestimmung aus der mit dem zu prüfenden Wasser angefüllten Glasflasche etwa ein Drittel aus, erwärmt, wenn nötig, auf 20—40° C, schüttelt kräftig — 1 bis 2 Minuten lang —, lüftet den Stopfen und riecht sogleich an der Flaschenöffnung. Um in schwefelwasserstoffhaltigen Wässern[3] gleichzeitig noch vielleicht vorhandene andere Gerüche erkennen zu können, muß man den Schwefelwasserstoff durch Hinzufügen einiger Kriställchen Kupfersulfat oder Kadmiumacetat zu dem betreffenden Wasser entfernen, wobei Bildung von geruchlosem Schwefelkupfer vor sich geht. Bei empfindlichem Geruchsinn können manche Personen noch $^{1}/_{5000}$ mg H_2S riechen, aber die Schärfe des Geruchs schwankt bei verschiedenen Menschen in weiten Grenzen. Wir besitzen in der Geruchsprüfung ein wichtiges Hilfsmittel für die Beurteilung eines Wassers.

---

[1] Vgl. auch A. Gärtner: a. a. O, S. 67, 444. — Regenstein: Chem.-Ztg **51**, 737 (1927).

[2] Gärtner, A.: a. a. O. S. 68.

[3] Über Schwefelwasserstoffbildung in Wässern auf biologischem Wege vgl. am besten W. Omelianski in F. Lafars: Handbuch der technischen Mykologie **3**, 214—244. Jena 1904—1906; ferner Ph. Stock in Wasser u. Abwasser **9**, 284 (1915).

Der Gehalt des Grundwassers an Schwefelwasserstoff bei uns in Norddeutschland ist gering und beträgt meist unter 0,1 mg/l H_2S.

Bei Ermittlung des Geruchs beachte man ferner, daß derselbe unter Umständen auf die in dem Wasser befindlichen Lebewesen[1] zurückgeführt werden kann; so können z. B. Asterionella und Oscillatoria zu einem fischigen, Synura zu einem frischen reifen Gurken[2] ähnlichen Geruche Veranlassung geben. Ein traniger Geruch des Wassers wird durch Uroglena volvox (Strahlenauge) bedingt, tangartiger Geruch durch Dinobryon sertularia (Trichterbäumchen), erdiger Geruch durch Rivularia und andere Cyanophyzeen, die sich besonders in überlasteten Sandfiltern häufig finden, und ein unangenehmer dumpfiger Geruch durch Ceratium hirundinella in frisch angelegten und schlecht gerodeten Seen oder Talsperren. Die Geruchsprüfung gibt in solchen Fällen wertvolle Fingerzeige für die mikroskopische Untersuchung.

Zur genauen und schärferen Prüfung des einem Wasser anhaftenden Geruches im Laboratorium kommt das Destillationsverfahren von Dunbar-Keim: Techn. Gemeindebl. **30**, Nr 23/24 (1928) in Betracht.

Will man Schwefelwasserstoff chemisch nachweisen, so genügt für die Praxis gewöhnlich folgendes einfache Verfahren:

Etwa 100 ccm des betreffenden Wassers werden in einem Glaskolben erwärmt, und ein angefeuchteter Bleiazetatpapierstreifen wird über die Mündung des Kölbchens gehalten. Eine Braun- oder Schwarzfärbung des Streifens zeigt die Gegenwart von freiem Schwefelwasserstoff an[3]. Noch empfindlicher gestaltet sich der Nachweis durch Hinzufügen einer alkalischen Bleisalzlösung zu dem in Frage kommenden Wasser. In diesem Falle muß aber die Ausscheidung von Kalzium- und Magnesiumverbindungen durch Zusatz von Seignettesalzlösung verhindert werden.

Über den sehr empfindlichen Nachweis von Schwefelwasserstoff mit p-Amidodimethylanilin nach H. Caro und E. Fischer vgl. die näheren Angaben bei G. Fendler und W. Stüber in der Z. Unters. Nahrgsmitt. usw. **22**, 196 (1911).

Zur Bestimmung des Schwefelwasserstoffes im Wasser am Orte der Entnahme genügt im allgemeinen das kolorimetrische Verfahren von L. W. Winkler mit Natriumsulfid [Z. anal. Chem. **52**, 641 (1913)].

In einigen Wässern, besonders in schwefelhaltigen Mineralquellen (namentlich Ungarns), findet sich mitunter in sehr geringer Menge

---

[1] Vgl. auch R. Kolkwitz u. F. Ehrlich: Chem.-biolog. Untersuchungen der Elbe und Saale. Mitt. Prüfgsanst. Wasserversorg. usw. **1907**, H. 9, 22, 51, 107 — Wasser u. Abwasser **16**, H. 10, 291 (1922). — W. Prang: Gas- u. Wasserfach **78**, Nr 24 (1935).

[2] Kolkwitz, R.: Pflanzenphysiologie. 3. Aufl., S. 218. Jena 1935; ferner A. Gärtner: a. a. O. S. 66.

[3] Bildung von Schwefelblei.

Kohlenoxysulfid[1] oder Karbonylsulfid (COS) (C. v. THAN). Zum Nachweise dieses Gases[2] benutzt man alkalische Bleilösung und auch Palladochlorid. Der Geruch des Kohlenoxysulfides erinnert etwas an den aromatischen Geruch der Harze und teilweise an Schwefelwasserstoff. Nach einigem Stehen einer solchen Wasserprobe spaltet sich das Kohlenoxysulfid[3] in Schwefelwasserstoff und Kohlensäure. $COS + H_2O = CO_2 + H_2S$.

Die Beseitigung des Geruches aus Wässern ist, vom Schwefelwasserstoff abgesehen, der sich durch Belüften des Wassers leicht entfernen läßt, meist schwer. Nicht selten sind dazu neben Filtration des Wassers chemische Mittel, wie z. B. Aluminiumsulfat, Chlor, Kaliumpermanganat, Kupfersulfat, Ozon, Aktiv-Kohle, erforderlich. Nähere Angaben hierüber findet man bei A. GÄRTNER: a. a. O. S. 69; G. R. SPALDING: Wasser u. Abwasser **28**, 2, **43** (1930) sowie SIERP-Essen und VOLLMAR-Dresden: Gas- u. Wasserfach **74**, H. 25 (1931).

Prüfung des Geschmacks.

Daß ein zu Genußzwecken dienendes Wasser frei von jedem unangenehmen Beigeschmack[4] sein muß, darf wohl als selbstverständlich vorausgesetzt werden. Was man im Einzelfalle unter einem nicht angenehmen Geschmacke eines Trinkwassers versteht, ist häufig schwer zu sagen; denn hier gehen die Ansichten weit auseinander. Die Feinheit des menschlichen Geschmacksinnes wird ja durch verschiedene Umstände, wie Trockenheit der Zunge, kalte und höhere Wärmegrade usw., nicht unwesentlich beeinflußt. Man wird bei der Entscheidung der Frage, ob ein Wasser als wohlschmeckend anzusehen ist oder nicht, auch das Urteil Ortsangehöriger berücksichtigen müssen, da die Geschmacksempfindung im allgemeinen auch durch die Gewohnheit beeinflußt wird[5]. Für die Beurteilung des Geschmacks eines Trinkwassers ist seine Temperatur von großer Bedeutung. Nur kühles Wasser schmeckt erfrischend. Ein Wasser, dessen Wärme 14°C übersteigt, wird im allgemeinen wenig schmackhaft gefunden. Dieser Einfluß der Temperatur auf den Geschmack des Wassers macht sich bei salzreichen Wässern besonders bemerkbar.

---

[1] HINTZ, E., u. L. GRÜNHUT im Handbuch der Balneologie, Medizinischen Klimatologie und Balneographie von DIETRICH u. KAMINER **1**, 328. Leipzig 1919; ferner E. SCHMIDT: Ausführliches Lehrbuch der pharm. Chemie. 6. Aufl., **1**, 575. Braunschweig 1919.

[2] GRÜNHUT, L.: Untersuchung von Mineralwasser in J. KÖNIG: Chemie der menschlichen Nahrungs- und Genußmittel. 4. Aufl. **3 III**, 621. Berlin 1918; ferner Chem.-Ztg. **1914**, 1073, 1123. — WINKLER, L. W.: bei W. BÖTTGER: Die chemische Analyse **35**, 29. Stuttgart 1936.

[3] HOFMANN, K. A.: Lehrbuch der anorganischen Chemie. 8. Aufl., S. 314. Braunschweig 1934.

[4] Vgl. Hygienische Leitsätze für die Trinkwasserversorgung. Veröff. Med.verw. **38**, H. 1, 260, 415. Berlin 1932.

[5] Vgl. auch A. GÄRTNER: Die Hygiene des Wassers, S. 59, 66, 444. Braunschweig 1915.

Über Geschmacksverbesserungsmittel für Trinkwasser vgl. die näheren Angaben in der Pharmaz. Ztg **1921**, 664, 687, und **1928**, Nr 62; ferner Pharmaz. Z.halle Dtschld **70**, Nr 38 (1929).

Das Schmecken ist im übrigen etwas rein Persönliches. Jüngere Menschen haben meist schärfere Geschmacksempfindungen als ältere. Bei Rauchern und auch Weintrinkern ist der Geschmackssinn für Wasser in der Regel mehr oder weniger stark abgestumpft.

Die Geschmacksprüfung ist am besten bei einer Wassertemperatur von 8—12° C vorzunehmen; in gewissen Fällen, z. B. bei Oberflächenwässern mit Rücksicht auf die Erwärmung im Sommer auch bei höherer Temperatur. Die Art der Geschmacksprüfung selbst hat sich im übrigen möglichst den besonderen praktischen Verhältnissen anzupassen. M. RUBNER[1] stellt die Geschmacksprobe in der Weise an, daß er Mengen von 50—60 ccm Wasser im Munde herumbewegt und dann erst schluckt. Soll auf die Geschmacksprüfung eines Wassers ein besonderes Gewicht[2] gelegt werden, so erwärme man es auch noch auf 25—35° C. Hierdurch tritt der Geschmack wesentlich schärfer hervor. Liegt auch nur die Möglichkeit der Verseuchung eines Wassers vor, so ist natürlich von der Geschmacksprobe abzusehen.

Ein unangenehmer Geschmack des Wassers wird hervorgerufen z. B. durch Leuchtgas, Fäulnisstoffe — von Pflanzen und Tieren herrührend —, Moder usw.; ferner durch häusliche und gewerbliche Abwässer[3]. Wässer, die mit Torf- oder Braunkohlenschichten in Verbindung stehen (humushaltige Grundwässer), schmecken meist nicht angenehm[4] (torfig). Harte Wässer schmecken im allgemeinen besser als weiche; diese haben meist einen faden Geschmack. Den Härtegrad eines Wassers lediglich durch den Geschmack festzustellen, ist kaum möglich[5]. Besonders zur Bereitung von Kaffee und Tee eignen sich salzreiche, harte und Moorwässer wenig. Die häufig vertretene Ansicht, daß freie Kohlensäure und auch Luft dem Wasser

---

[1] RUBNER, M., in der Vjschr. gerichtl. Med., III. F. **24**, Suppl.-H. 2, 77. Berlin 1902.

[2] Nachstehend seien einige neuere Veröffentlichungen über Geschmacksprüfungen mitgeteilt: ABEL, R.: Das Wasser **1917**, Nr 1, 10. — DUNBAR: Gesdh.ing. **1921**, Nr 15, 165 — Wasser u. Abwasser **10**, H. 10, 307 (1916). — TJADEN: ebenda **11**, H. 3, 94 (1917); ferner ebenda **10**, H. 10, 312 (1916) — Beiträge zur Kaliabwässer-Frage. Bremen 1921. — MARZAHN, W.: Mitt. Landesanst. Wasserhyg. Berl. **1915**, H. 20, 37. — THUMM, K.: ebenda **1921**, H. 26, 179, H. 27, 168, 174. — Ferner H. KLUT: ebenda **1919**, H. 25, 150, 177, 188. — STOOFF, H.: ebenda **1917**, H. 22, 194 — Gas- u. Wasserfach **65**, H. 4 (1922).

[3] Vgl. u. a. H. STOOFF in der Chem.-Ztg **1920**, Nr 97 und W. PRANG im Gas- u. Wasserfach **78**, Nr 24 (1935).

[4] Vgl. u. a. C. TH. BECKER u. R. O. HERZOG: Zur Kenntnis des Geschmacks. Hoppe-Seylers Z. **52**, H. 5/6, 496 (1907).

[5] Vgl. auch K. B. LEHMANN: Die Methoden der praktischen Hygiene. 2. Aufl., S. 196, 237, 241, 265. Wiesbaden 1901.

einen angenehmen Geschmack[1] verleihen, trifft nur in Ausnahmefällen — bei verhältnismäßig hohem Gehalt an diesen Gasen — zu.

Bei der Chlorung von Trinkwasser — zur Abtötung von Krankheitserregern — liegt die Geschmacksgrenze[2] zwischen 0,2—0,3 mg wirksamen Chlors im Liter.

Bei Gegenwart kleinster Mengen von Phenolen im Wasser können aber noch weit geringere Mengen — unter 0,05 mg/l — störenden Beigeschmack von Chlorphenolen hervorrufen. Nach H. Bruns liegt die Geschmacksgrenze noch bei einer Verdünnung von 1 : 50 Mio.

Phenole an sich sind im allgemeinen erst in weit höheren Mengen schmeckbar. Nach H. Bruns etwa bei 3 mg/l.

Über den Geschmack von Salzen und anderen Stoffen im Trinkwasser hat H. Stooff[3] eingehende Prüfungen angestellt. Bei der Wichtigkeit dieser Frage seien seine Ergebnisse nachstehend im Wortlaut wiedergegeben:

Bei den meisten Salzen und Hydroxyden konnte hinsichtlich ihrer Wirkung auf den Geschmack (Nachgeschmack) des Leitungswassers unterschieden werden eine unterste Grenze der Empfindung („Empfindungsschwelle"), bei der man beginnt, eben etwas zu schmecken, ohne daß der sinnliche Eindruck klar und deutlich erfaßt wird, ferner eine Grenze der Wahrnehmung („Wahrnehmungsschwelle"), endlich eine „Grenze der Genießbarkeit", bei der der Geschmack als „schlecht", „unangenehm", „widerlich" usw. abgelehnt wird.

Ordnet man die geprüften Salze und Hydroxyde nach steigenden Mengen der den einzelnen Kationen entsprechenden Anionen und legt für jedes dieser Anionen auf Grund der Versuchsergebnisse die eben beschriebenen drei „Schwellenwerte" fest, so lassen sich verschiedene Regelmäßigkeiten erkennen, nämlich:

1. Die Grenzen der Empfindung und der Wahrnehmung lagen am niedrigsten bei Ferro-, am höchsten bei Kaliumsalzen.

2. Von den einzelnen Anionen hat sich die Hydroxylgruppe (OH) am ehesten durch den Geschmack (Nachgeschmack) im Leitungswasser bemerkbar gemacht, dann die Nitrat- (NO_3), die Chlorid- (Cl), die Hydrokarbonat- (HCO_3), schließlich die Sulfatgruppe (SO_4).

3. Unter chemisch verwandten Kationen war im allgemeinen Natrium leichter im Leitungswasser herauszuschmecken als Kalium, Magnesium leichter als Kalzium, Eisen (Ferro-Ion) leichter als Mangan (Mangano-Ion).

4. Ammonium-Ion war in allen Salzen durch eine niedrige „Empfindungsschwelle" ausgezeichnet.

---

[1] Vgl. auch W. Kruse: Wasserversorgung in Weyls Handbuch der Hygiene. 2. Aufl., I **1**, 243, 247. Leipzig 1919; ferner A. Gärtner: a. a. O. S. 609.

[2] Klut, H.: Mitt. Landesanst. Wasserhyg. Berl. **1913**, H. 17, 109.

[3] Stooff, H.: Mitt. Landesanst. Wasserhyg. Berl. **1917**, H. 22, 194; **1919**, H. 25, 274; ferner Wasser u. Gas **10**, Nr 13, 514 (1920).

5. Das Hydroxyd des Kaliums war im Gegensatz zu seinen Salzen im Geschmack (Nachgeschmack) des Leitungswassers eher zu erkennen als das Hydroxyd des Natriums.

Freie Kohlensäure (CO_2) beeinflußte — in Mengen über 100 mg im Liter — derart den Geschmack (Nachgeschmack) des Leitungswassers, daß die beigefügten Salze kaum bemerkt wurden.

Zum Vergleich der hauptsächlichsten vorstehend zusammengefaßten Versuchsergebnisse mit denen früherer Beobachter sind in der folgenden Tabelle die von jenen für Chloride, Sulfate, Nitrate und Hydrokarbonate erhaltenen „Schwellenwerte" mit denen des Verfassers vereinigt.

Vergleich der Versuchsergebnisse mit denen früherer Beobachter.
mg/l des betr. Stoffes.

Berechnungsformel des betr. Stoffes	BOSSERT	ASSMANN	GLOTZBACH	RUBNER	STOOFF		
					„Grenze der Empfindung" („Empfindungsschwelle")	„Grenze der Wahrnehmung" (Wahrnehmungsschwelle")	„Grenze der Genießbarkeit"
$NaCl$	800—1000	312,5	150	350	165	495	660
KCl	—	—	—	—	420	—	525
NH_4Cl	—	—	—	—	40	—	150
$CaCl_2$	—	—	—	500	470	550	625
(entspr. D. H.)	—	—	—	(25,2)	(23,7)	(27,7)	(31,6)
$MgCl_2$	500	1250	—	28	135	400	535
(entspr. D. H.)	(29,4)	(73,7)	—	(1,6)	(7,9)	(23,6)	(31,6)
$FeCl_2$	—	—	—	—	0,35	0,9	—
(entspr. Fe)	—	—	—	—	(0,15)	(0,4)	—
$MnCl_2$	—	—	—	—	1,8	3,5	—
(entspr. Mn)	—	—	—	—	(0,8)	(1,5)	—
Na_2SO_4	—	—	300	—	150	450	—
K_2SO_4	—	—	—	—	650	935	1080
$(NH_4)_2SO_4$	—	—	—	—	70	275	345
$CaSO_4$	unter 500	—	51,25	500	70	140	—
(entspr. D. H.)	(unter 20,6)	—	(2,1)	(20,6)	(2,9)	(5,8)	—
$MgSO_4$	1000—1500	312,5	300	500	250	625	750
(entspr. D. H.)	(46,8—70,2)	(14,6)	(14,0)	(23,4)	(11,7)	(29,2)	(35,0)
$Al_2(SO_4)_3$	—	—	—	—	—	25	—
$FeSO_4$	75 ?	1,22	1,77	—	1,6	4,8	—
(entspr. Fe)	(28) ?	(0,46)	(0,66)	—	(0,6)	(1,8)	—
$MnSO_4$	—	—	—	—	15,7	—	—
(entspr. Mn)	—	—	—	—	(5,7)	—	—
$CuSO_4$	unter 5	6,3	1,75	—	3,3	—	—
(entspr. Cu)	(unter 1,2)	(1,5)	(0,42)	—	(0,8)	—	—
$NaNO_3$	800—1000	1250	300	—	70	205	345
KNO_3	300—500	625	300	—	245	325	410
NH_4NO_3	—	—	—	—	130	—	—
$Ca(NO_3)_2$	—	312,5	300	—	200	330	—
(entspr. D. H.)	—	(10,5)	(10,0)	—	(6,7)	(11,2)	—
$NaHCO_3$	200—300	2500	—	—	415	480	—

Durch die neuen Schmeckversuche in der Landesanstalt für Wasserhygiene glaubt STOOFF die Richtigkeit der bisher bewährten Grundsätze für die Beurteilung eines Trinkwassers in geschmacklicher Hinsicht aufs neue erwiesen zu haben. Er schlägt deshalb vor, bei denjenigen Schmeckstoffen, die sich durch eine niedrige „Empfindungsschwelle" („Grenze der Empfindung") auszeichnen, wie sämtliche geprüften Natriumsalze (außer $NaHCO_3$), Ammoniumsalze, Gips, Magnesiumchlorid, die geprüften Aluminium-, Eisen-, Mangan- und Kupfersalze, ferner die Hydroxyde, die geschmackliche Bewertung des Trinkwassers nach dieser Grenze gelten zu lassen. Dagegen kann bei $NaHCO_3$, bei sämtlichen geprüften Kaliumsalzen, bei Kalziumchlorid und -nitrat wie bei Magnesiumsulfat, die weniger empfindlich auf den Geschmack (Nachgeschmack) wirken, die „Grenze der Wahrnehmung" („Wahrnehmungsschwelle") der genannten Trinkwasserbeurteilung zugrunde gelegt werden. Selbstverständlich müssen Salz-, Laugen- und andere Stoffmengen, die im Geschmack (Nachgeschmack) die „Grenze der Genießbarkeit" erreichen, als ein Trinkwasser entwertend angesehen werden.

Mit der Festsetzung von „Erträglichkeits-" und ähnlichen Grenzen, die, ohne nähere Analyse der Geschmacksempfindungen, allein auf die „Gewöhnung" Rücksicht nehmen, wird nach Ansicht des Verfassers der bisher von Wissenschaft und Praxis anerkannte Begriff eines guten Trinkwassers („frei von fremdartigem Geschmack" und „gern genossen") umgestoßen. Ein „erträgliches" Trinkwasser ist kein gutes mehr.

Prüfung auf salpetrige Säure.

Vorkommen. Salpetrige Säure findet man in Grund- und Oberflächenwässern, die zu Trink- und Brauchzwecken herangezogen werden, nicht selten[1]. Ihre Menge ist aber meist recht gering — 0,01—1 mg N_2O_3 im Liter. Größere Mengen — bis zu mehreren Milligramm N_2O_3 im Liter — trifft man nur vereinzelt an. Regenwasser enthält fast stets Spuren bis geringe Mengen von Nitriten; es wurden Mengen von 0,01—1,7 mg N_2O_3 im Liter nachgewiesen. Im Meerwasser wurden Mengen von 0,07 mg N_2O_3 im Liter festgestellt. Auch destilliertes Wasser enthält fast immer Spuren von salpetriger Säure, wenn es einige Zeit mit der Laboratoriumsluft in Berührung gewesen ist.

Entstehung. Die salpetrige Säure im Wasser entsteht entweder durch die Reduktion vorhandener Salpetersäure oder durch unvollständige Oxydation von Ammoniak. Die Bildung der salpetrigen Säure kann sowohl auf biologischem als auch auf chemischem Wege erfolgen.

Durch die Tätigkeit bestimmter Kleinlebewesen, „Nitrobakterien", besonders im Boden, entstehen durch Oxydation von

[1] In der Hyg. Rdsch. **1916**, Nr 2, 33 habe ich hierüber unter Beigabe des einschlägigen Schrifttums näher berichtet.

organischen Stickstoffverbindungen oder Ammoniak Nitrite. Andererseits gibt es auch Bakterienarten, welche die Fähigkeit besitzen, Nitrate zu reduzieren und daraus Nitrite zu bilden. Dahin gehören von bekannteren Arten z. B. der Choleravibrio und das Bacterium coli commune.

Bei der Zersetzung organischer Stoffe, namentlich solcher, die von menschlichen und tierischen Abgängen stammen, entsteht, vorwiegend durch biologische Vorgänge bedingt, neben anderen Verbindungen auch salpetrige Säure. Da die Nitrite im Wasser fast durchweg leicht löslich sind, so gelangen sie ohne weiteres in das Wasser, welches solche Bodenschichten durchläuft oder bei dem ein Zutritt von nitrithaltigen menschlichen oder tierischen Abfallstoffen möglich ist.

Vorwiegend auf chemischem Wege durch Reduktion von Nitraten bei mangelndem Luftsauerstoff entstehen in Moorböden neben Ammoniakverbindungen als Zwischenprodukt salpetrigsaure Salze. Man findet deshalb auch öfters in Wässern, die aus Moorboden stammen, Spuren bis geringe Mengen von Nitriten.

Das Vorkommen von salpetriger Säure in Oberflächenwässern (Flüssen, Seen, Talsperren usw.) kann außer durch die genannten Umstände auch dadurch bedingt sein, daß besonders durch elektrische Entladungen bei Gewittern die Luft und somit das Meteorwasser nitrithaltig werden.

Auch Sonnenlicht[1] verwandelt Nitrate im Wasser teilweise in Nitrite.

Wird ammoniakhaltiges Tiefenwasser in der üblichen Art und Weise (durch offene oder geschlossene Anlagen) von seinem Eisengehalt befreit, so beobachtet man mitunter, daß das aus der Enteisenungsanlage austretende Wasser Spuren von salpetriger Säure neben Salpetersäure enthält, während Ammoniakverbindungen nicht oder kaum mehr vorhanden sind. Bei dieser Behandlung des Wassers ist das Ammoniak zu Nitrat oxydiert worden, und als Zwischenprodukt hat sich etwas Nitrit gebildet. Im Schrifttum ist es übrigens schon seit Jahren bekannt, daß Eisenhydroxyd Ammoniak in Nitrit überführen kann.

Da die Nitrite unbeständige Verbindungen sind, so gehen sie leicht, besonders in diesen starken wässerigen Verdünnungen, durch Oxydation in Nitrat über. Durch diese rasche Umsetzung erklärt es sich auch, weshalb man bei Wasserleitungen in dem aus weiter von dem Werke entfernten Zapfhähnen entnommenen Wasser salpetrige Säure gewöhnlich nicht mehr findet, die in dem Wasser gleich hinter der Enteisenungsanlage noch in Spuren nachweisbar war.

Einen hohen Gehalt an Nitraten und Nitriten beobachtet man öfters in Wässern aus neu angelegten Kesselbrunnen. Das Auftreten genannter Stickstoffverbindungen kann, wenn diese im Grundwasser selbst nicht vorhanden sind, auf Verunreinigungen beim Bau des Brunnens, z. B. durch Eindringen von verunreinigtem Tagwasser,

[1] Vgl. Moore in Wasser u. Abwasser **14**, H. 7, 214 (1920).

zurückzuführen sein. Bei längerem Gebrauch des Brunnens verlieren sich die Nitrate und Nitrite allmählich aus dem Wasser.

Durch rein chemische Vorgänge läßt sich die Entstehung von salpetriger Säure im Wasser in den nachstehend aufgezählten Fällen erklären:

Beim Bau eines Brunnens mit Hilfe von Dynamitsprengungen wurden in dem sonst völlig einwandfreien Grundwasser auffallend große Mengen von salpetriger Säure festgestellt, die nach längerem Abpumpen des Brunnens bald verschwanden.

Bei Tiefbrunnenwässern findet man neben Ammoniak zuweilen salpetrige Säure in geringer Menge, deren Bildung sich dadurch erklären läßt, daß das Grundwasser durch undurchlässige Bodenschichten wie Letten, Ton usw. von dem Luftsauerstoff abgeschlossen ist. Die der langsamen Oxydation zugängigen organischen Stoffe entnehmen alsdann den ihnen notwendigen Sauerstoff aus den salpetersauren und schwefelsauren Salzen, wobei sie diese reduzieren. Nach den Untersuchungen von H. KURTH[1] kann in Gegenden, wo das tiefere Grundwasser reichlich Ammoniak enthält, die salpetrige Säure in Mengen bis zu 2 mg im Liter im Brunnenbereich des Grundwassers sich ansammeln.

In eisen- und manganhaltigen Wässern, die einige Zeit in der Leitung gestanden haben, findet man häufig ebenfalls Nitrite, die vorwiegend aus Stickstoffverbindungen durch katalytische Wirkungen bei Gegenwart von Eisen oder Mangan im Wasser entstehen können.

Bei der Behandlung nitrathaltiger Wässer mit ultravioletten Strahlen[2] beobachtet man nach den Untersuchungen von M. LOMBARD eine Reduktion der Nitrate zu Nitriten.

Wässer, die freie Kohlensäure und Nitrate gelöst enthalten, reduzieren die salpetersauren Salze bei längerem Verweilen in zinkhaltigem Leitungsmaterial[3] teilweise zu Nitriten.

Hygienische Bedeutung. Die oben besprochenen Entstehungsweisen der salpetrigen Säure dürften zeigen, daß ihr Vorkommen im Wasser nicht immer ohne weiteres als Zeichen einer Verunreinigung anzusehen ist, wie das leider noch oft bei der Beurteilung eines Wassers geschieht. Es ist also in allen Fällen, in denen salpetrige Säure im Wasser nachgewiesen ist, nach der Ursache ihrer Entstehung zu forschen. Bei der hygienischen Begutachtung eines Wassers ist auch aus diesem Grunde die genaue Kenntnis der örtlichen Verhältnisse der Wassergewinnungsanlage von großer Bedeutung. Wasserentnahmestellen müssen stets so angelegt sein, daß nachteilige

---

[1] KURTH, H.: Über die gesundheitliche Beurteilung der Brunnenwässer im bremischen Staatsgebiet mit besonderer Berücksichtigung des Vorkommens von Ammoniumverbindungen und deren Umwandlungen. Z. Hyg. **19**, 32, 41, 48 (1895).

[2] LOMBARD, M.: Chemische Wirkung der ultravioletten Strahlen. Chem. Zbl. **1**, 1482 (1910).

[3] KLUT, H.: Mitt. Landesanst. Wasserhyg. Berl.-Dahlem **1913**, H. 17, 39; ferner J. VAN EICK: Wasser u. Abwasser **1**, 40 (1909).

äußere Beeinflussungen des Wassers, z. B. durch menschliche oder tierische Abfallstoffe, dauernd ausgeschlossen sind. Daß Wässer, die durch in der Nähe befindliche Abort- und Dunggruben verunreinigt sind, sehr häufig neben einem hohen Gehalt an organischen Stoffen, Chloriden und Nitraten auch Nitrite aufweisen, lehrt die praktische Erfahrung und ist auch bereits oben bei der Bildungsweise der salpetrigen Säure näher besprochen worden; in solchen Fällen kann also die Anwesenheit von Nitriten im Wasser einen wichtigen Hinweis auf die gesundheitlich bedenkliche Beschaffenheit des Wassers bilden.

An sich sind natürlich die Mengen von salpetriger Säure, wie sie im Wasser vorkommen, völlig unschädlich[1] (Führer).

Beim Kochen von Fleisch, in erster Linie von Rindfleisch, wird häufig die Beobachtung des Eintritts einer Rosa- bis Rotfärbung des Fleisches[2] gemacht. Diese Erscheinung ist auf das Vorhandensein von salpetriger Säure im Wasser zurückzuführen, und zwar genügen nach angestellten Untersuchungen[3] schon recht geringe Mengen – unter 1 mg N_2O_3 im Liter Wasser – zur Erzeugung der Färbung. Diese Fleischfärbung ist ziemlich beständig; gesundheitlich ist sie unbedenklich. In den Fällen, wo bei Vorhandensein von zinkhaltigem Rohrmaterial, wie bereits oben erwähnt, die geschilderten Fleischverfärbungen beim Kochen beobachtet werden, empfiehlt es sich, zur Vermeidung von solchen Vorkommnissen das Leitungswasser bei der Entnahme aus den Zapfhähnen zunächst einige Zeit ablaufen zu lassen, also für den Haushalt nur das Wasser zu verwenden, das nicht längere Zeit im Rohr gestanden hat.

Bedeutung in Gewerbebetrieben. Nitrithaltige Wässer sind besonders für die Textilindustrie nicht geeignet. Die salpetrige Säure greift nicht nur die meisten Farben an, indem sie ihren Ton verändert, sie greift sogar die tierischen Gespinstfasern, wie Wolle, Seide, selbst an unter Gelbfärbung: Bildung von Diazoverbindungen.

Im Gärungsgewerbe stört die Anwesenheit von salpetriger Säure im Wasser ebenfalls. Nitrite im Wasser verursachen beim Maischen Verzögerung des Verzuckerns.

Nachweis der salpetrigen Säure. Zum Nachweis der salpetrigen Säure im Wasser werden im allgemeinen folgende Reagenzien[4] angewendet:

---

[1] Veröff. Med.verw. **38**, H. 1, 264 (Berlin 1932); ferner A. Gärtner: Die Hygiene des Wassers, S. 75. Braunschweig 1915. — Starkenstein, Rost u. Pohl: Toxikologie, S. 235. Berlin u. Wien 1929.

[2] Kisskalt, K.: Über das Rotwerden des Fleisches beim Kochen. Arch. f. Hyg. **35**, 11, 14, 16 (1899) — Z. öff. Chem. **1918**, 276 — Z. Unters. Lebensmitt. **55**, 325 (1928).

[3] Klut, H.: Mitt. Landesanst. Wasserhyg. Berl.-Dahlem **1913**, H. 17, 36.

[4] Eingehend wird diese Frage behandelt von H. Berger: Kritische Studien über den Nachweis der salpetrigen Säure im Trinkwasser. Z. Unters. Nahrgsmitt. usw. **40**, H. 9/10, 225 (1920).

Prüfung auf salpetrige Säure.

Indol,
Jodzinkstärkelösung,
Metaphenylendiamin,
α-Naphthylamin-Sulfanilsäure.

Für hygienische sowie für die meisten Zwecke der Praxis, besonders am Orte der Entnahme, genügt in der Regel die Reaktion mit Jodzinkstärkelösung. Über Bereitung und Prüfung dieser Lösung vgl. die Angaben im Deutschen Arzneibuch. 6. Ausgabe, S. 584. Berlin 1926.

Zur Prüfung auf salpetrige Säure wird ein Reagenzglas bis zu Dreiviertel seines Inhaltes mit dem Wasser angefüllt. Zum Freimachen der salpetrigen Säure aus ihren Salzen werden 3–5 Tropfen 25proz. Phosphorsäurelösung hinzugefügt und darauf 10–12 Tropfen Jodzinkstärkelösung. Ist salpetrige Säure zugegen, so tritt je nach ihrer Menge sogleich oder innerhalb einiger Zeit Blaufärbung des Gemisches ein.

Die Reaktion beruht darauf, daß salpetrige Säure unter Reduktion zu Stickoxyd aus Zinkjodid sowie Jodwasserstoff Jod frei macht, das die Stärke bläut.

Da Sonnenlicht die Reaktion stört — durch Jodabspaltung —, ist bei der Prüfung das Reagenzglas mit der betreffenden Probe am besten in zerstreutes Tageslicht oder in den Schatten zu stellen.

Zur ungefähren Ermittlung des Gehaltes an salpetriger Säure in einem Wasser bei Ausführung der vorstehenden Reaktion diene die nachstehende von L. W. WINKLER[1] aufgestellte Tabelle:

Die Flüssigkeit bläut sich: 1 l enthält N_2O_3:

sofort		0,50	mg oder mehr
nach 10 Sekunden	etwa	0,30	„
„ 1/2 Minute	„	0,20	„
„ 1 „	„	0,15	„
„ 3 Minuten	„	0,10	„
„ 8 „	„	0,05	„
„ 10 „		Spuren.	

Die Reaktion tritt, wenn salpetrige Säure vorhanden ist, gewöhnlich innerhalb 10 Minuten ein. Länger als 10 Minuten zu warten, empfiehlt sich schon aus dem Grunde nicht, weil eine später eintretende Bläuung der Flüssigkeit auch durch andere Einflüsse, z. B. durch Eisenoxydverbindungen und Manganperhydroxyde als durch Einwirkung der salpetrigen Säure herbeigeführt werden kann.

Wird, wie oben empfohlen, zum Ansäuern des Wassers — statt, wie bisher allgemein üblich, Schwefelsäure — Phosphorsäure angewandt, so stören im allgemeinen die etwa im Wasser gleichfalls vorhandenen Eisenoxydverbindungen in der angegebenen Zeit die Reaktion nicht.

---

[1] WINKLER, L. W. (Budapest): Nachweis und jodometrische Bestimmung der salpetrigen Säure in damit verunreinigten Wässern. Z. Unters. Nahrgsmitt. usw. **29**, H. 1, 10, 13 (1915).

Zur Bestimmung der salpetrigen Säure im Wasser genügt für praktische Verhältnisse meist das kolorimetrische Verfahren mit dem Komparator von F. HELLIGE.

Prüfung auf Salpetersäure.

Die Prüfung eines Wassers auf Nitrate am Orte der Probenahme ist nach dem Vorhergehenden ebenfalls zweckmäßig, da es vorkommt, daß infolge der Tätigkeit von Kleinlebewesen im Wasser Veränderungen vor sich gehen, die bei der späteren Untersuchung im Laboratorium einen anderen Befund bedingen, zumal wenn es sich nur um Spuren von Salpetersäure handelt. Die Salpetersäure stellt den Endpunkt der Oxydation aller stickstoffhaltigen organischen Stoffe im Boden dar (Mineralisierungsvorgang). In reinen Grundwässern findet man sie im allgemeinen nur in sehr geringer Menge — meist nur einige mg im Liter. Frisch geschöpfte, eisenhaltige (Ferrobikarbonat) Grundwässer der norddeutschen Tiefebene sind fast stets nitratfrei. Nach der Enteisenung solcher Wässer durch Regenfall oder Rieselung verwandelt sich das in ihnen enthaltene Ammoniak in Nitrat — zum Teil auch in Nitrit[1]. Gleichwohl kommen auch Brunnenwässer mit einem Gehalt von 10—30 mg Salpetersäure im Liter und auch noch mehr vor, ohne daß dieser Befund zu Bedenken Veranlassung geben könnte, weil die sonstige Beschaffenheit des betreffenden Wassers und die örtliche Lage der Brunnen hygienisch einwandfrei sind. Selbst ein noch höherer Gehalt an Nitraten im Wasser kann unter Umständen bei einem im übrigen guten Wasser in gesundheitlicher Hinsicht ohne Bedeutung sein. So haben z. B. die Leitungswässer von nachstehend aufgeführten Städten[2] einen verhältnismäßig hohen Gehalt an Nitraten:

Opladen	39 mg N_2O_5 im Liter
Hilden (Rhld.)	45 „ „ „ „
Weinheim (Hessen)	78 „ „ „ „
Bingen (Rhein)	81 „ „ „ „
Ingelheim (Nieder-Ingelheim)	92 „ „ „ „

So großer Gehalt an Nitraten im Wasser, daß er Verdauungsstörungen hervorrufen könnte[3], wird wohl nur selten vorkommen. Nitrate an sich sind unbedenklich, sie sind, wie auch die anderen Stickstoffverbindungen, lediglich ein Anzeichen für eine stattgefundene Verschmutzung[4] des in Frage stehenden Wassers. Ihr

---

[1] Vgl. auch L. DARAPSKY: Das Gesetz der Eisenabscheidung aus Grundwässern, S. 34. Leipzig 1906.

[2] Vgl. K. THUMM: Die chemische Wasserstatistik der deutschen Gemeinden. Sonderdruck aus der Wochenschr. Das Gas- u. Wasserfach **1929**.

[3] RUBNER, M.: Lehrbuch der Hygiene. 8. Aufl., S. 350 (1907) — Veröff. Med.verw. **38**, H. 1, 264 (Berlin 1932). — Man gibt z. B. Kaliumnitrat nach RABOW u. SCHREIBER: Arzneiverordnungen — 54. Aufl. Leipzig 1927 — in einer Menge von 500—1500 mg mehrmals täglich.

[4] Vgl. auch A. GÄRTNER: Die Hygiene des Wassers, S. 74. Braunschweig 1915.

Vorhandensein ist also, wenn sie in größerer Menge in einem Wasser festgestellt wird, und wenn sie nicht auf die geologische Beschaffenheit des Untergrundes zurückgeführt werden kann, als ungünstig und als Zeichen von Verunreinigung des betreffenden Bodens durch organische Stoffe anzusehen. Gewöhnlich geben dann aber auch die übrigen in einem solchen Wasser ermittelten Befunde Anhaltspunkte für die Annahme einer nachteiligen Beeinflussung des Wassers durch menschliche oder tierische Abfallstoffe. K. B. LEHMANN[1] hält einen hohen Gehalt eines Wassers an Salpetersäure für ein Anzeichen „starker, aber alter Bodenverunreinigung".

Wässer mit hohem Nitratgehalt sind nach J. KÖNIG[2] für Gärungsgewerbe und Zuckerfabriken nicht besonders geeignet, auch haben sie metallangreifende Eigenschaften.

Zum Nachweise der Salpetersäure im Wasser genügen für die Praxis die nachstehenden Verfahren:

1. Nachweis mit Diphenylamin.

Diphenylamin, $NH(C_6H_5)_2$, bildet farblose, monokline, bei 54° C schmelzende Kristalle von schwach aromatischem, blumenähnlichem Geruche. Es wird am besten in einem braunen Glasstöpselgefäße vorrätig gehalten. Ein auch nur schwach gefärbtes Präparat ist unbedingt zu verwerfen. Diphenylamin ist ein empfindliches Reagens auf Salpeter- wie salpetrige Säure.

Zur Prüfung eines Wassers auf Salpetersäure verfährt man meines Erachtens am besten nach den Angaben von E. KOPP: In eine mit konzentrierter Schwefelsäure sorgfältig gereinigte und mehrere Male mit dem zu untersuchenden Wasser ausgespülte kleine weiße Porzellanschale bringt man etwa 1 ccm des zu untersuchenden Wassers, setzt einige Kriställchen Diphenylamin hinzu und darauf in kurzen Zwischenräumen zweimal je 0,5 ccm reine konzentrierte Schwefelsäure. Tritt Blaufärbung des Gemisches ein, so ist Salpetersäure zugegen, vorausgesetzt, daß salpetrige Säure in dem fraglichen Wasser fehlt. Bei Gegenwart von viel Salpetersäure tritt schon sogleich beim ersten Schwefelsäurezusatz starke Bläuung ein. Enthält ein Wasser nur wenig Nitrate, so tritt die Färbung erst nach dem zweiten Säurezusatze, und zwar je nach der Menge sogleich oder innerhalb 2—3 Minuten, ein. Bei einem Gehalte über 10 mg N_2O_5 in einem Liter Wasser erfolgt die Blaufärbung nach dem ersten Säurezusatz, bei 7,5 mg N_2O_5 dagegen erst nach dem zweiten. Aus dem Eintreten und der Stärke der Reaktion kann man somit einen ungefähren Maßstab über die in einem Wasser enthaltene Salpetersäuremenge ableiten. Unter 7 mg N_2O_5 in einem Liter lassen sich

---

[1] LEHMANN, K. B.: Die Methoden der praktischen Hygiene. 2. Aufl., S. 242, 245 (1901); ferner H. KLUT: Arch. Pharmaz. **1932**, H. 9, 564.

[2] KÖNIG, J.: Verunreinigung der Gewässer. 2. Aufl., **1**, 96. Berlin 1899. — KLUT, H.: Gas- u. Wasserfach **67**, H. 2, 3 u. 6 (1924) u. Arch. Pharmaz. **1934**, H. 3.

in dieser Weise meist nicht mehr nachweisen. Nach neueren Feststellungen von H. TILLMANS kann man aber durch Zusatz von etwas Salzsäure die Diphenylamin-Reaktion wesentlich verschärfen. — Weitere Angaben über Nachweis von Nitraten vgl. bei O. MAYER-Würzburg in Z. Unters. d. Lebensmitt. 68, H. 1, 51 (1934).

Die zu diesem Zwecke zu verwendende konzentrierte Schwefelsäure muß chemisch rein und natürlich in erster Linie selbst völlig frei von den Oxyden des Stickstoffes sein; nötigenfalls sind diese aus der Schwefelsäure durch Erhitzen mit etwa 0,5% Ammonsulfat (Pelouze) oder Sättigen der Schwefelsäure mit gasförmiger Salzsäure und darauffolgendes Erhitzen auf 100° (K. A. HOFMANN) zu entfernen. Die Reaktion von Diphenylamin auf Nitrate ist ziemlich scharf und durch ihre prachtvolle blaue Färbung sehr gut und deutlich sichtbar. Daß auch andere oxydierende Stoffe, wie beispielsweise freies Chlor, unterchlorige Säure, Chlor-, Brom-, Jod-, Chrom-, Übermangansäure, auf Diphenylamin reagieren, dürfte für Grund- und Oberflächenwasser kaum in Betracht kommen. Störend wirkt aber bei diesem Nachweise besonders die Gegenwart der salpetrigen Säure. Enthält ein Wasser z. B. verhältnismäßig viel Nitrite, so ist Diphenylamin schlecht zu gebrauchen, da ja die eintretende Blaufärbung durch Nitrite noch schneller und wesentlich schärfer als die von Salpetersäure geliefert wird. Man kann sich nun in der Weise helfen, daß man die Nitrite im Wasser durch Harnstoff[1] in elementaren Stickstoff und Kohlendioxyd nach der Gleichung:

$$2\,HNO_2 + CO(NH_2)_2 = 2\,N_2 + 3\,H_2O + CO_2$$

zerlegt. Am Orte der Entnahme der Probe würde sich dieses Verfahren aber im allgemeinen nicht empfehlen, da die salpetrige Säure durch Harnstoff nicht gleich, sondern erst allmählich — meist nach mehreren Stunden — völlig zerstört wird.

2. Nachweis mit Bruzin.

Das Alkaloid Bruzin bildet kleine farblose, wasserhaltige, monokline Kristalltäfelchen. Es ist ein äußerst empfindliches Reagens auf Salpetersäure und schärfer als Diphenylamin. Versuche zeigten, daß 1 mg N_2O_5 in 1 l destillierten Wassers mit Bruzin sich noch nachweisen läßt. Nebenbei sei bemerkt, daß Bruzin giftige Eigenschaften hat, weshalb bei der Handhabung von Bruzin etwas Vorsicht geboten ist. Da Bruzin mit Strychnin in Alkaloidform in der Brechnuß von Strychnos Nux vomica gemeinsam vorkommt, wird vielfach angenommen, es sei ebenso giftig wie Strychnin. Diese Ansicht ist aber unzutreffend. Nach R. KOBERT[2] bedingt nur das Strychnin die gefährlichen Giftwirkungen, und nach E. POULSSON[3] ist

[1] TILLMANS, J.: Die chemische Untersuchung von Wasser und Abwasser, 2. Aufl., S. 33. Halle a. d. S. 1932. S. 29.

[2] KOBERT, R.: Kompendium der praktischen Toxikologie. 5. Aufl., S. 216. Stuttgart 1912.

[3] POULSSON: Lehrbuch der Pharmakologie. 8. Aufl. Leipzig 1928. S. 72.

Bruzin ungefähr vierzigmal weniger giftig als Strychnin. Auch ist es weit bitterer als Strychnin und Chinin. Für die Aufbewahrung des Bruzins gilt das gleiche wie das bei dem Diphenylamin Gesagte, also Luft- und Lichtschutz. Ein nicht schneeweiß aussehendes Präparat darf nicht verwendet werden.

Durch die wertvollen Untersuchungen von G. LUNGE und L. W. WINKLER[1] ist festgestellt, und bei der Nachprüfung in der Landesanstalt ist das gleiche Ergebnis erzielt worden, daß Bruzin in schwefelsaurer Lösung bei großem Überschusse an Schwefelsäure nur Salpetersäure, dagegen nicht salpetrige Säure anzeigt. Letztere wird hierbei in Nitrosulfonsäure:

$$HNO_2 + H_2SO_4 = H_2O + NO_2SO_3H$$

verwandelt, welche die Reaktion nicht beeinflußt. Es ist daher auch nach unseren Wahrnehmungen an Ort und Stelle dem Bruzin vor dem Diphenylamin der Vorzug zu geben. Im übrigen reagiert es sonst ebenfalls wie Diphenylamin mit den meisten oben angegebenen Oxydationsmitteln, die ja aber, wie schon gesagt, für die in Frage kommenden Zwecke nur höchst selten in Betracht kommen dürften.

Zur Ausführung der Prüfung empfehle ich auf Grund meiner Feststellungen folgendes Verfahren, das genau innezuhalten ist: Man fügt nach Augenmaß zu mindestens 3 ccm konzentrierter Schwefelsäure in einem Reagenzglase tropfenweise unter Kühlung 1 ccm von dem zu untersuchenden Wasser. Jetzt werden unter Umschütteln einige Milligramm Bruzin hinzugefügt. Enthält das Wasser Nitrate, so erfolgt sogleich oder nach ganz kurzer Zeit Rotfärbung des Gemisches. Aus der Stärke lassen sich ungefähre Schlüsse auf den Salpetersäuregehalt eines Wassers ziehen. Leichter als das feste Bruzin läßt sich eine 5proz. Bruzinlösung in Eisessig handhaben. Die Lösung ist in brauner Flasche haltbar.

Beträgt die Salpetersäuremenge im Liter 100 mg N_2O_5, so entsteht kirschrote Färbung, die ziemlich schnell in Orange und schließlich in Gelb umschlägt; bei 10 mg N_2O_5 färbt sich die Flüssigkeit schön rosenrot, nach längerem Stehen blaßgelb; bei 1 mg in 1 l schwach rosarot. Die Reaktion tritt hierbei nicht sogleich, sondern erst nach einigen Augenblicken ein.

Diese Farbentöne sind bei Betrachtung der Proben gegen einen weißen Hintergrund schön wahrnehmbar. Zu berücksichtigen ist hierbei aber stets, daß nur in dem kalten Säuregemisch diese Unterschiede erfolgen. In der heißen Flüssigkeit tritt fast sogleich der gelbe Farbenton ein.

Zur kolorimetrischen Bestimmung der Nitrate eignet sich auch der Komparator von der F. HELLIGE & Co. G. m. b. H. in Freiburg (Breisgau).

---

[1] Z. angew. Chem. **1902**, 170, 241.

3. Nachweis mit Diphenylamin bei Gegenwart von Chloriden oder Salzsäure.

Zum Nachweise sehr geringer Mengen von Salpetersäure im Wasser — bis zu 0,1 mg N_2O_5 in 1 l — haben J. TILLMANS und W. SUTTHOFF[1] nachstehendes Verfahren veröffentlicht, das im wesentlichen darauf beruht, daß Diphenylamin bei Gegenwart von Chloriden auf Nitrate weit schärfer reagiert.

Das Reagens für die Prüfung auf Salpetersäure wird wie folgt bereitet: 0,085 g Diphenylamin werden in einen 500 ccm-Meßkolben gebracht und 190 ccm verdünnte Schwefelsäure (1 + 3) Vol. aufgegossen. Darauf wird konzentrierte Schwefelsäure zugegeben und umgeschüttelt. Dabei erwärmt sich die Flüssigkeit so stark, daß das Diphenylamin schmilzt und sich löst. Man füllt mit konzentrierter Schwefelsäure weiter auf, fast bis zur Marke; dann wird abgekühlt, nach dem Abkühlen mit konzentrierter Schwefelsäure aufgefüllt und gemischt. Das Reagens ist, in einer geschlossenen Flasche aufbewahrt, gut haltbar[2].

Zur **Prüfung** eines Wassers auf Anwesenheit von Salpetersäure mit diesem Reagens füllt man 4 ccm davon in einen kleinen Meßzylinder, setzt alsdann einen Tropfen Salzsäure und 1 ccm des zu untersuchenden Wassers hinzu und schüttelt durch. Bei Gegenwart von Nitraten entsteht Blaufärbung. Aus der Schnelligkeit, mit der die Reaktion eintritt, sowie der Tiefe der Blaufärbung lassen sich ungefähre Schlüsse auf den Salpetersäuregehalt des Wassers ziehen. Bei geringem Gehalt tritt die Blaufärbung erst nach einiger Zeit und nur schwach auf, verstärkt sich aber allmählich; bei einem hohen Gehalt erfolgt bereits beim Durchschütteln tiefe Bläuung. Selbst bei einem Gehalt unter 1 mg N_2O_5 im Liter ist nach Verlauf einer Stunde eine schwache Blaufärbung vorhanden.

Die blaue Farbe ist nicht sehr beständig. Nachdem nach einer Stunde die stärkste Blaufärbung erreicht ist, schlägt die Farbe etwa nach weiteren 1—2 Stunden nach und nach um. Sie nimmt einen mehr helleren blauen Ton an und geht dann nach längerer Zeit schließlich über Grünlich in Gelb über.

Salpetrige Säure wirkt in gleicher Weise ein auf dieses Nitratreagens wie Salpetersäure, nur tritt die Reaktion schneller auf. Ein weiterer Unterschied ist der, daß für salpetrige Säure die Chloride überflüssig sind; die Reaktion tritt mit derselben Schärfe in völlig chloridfreiem Wasser auf. Über die Entfernung der salpetrigen Säure durch Harnstoff siehe oben.

Wie schon in der Einleitung hervorgehoben, ist es immer empfehlenswert, im Laboratorium später die Prüfung auch auf Nitrate zu wiederholen. Notwendig erweist sie sich in allen denjenigen Fällen,

---

[1] TILLMANS, J.: Die chemische Untersuchung von Wasser und Abwasser. 2. Aufl. S. 29. Halle a. d. S. 1932.

[2] Vgl. auch FR. HAUN: Über die Herstellung von Diphenylamin-Schwefelsäure. Z. Unters. Nahrgsmitt. usw. **39**, H. 11/12, 355 (1920).

bei denen es sich um stark eisenhaltige Wässer handelt, da letztere die Reaktion mit Diphenylamin wie die mit Bruzin mehr oder weniger nachteilig beeinflussen. Die störenden Eisenverbindungen müssen in solchen Wässern vorher zweckmäßig erst entfernt werden, z. B. durch Natriumhydroxyd, Ammoniak usw.

Man filtriere übrigens Wässer bei der Prüfung auf Nitrate nicht durch Filtrierpapier, da die meisten Papiere etwas Salpetersäure, auch Ammoniak enthalten.

Über die kolorimetrischen Verfahren zur Nitratbestimmung vgl. auch die ausführliche Zusammenstellung von W. LÜHR in der Z. Unters. Lebensmitt. **66**, H. 5 (1933).

Prüfung auf Ammoniakverbindungen.

Das Vorkommen von Ammoniakverbindungen im Wasser ist auf Reduktionsvorgänge zurückzuführen, die teils rein chemisch-physikalisch, teils unter dem Einfluß von Kleinlebewesen vor sich gehen. Im ersteren Fall ist die Gegenwart von Ammoniak im Wasser im allgemeinen ohne gesundheitliche Bedeutung[1]. Sehr häufig beobachtet man nämlich in eisenhaltigen Grundwässern Ammoniak[2], dessen Entstehung in folgender Weise zu erklären ist: Das Oberflächenwasser löst beim Durchfließen der oberen Erdschichten die darin enthaltenen Nitrate und Nitrite auf und absorbiert die im Boden auch stets vorhandene Kohlensäure. Dieses mit Kohlensäure und salpetersauren Salzen angereicherte Grundwasser sickert weiter in die Tiefe und kommt hier mit Schwefeleisen, das in der Natur als Schwefelkies (FeS_2) sehr verbreitet ist, in Berührung, worauf sich etwa folgende chemisch-physikalischen Vorgänge abspielen: Die Kohlensäure des Wassers verwandelt unter Mitwirkung des Druckes der über ihr lagernden, vielfach sehr hohen Bodenschicht das Schwefeleisen in Ferrobikarbonat und Schwefelwasserstoff nach der Gleichung:

$$2\,CO_2 + FeS_2 + 2\,H_2O = Fe(HCO_3)_2 + S + H_2S\,.$$

Da Schwefelkies meistens auch noch wechselnde Mengen elementaren Eisens enthält, so entsteht hierbei nebenbei Wasserstoff:

$$Fe + CO_2 + H_2O = FeCO_3 + H_2\,.$$

---

[1] HUG, J.: Die Bedeutung des Ammoniakgehaltes bei der chemischen Beurteilung unserer Trinkwässer. Das Wasser **1911**, 887; ferner Veröff. Med.verw. **38**, H. 1, 417 (Berlin 1932). — WERVEKE, B. VAN: Über das Vorkommen von Ammoniak im Trinkwasser. Mit. d. Geolog. Landesanstalt von Elsaß-Lothringen **10**, H. 1, 93. Straßburg i. E. 1916.

[2] SALZMANN, H.: Chem.-Ztg Rep. **1895**, 127. — RUBNER, M.: Lehrbuch der Hygiene. 8. Aufl., S. 350, 367 (1907). Leipzig u. Wien. — KLUT, H.: Beitrag zur Frage der Entstehung von Ammoniak in eisen- und manganhaltigen Tiefenwässern. Mitt. Prüfgsanst. Wasserversorg. usw. Berl. **1909**, H. 12, 225 — Z. angew. Chem. **23**, 689 (1910). — GRÜNHUT, L.: Trinkwasser und Tafelwasser, S. 571. Leipzig 1920 u. BUNTE, H.: Das Wasser, S. 526. Braunschweig 1918.

Schwefelwasserstoff sowie Wasserstoff sind, zumal in statu nascendi, kräftige Reduktionsmittel, die den Nitraten und Nitriten den gesamten Sauerstoff entziehen und somit als Enderzeugnis Ammoniak bilden:

$$1.\quad 8\,H_2S + N_2O_5 = 2\,NH_3 + 8\,S + 5\,H_2O,$$
$$2.\quad 8\,H_2 + N_2O_5 = 2\,NH_3 + 5\,H_2O\,.$$

Das entstehende Ammoniak vereinigt sich mit der freien Kohlensäure zu Ammoniumkarbonat, das auch im Wasser leicht löslich ist. Das Ferrokarbonat an sich ist im Wasser wenig löslich, verhält sich aber ähnlich den Erdalkalikarbonaten, d. h. es geht als Bikarbonat in Lösung:

$$FeCO_3 + CO_2 + H_2O = Fe(HCO_3)_2\,.$$

Diese Eisenverbindung oxydiert sich sehr leicht bei Luftzutritt und erzeugt die bekannten kennzeichnenden Eisenausscheidungen im Wasser (Eisenocker):

$$2\,Fe(HCO_3)_2 + O + H_2O = 2\,Fe(OH)_3 + 4\,CO_2\,.$$

Wird solch ein eisenhaltiges Wasser enteisent, so verschwindet das Ammoniak in der Regel fast völlig. Auf diese Tatsache hat zuerst PROSKAUER[1] hingewiesen.

Einen manchmal erheblichen Gehalt an Ammoniakverbindungen trifft man ferner in Grundwässern an, die aus humusreichen Bodenschichten — Moorgegenden — stammen. Solche Wässer sind meist schon äußerlich durch ihre mehr oder weniger gelbliche Farbe, ihren moorigen Geruch sowie durch ihre oftmals saure Reaktion gegen Lackmuspapier und Rosolsäurelösung gekennzeichnet. Zurückzuführen ist der Ammoniakgehalt in diesen Fällen auf Reduktionsvorgänge. Die Humusstoffe, vorwiegend Huminkörper — kohlenstoffreiche Verbindungen — reißen mit Begierde Sauerstoff an sich, um schließlich als Endpunkt ihrer Oxydation Kohlendioxyd zu bilden. Ist Sauerstoff im Boden anderweitig nicht vorhanden, so entziehen sie ihn den im Wasser gelösten Nitraten und Nitriten und reduzieren diese zu Ammoniak. Die Reduktion geht unter Umständen sogar so weit, daß selbst die Sulfate in Sulfide übergeführt werden. Der in moorigen Wässern oft beobachtete Geruch nach Schwefelwasserstoff dürfte auf diese Weise zu erklären sein. Die durch den Mineralisierungsvorgang der Huminstoffe entstehende Kohlensäure verwandelt das in der Erde sehr verbreitete Eisen in Ferrokarbonat, und diese Eisenverbindung ist in kohlensäurehaltigem Wasser verhältnismäßig leicht löslich. Wir finden deshalb in Moorwässern im allgemeinen auch sehr oft Eisen, teils als Bikarbonat, teils in organischer Bindung gelöst.

Sonst wird in reinen Trinkwässern Ammoniak nicht oder nur in Spuren gefunden. Stammt ein Wasser also nicht aus Boden, in welchem moorige Bestandteile vorhanden sind, so ist das Vor-

---

[1] PROSKAUER, B.: Z. Hyg. **9**, 148 (1890).

kommen von Ammoniumverbindungen, besonders wenn es sich um mehr als nur Spuren davon handelt, meist ein ungünstiges Anzeichen, denn dann ist anzunehmen, daß sie bei der Fäulnis von stickstoffhaltigen, organischen Substanzen entstanden oder als Stoffwechselerzeugnisse von Kleinlebewesen in das Wasser hineingekommen sind. Ein solches Wasser ist also wahrscheinlich durch menschliche oder tierische Abfallstoffe nachteilig beeinflußt worden und somit auch infektionsverdächtig.

Die Prüfung eines für den Genuß dienenden Wassers auf Ammoniak gleich an Ort und Stelle ist daher wegen des häufigen Abspielens biologischer Vorgänge angezeigt.

Zum Nachweise von Ammoniak im Wasser kommt für die Praxis fast ausschließlich das NESSLERsche Reagens in Betracht, welches ein in konzentrierter Alkalilauge gelöstes Doppelsalz von Kaliumjodid und Quecksilberjodid $2\,KJ + HgJ_2$ ist.

Mit NESSLERS Reagens lassen sich, wie durch Versuche festgestellt wurde, in einem Wasser bequem 0,1 mg NH_3, ja bei einiger Übung noch 0,05 mg in einem Liter nachweisen. Demnach ist dies ein sehr empfindlicher Nachweis.

NESSLERS Reagens. Zur Darstellung dieses Reagens sind verschiedene Vorschriften bekannt. Zu empfehlen ist die nachstehende Bereitungsweise: FRERICHS und MANNHEIM haben Untersuchungen zur einwandfreien Bereitung von NESSLERS Reagens[1] angestellt, sie geben nachstehende Vorschrift:

2,5 g Kaliumjodid,
3,5 g Quecksilberjodid und
3,0 g destilliertes Wasser

werden in einem Kolben oder Arzneiglas von etwa 100 ccm Inhalt zusammengebracht. Nach der Auflösung des Quecksilberjodids, welche ohne Erwärmen in wenigen Augenblicken erfolgt, werden

100 g Kalilauge (15% KOH)

zugesetzt, die Lösung alsdann einige Tage stehengelassen bis zum Absetzen des geringen Niederschlages, der durch Spuren von Ammoniak hervorgerufen wird, welche in der Kalilauge meistens enthalten sind. Von dem Bodensatz wird die Lösung klar abgegossen. Um den Bodensatz dichter zu machen, kann man der Lösung etwas Talkum – etwa 0,5 g – zusetzen. Will man die Lösung sofort gebrauchsfertig machen, so filtriert man sie nach dem Zusatz von Talkum durch ein kleines Sandfilter. Letzteres erhält man, indem man in einen Trichter ein Bäuschchen Glaswolle oder Asbest bringt, eine etwa 3 cm hohe Schicht reinen Sandes aufschüttet und einige

[1] FRERICHS, G., u. E. MANNHEIM: Nesslers Reagens. Apotheker-Ztg **29**, Nr 102/103, 972 (1914); ferner L. W. WINKLER: Z. Unters. Nahrgsmitt. usw. **49**, H. 4 (1925). Der besseren Haltbarkeit wegen empfiehlt H. J. FUCHS, vgl. Hoppe-Seylers Z. **223**, 144 (1934), statt der Kaliverbindungen Lithiumjodid und Lithiumhydroxyd zu verwenden.

Male mit destilliertem Wasser auswäscht. Durch ein solches Filter erhält man die Lösung, wenn man die anfangs etwas trübe durchlaufenden Anteile wieder zurückgießt, in kurzer Zeit vollständig klar.

NESSLERS Reagens bildet eine schwach gelbe, stark ätzende Flüssigkeit vom spezifischen Gewicht 1,28. Vor Licht und Luft möglichst geschützt aufbewahrt, ist das Reagens gut haltbar. Die Lösung setzt trotzdem bei dieser Art der Aufbewahrung nach einiger Zeit einen geringen Bodensatz ab, wird dadurch aber im allgemeinen nicht unbrauchbar. Man verwende zur Wasseruntersuchung aber stets nur die klare Flüssigkeit. Zum etwaigen Filtrieren des Reagens dient Asbest. Um das Einkitten der Glasstopfen bei dieser stark alkalischen Flüssigkeit zu verhüten, ist Einfetten mit Paraffinsalbe zu empfehlen.

Zur Prüfung eines Wassers auf Ammoniak versetzt man in einem Reagenzglase etwa 10 ccm mit 3—4 Tropfen NESSLERS Reagens. Ist Ammoniak zugegen, so entsteht je nach seiner Menge sogleich oder nach ganz kurzer Zeit eine mehr oder weniger starke Gelbfärbung der Flüssigkeit, ja bei viel Ammoniak ein orange- bis braunroter Niederschlag von Ammoniumquecksilberoxyjodid. Eine Färbung des Wassers erkennt man am besten, wenn man das Reagenzglas schräg gegen eine weiße Unterlage hält und von oben durch die Flüssigkeitssäule blickt. Nach dem Grade der Färbung oder des Niederschlages hat man allgemein für die Gegenwart von Ammoniak folgende Bezeichnungen: Spuren, deutliche Reaktion, starke Reaktion, sehr starke Reaktion. Enthält ein Wasser mehr als Spuren Ammoniak — über 0,1 mg in 1 l —, so empfiehlt es sich, dieses später im Laboratorium quantitativ zu bestimmen.

Man halte sich übrigens ziemlich genau an die oben angegebene Tropfenzahl beim Zusatz des NESSLERschen Reagens, da dieses ja an sich gelblich gefärbt ist und somit unter Umständen im Überschuß zugesetzt leicht zu Täuschungen Anlaß geben kann. Bei schwach gelblich gefärbten Wässern, wie z. B. Moorwässern und Flußwässern, ist es mitunter nicht leicht, geringe Mengen Ammoniak mit Sicherheit nachzuweisen. Man hilft sich in solchen Fällen am einfachsten in der Weise, daß man zum Vergleich in ein zweites Probierglas die gleiche Menge des ursprünglichen, nicht mit Nessler-Reagens versetzten Wassers bringt und die beiden Gläser nebeneinander gegen einen weißen Untergrund hält, wodurch sich etwaige Farbenunterschiede meist ohne weiteres feststellen lassen.

Ist dennoch ein Unterschied schwer zu erkennen, oder ist ferner das zu untersuchende Wasser an sich trübe, z. B. durch Tonteilchen, so empfiehlt es sich, die störenden Bestandteile durch Aluminiumsulfat niederzuschlagen; und zwar werden 100 ccm von dem Wasser mit ca. 1 ccm einer 2proz. wässerigen Lösung von chemisch reinem, kristallisiertem Aluminiumsulfat versetzt und gut gemischt. Nach dem Absetzen wird die überstehende, klare, farblose Flüssigkeit von dem Bodensatze vorsichtig abgegossen und jetzt erst mit NESSLERS Reagens geprüft.

Die durch die Einwirkung dieses Reagens auf Ammoniumverbindungen vor sich gehenden chemischen Umsetzungen lassen sich durch nachstehende Gleichungen veranschaulichen:

$$\underset{\text{Kaliumquecksilberjodid}}{2\,(HgJ_2 + 2\,KJ)} + \underset{\text{Ammoniak}}{NH_3} + \underset{\text{Natriumhydroxyd}}{3\,NaOH}$$

$$= \underset{\text{Na-Jodid}}{3\,NaJ} + \underset{\text{Kaliumjodid}}{4\,KJ} + 2\,H_2O + \underset{\text{Ammoniumquecksilberoxyjodid}}{\left(Hg\langle{}^{NH_2}_{J} + HgO\right)}.$$

Dieses Ammoniumquecksilberoxyjodid oder Oxydimerkuriammoniumjodid kennzeichnet sich, wie bereits mitgeteilt, durch seine starke Färbung. Das in einem Wasser vorhandene Ammoniak ist zumeist als Salz gelöst. Durch die überschüssige Lauge des NESSLERschen Reagens wird es in Freiheit gesetzt und reagiert dann in obiger Weise auf die Quecksilberverbindung selbst in der geringsten Menge.

Störend wirkt aber bei diesem Reagens zum Nachweise von Ammoniak ein höherer Härtegrad des Wassers, weil durch den großen Gehalt der Lösung an Alkalilauge die die Härte bedingenden Kalzium- und Magnesiumsalze ausgefällt werden, und zwar die Kalksalze als Karbonate und die letzteren als Hydroxyde. Die Folge hiervon ist, daß geringe Mengen von Ammoniak, wie sie häufig in Trinkwässern vorzukommen pflegen, sich der Beobachtung unter Umständen entziehen können, da die sich bildenden Niederschläge der Erdalkalien usw. die schwebenden feinen gelben Teilchen der Quecksilberverbindung[1] mechanisch umhüllen und mit ihnen zu Boden sinken. Ich habe beobachtet, daß Wässer mit einer Härte über 18 deutsche Grade diese Erscheinungen im allgemeinen zeigen. Man hat somit gleichzeitig an Ort und Stelle einen Anhaltspunkt dafür, ob ein Wasser hart ist. Es kommen nun hauptsächlich zwei Verfahren in Frage, um die oben erwähnten Ausscheidungen beim Zusatze des Reagens zu verhindern. Die erstere und bekanntere ist folgende: 100 ccm des betreffenden Wassers[2] werden mit 0,5 ccm 33proz. Natronlauge und 1 ccm Natriumkarbonatlösung (2,7:5) versetzt; den Niederschlag läßt man absetzen, gießt die überstehende, klare Flüssigkeit vorsichtig ab und prüft alsdann erst mit NESSLERS Reagens. Man vergewissere sich vorher stets, daß auch diese Sodanatronlauge völlig ammoniakfrei[3] ist. Von einem Filtrieren des so behandelten Wassers durch Papier muß aber entschieden abgeraten werden, da dieses meist etwas ammoniakhaltig ist. Das Verfahren ist einwandfrei, allerdings etwas zeitraubend.

[1] Die durch wenig Ammoniak bedingte Gelbfärbung des Wassers mit NESSLERS Reagens beruht natürlich auf einer Ausscheidung des Reaktionsproduktes, das in äußerst fein verteilter Form vom Wasser in Schwebe gehalten wird und daher scheinbar wie gelöst aussieht.

[2] REUSS, A.: Fehlerquellen beim Nachweis des Ammoniaks im Trinkwasser mittels NESSLERschen Reagens. Z. Unters. Lebensmitt. **73**, H. 1, 50 (1937).

[3] Soda-Natronlauge ist häufig etwas ammoniakhaltig. Durch Erhitzen der Lösung läßt sich das Ammoniak leicht entfernen.

Die zweite und bei weitem bequemere Arbeitsweise beruht auf folgenden Erfahrungen: Die Weinsäure und zumal ihr Alkalisalz, das Kaliumnatriumtartrat oder Seignettesalz, besitzen die Eigenschaft, die Fällung verschiedener Metalloxyde, wie Kupferoxyd — FEHLINGsche Lösung —, Eisenoxydul und -oxyd, ferner der Erdalkalien, also von Kalk und Magnesia bei Zusatz von Ätzalkalien infolge Bildung löslicher Doppelsalze zu verhindern. Setzt man daher einem harten und auch stark eisenhaltigen[1] Wasser dieses Salz hinzu, so treten durch NESSLERs Reagens keine Ausscheidungen von Kalk, Magnesia und auch von Eisen ein, vielmehr bleiben diese Verbindungen gelöst. Die hierzu erforderliche

Seignettesalzlösung wird am besten nach Vorschrift von L. W. WINKLER[2] dargestellt: Eine filtrierte Lösung von 100 g chemisch reinem, kristallisiertem Seignettesalz[3] (Kaliumnatriumtartrat oder Tartarus natronatus) in 200 g destilliertem Wasser wird, um sie vor Zersetzung durch Schimmelpilze zu schützen, mit 10 ccm klarem NESSLERschen Reagens gemischt. Man läßt einige Tage absetzen, filtriert durch Asbest und bewahrt diese fast farblose Lösung ebenfalls in braunen, gut schließenden Glasstöpselgefäßen[4] auf.

Bei der Anwendung mischt man in einem Reagenzglase etwa 10 ccm des betreffenden Wassers mit 8—10 Tropfen von dieser Lösung und setzt nun erst NESSLERs Reagens hinzu.

Enthält das zu untersuchende Wasser Schwefelwasserstoff oder Sulfide in größeren Mengen gelöst, was, abgesehen von einigen Mineralquellen, wohl selten der Fall ist, so wird mit NESSLERs Reagens ebenfalls eine Gelbfärbung der Flüssigkeit durch entstandenes Schwefelquecksilber — HgS — erzeugt[5]. Diese Färbung verschwindet aber, zum Unterschiede von der durch Ammoniak bewirkten, beim Ansäuern mit Schwefelsäure nicht.

Im übrigen empfiehlt es sich, zumal im letzteren Falle, auch hier die Prüfung auf Ammoniak später im Laboratorium zu wiederholen.

Zur Bestimmung des Ammoniaks im Wasser genügt für die Praxis meist das kolorimetrische Verfahren mit dem Nesslerrohr-Komparator nach F. HELLIGE & Co., G. m. b. H., in Freiburg (Breisgau).

---

[1] Eisen, das anfangs fast immer als Oxydulsalz im Wasser gelöst ist, wird durch Alkalilauge als Ferrohydroxyd gefällt. Diese Eisenverbindung ist von weißlicher Farbe; sie wird aber durch Luftsauerstoffaufnahme bald schmutzig grün und geht schließlich in braunrotes Ferrihydroxyd — $Fe(OH)_3$ — über.

[2] WINKLER, L. W.: in G. LUNGE u. E. BERL: a. a. O. **2**, 263.

[3] Dieses Salz ist vielfach etwas ammoniakhaltig. Wird es mit Natronlauge erwärmt, so darf sich kein Ammoniak entwickeln.

[4] Einfetten der Glasstopfen mit Paraffinsalbe ist zu empfehlen.

[5] H_2S sowie die Sulfide entfernt man aus solchem Wasser am besten durch Versetzen von 100 ccm desselben mit etwa 0,5 ccm einer 10proz. wässerigen Zinkazetatlösung. Die über dem abgeschiedenen Bodensatze stehende klare, farblose Flüssigkeit wird vorsichtig abgegossen und mit NESSLERs Reagens auf Ammoniak untersucht.

Prüfung auf Reaktion.

Zur Feststellung der Reaktion des Wassers sind in der Praxis für gewöhnlich folgende Indikatoren zu empfehlen:

1. Lackmuspapier[1].
2. Rosolsäurelösung.
3. Kongopapier (Kongorot).
4. Methylorangelösung.
5. Phenolphthaleinlösung.

Je nach der Reaktion des Wassers zeigen diese Indikatoren folgende Farbentöne:

Indikator	Bei neutraler Reaktion	Bei alkalischer Reaktion	Bei saurer Reaktion
Lackmus	violett	blau	rot
Rosolsäure	schwach gelb	deutlich rot	gelb
Kongorot } bei Mineralsäuren	violett	scharlachrot	blau
Methylorange } bei Mineralsäuren	orangerot	gelb	rosarot
Phenolphthalein	farblos	rot	farblos

Das gebräuchlichste dieser Reagenzien ist das Lackmuspapier, das käuflich zu beziehen ist. Zweckmäßig wird das blaue Papier vom roten getrennt und vor Licht geschützt in verschlossenen Gefäßen aufbewahrt.

Zur Prüfung der Reaktion eines Wassers spült man ein kleines, etwa 10 ccm fassendes Porzellanschälchen mit dem frisch entnommenen Wasser mehrmals aus und füllt es dann mit diesem an. In das Wasser werden darauf ein blauer und ein roter Lackmusstreifen etwa bis zur Hälfte ihrer Länge in der Weise hineingelegt, daß beide sich nicht gegenseitig berühren. Man kann auch in der Weise verfahren, daß man 2 Reagenzgläser mit dem zu prüfenden Wasser mehrmals ausspült und sie darauf mit diesem anfüllt. Man läßt sodann in das eine Glas einen blauen und in das andere einen roten Lackmusstreifen hineingleiten, so daß sie vom Wasser völlig bedeckt sind. Nach etwa 5 bis längsten 10 Minuten beobachtet man die an den beiden Streifen eingetretene Veränderung der Färbung. Man muß diese Zeit ziemlich genau innehalten, weil die Mehrzahl der Wässer gegen Lackmus anfangs neutral reagieren; erst nach und nach wirken die im Wasser gelöst enthaltenen Stoffe auf den Indikator ein. Die fast in jedem Wasser gelöst enthaltenen Kalzium- und Magnesiumbikarbonate reagieren nur allmählich auf den Lackmusfarbstoff, und zwar ist die Reaktion je nach dem Gehalte eines Wassers an diesen Salzen schwach bis deutlich alkalisch; trotzdem werden beide Verbindungen als sog. saure Karbonate bezeichnet. Der rote Lackmusstreifen wird also gebläut. Infolge ihres Karbonat-

[1] Statt Lackmus kann auch dessen färbender Bestandteil „Azolitmin" benutzt werden; vgl. E. SCHMIDT: Ausführl. Lehrbuch der pharm. Chemie. 6. Aufl., II 2, 2254. Braunschweig 1923.

gehaltes vermögen die Wässer häufig nicht unerhebliche Mengen von Säuren zu binden (Säurebindungsvermögen z. B. der Flußwässer) — vgl. H. BUNTE: Das Wasser, S. 141, 1040, 1044. Braunschweig 1918).

Wird rotes Lackmuspapier gebläut und blaues gerötet, was zuweilen — namentlich bei Wässern mit hohem Gehalt an Huminverbindungen — stattfindet, so spricht man von amphoterer Reaktion.

Die meisten Wässer reagieren gegen Lackmus schwach alkalisch. Organische Säuren, die z. B. in Moorwässern nicht selten enthalten sind, röten Lackmuspapier.

Die Empfindlichkeit von Lackmus ist nicht sehr groß; das Lackmuspapier wird in mancher Beziehung und besonders in der Schärfe des Farbenumschlages durch das Rosolsäure-Reagens von PETTENKOFER übertroffen. Bei der Prüfung werden etwa 50 ccm des Wassers mit 6—10 Tropfen dieses Reagens versetzt. Gelbfärbung der Flüssigkeit zeigt saure Reaktion an, dagegen Rosa- oder Rotfärbung schwach alkalische oder alkalische Reaktion des Wassers.

Bei Wässern, die durch Huminsubstanzen gelb gefärbt sind (Moorwässer), ist Rosolsäure nur wenig geeignet; in solchen Wässsern ist zur Ermittlung der Reaktion Lackmuspapier vorzuziehen.

Rosolsäure reagiert auch auf freie Kohlensäure, wenn letztere in nicht zu geringer Menge im Wasser vorhanden ist. Nach den Untersuchungen von J. TILLMANS und O. HEUBLEIN[1] verdeckt 1 mg Bikarbonat-Kohlensäure die saure Reaktion von 0,25 mg freier Kohlensäure.

Kongopapier und Methylorangelösung[2] dienen zum Nachweise von freien Mineralsäuren, wie solche zuweilen in Wässern enthalten sind.

Kongopapier ist käuflich zu beziehen. Zur Prüfung werden etwa 50 ccm Wasser mit 1—2 Tropfen dieser Lösung versetzt. Eintretende Rotfärbung der Flüssigkeit zeigt freie Mineralsäure an. Die Reaktion ist sehr scharf. Zum Nachweis organischer Säuren ist Methylorange nicht besonders geeignet.

Wässer, die gegen einen der oben genannten Indikatoren sauer reagieren, haben fast ausnahmslos metall- und mörtelangreifende Eigenschaften.

Phenolphthaleinlösung. Phenolphthalein reagiert auf OH-Ionen (Basen) im Wasser durch Rotfärbung schon in sehr starker Verdünnung.

Zur Prüfung werden etwa 50 ccm Wasser mit 1—2 Tropfen Phenolphthaleinlösung versetzt.

Die meisten Wässer werden durch dieses Reagens nicht gefärbt. Eine Rotfärbung der Flüssigkeit zeigt an, daß das Wasser Kalzium-

---

[1] Z. Unters. Nahrgsmitt. usw. **20**, 630 (1910); ferner L. GRÜNHUT: Untersuchung und Begutachtung von Wasser und Abwasser, S. 481. Leipzig 1914.

[2] Vorschrift von G. LUNGE u. E. BERL: Chemisch-technische Untersuchungsmethoden. 7. Aufl., **1**. Berlin 1921.

oder Alkalihydroxyd gelöst enthält. Auch Kalziummonokarbonat reagiert mit Phenolphthalein schwach rot.

Eine stark alkalische Reaktion des Wassers wird zuweilen bei neuen Kesselbrunnen beobachtet, denen verhältnismäßig wenig Wasser entnommen wird; diese Erscheinung ist auf Auslaugungen von Kalziumhydroxyd aus dem Zement- und Kalkmörtel der Brunnenwandungen zurückzuführen. Derartige Wässer schmecken auch mehr oder weniger laugenartig und sind auch für Wirtschaftszwecke nur wenig geeignet. Die Alkaleszenz derartiger Wässer verliert sich meist nach einiger Zeit von selbst, nachdem aus dem Brunnen eine größere Wassermenge geschöpft worden ist, infolge der Einwirkung der im Wasser und in der Luft enthaltenen Kohlensäure auf das Kalziumhydroxyd unter Bildung von nicht störendem Kalziumkarbonat. Nach H. HAUPT (Gesdh.ing. **1937**, 60. Jg., H. 16) ist die auffällige Alkalität eines Wassers mitunter auf das Einsumpfen des Kalkes aus der neben dem Kesselbrunnen befindlichen Mörtelgrube zurückzuführen. Auch zu frische Zementbetonringe sind nicht selten die Ursache der starken Alkalität des Wassers.

Über die Bestimmung der Reaktion, Ätzalkalität, Karbonatalkalität und Azidität eines Wassers sei auf die Arbeiten von J. TILLMANS verwiesen: Die chemische Untersuchung von Wasser und Abwasser. 2. Aufl. Halle (Saale) 1932.

Nähere Angaben über die Anwendung von Indikatoren finden sich unter Angabe des einschlägigen Schrifttums in den Werken von J. M. KOLTHOFF: Säure-Basen-Indikatoren. 4. Aufl. Berlin 1932, und A. THIEL: Indikatorenkunde im Handbuch der Lebensmittelchemie von BÖMER, JUCKENACK u. TILLMANS 2. Berlin 1933.

Ermittlung der Wasserstoffionenkonzentration.

Die im Wasser gelösten Stoffe bestimmen seine Reaktion. Die darin gelösten Elektrolyte (Salze, Basen und Säuren) zerfallen mehr oder weniger in ihre Ionen (Dissoziation). Ist nun unter den Ionen eines Elektrolyten ein H-Ion, so wird dadurch in der Lösung die Konzentration der H-Ionen um ein gewisses Vielfaches vermehrt; da aber die Dissoziationsgleichung des Wassers $[H^{\cdot}]\cdot[OH']$ = Kw (= Wasserstoffionen mal Hydroxylionen = Dissoziationskonstante des Wassers) bei gegebener Temperatur bestehen bleiben muß, so folgt hieraus, daß gleichzeitig die Konzentration der Hydroxylionen um ein gleiches Vielfaches vermindert werden muß. Umgekehrt ist es, wenn der gelöste Elektrolyt OH-Ionen abspaltet. Säuren und saure Salze liefern H-Ionen, Basen und basische Salze OH-Ionen; Elektrolyte, bei denen diese beiden Ionen fehlen, sind die echten Neutralsalze, z. B. NaCl; diese haben auch keinen Einfluß auf die Dissoziation des Wassers. Hieraus ergibt sich, daß jede wässerige Lösung sowohl H- wie OH-Ionen enthalten muß, mag sie nun alkalisch, neutral oder sauer reagieren. Eine neutrale Lösung, z. B. kohlensäurefreies, chemisch reines, destilliertes Wasser enthält gleichviel H- und OH-Ionen, eine saure mehr H-Ionen, eine alkalische mehr OH-Ionen. Wie bei einer Waage das Sinken der einen Schale ein ganz bestimmtes Steigen der anderen bedingt, so ist es auch hier, und es genügt daher, die Reaktion entweder durch den Gehalt an OH- oder an H-Ionen auszudrücken. Allgemein hat sich nun eingebürgert, nur die letztere, also die Wasserstoffionenkonzentration oder auch Wasserstoffzahl $= h$ genannt, zur Kennzeichnung zu benutzen. Bei neutraler Reaktion befinden sich in 1 l Lösung 10^{-7} g Wasserstoffionen, bei saurer Reaktion steigt der Gehalt an H-Ionen, der negative Exponent wird kleiner. Umgekehrt ist es bei alkalischer Reaktion. Statt nun z. B. zu schreiben $h = 10^{-7}$ setzt man $\log h = -7$ oder $-\log h = +7$. An Stelle des negativen Logarithmus ($-\log h$) hat SÖRENSEN das Symbol p_H eingeführt[1], so daß p_H 7 = neutrale und p_H unter 7 saure und über 7 alkalische Reaktion bedeutet. Im ganzen umfaßt also der p_H-Bereich die Zahlen von 0—14. Dabei bedeutet eine Änderung dieses Wertes um eine ganze Einheit eine Änderung der Wasserstoffionenkonzentration um eine Zehnerpotenz. Eine Lösung mit dem Wasserstoffexponenten p_H 1,0 besitzt also dieselbe Wasserstoffionenkonzentration wie eine $^1/_{10}$ normale Säure, eine solche mit dem Werte p_H 2,0 entspricht einer $^1/_{100}$ normalen Säure[2]. Andererseits verhält sich eine Lösung vom p_H-Wert 13,0 wie eine $^1/_{10}$ normale Lauge, eine solche mit der Wasserstoffzahl p_H 12,0 wie eine $^1/_{100}$ normale Lauge usw.

Will man eine genaue Bestimmung der Reaktion, d. h. der „Säure- oder Alkalistufe" vornehmen, so muß man zu einem der Verfahren zur Bestimmung der Wasserstoffionenkonzentration greifen.

Es ist aus Raummangel hier nicht möglich, auf das grundlegende Prinzip aller dieser Verfahren einzugehen. Es sei hierüber auf das weiter unten befindliche Schrifttum verwiesen.

Die Mehrzahl unserer natürlichen Wässer haben eine p_H-Zahl von 7,2—7,7; sie sind also, wie bereits gesagt, schwach alkalisch. Eine p_H-Zahl von 7,8—8,2 würde alkalische und eine p_H-Zahl über 8,2 stark alkalische Reaktion bedeuten. Über die Beurteilung eines Wassers nach dem p_H-Wert vgl. J. TILLMANS u. P. HIRSCH im Gesundh.ing. **54**, H. 17, 264 (1931).

Eine Reaktionsbestimmung mit einem der folgenden Verfahren gibt ein genaueres Bild von dem Verhalten eines Wassers als die Ermittlung der Reaktion gegen einen der oben angeführten Indikatoren, die häufig infolge ihrer voneinander verschiedenen Umschlagsgebiete Abweichungen untereinander zeigen.

Sämtliche Verfahren gliedern sich in:

a) kolorimetrische oder Indikatorenmethoden und

b) elektrometrische oder potentiometrische Verfahren.

Die ersteren sind zwar vielfach leichter und billiger ausführbar, die letzteren haben aber den Vorteil weit größerer Genauigkeit.

---

[1] Abgeleitet von pondus hydrogenii = Gewicht der Wasserstoffionen.

[2] Vgl. auch F. MÜLLER: Wasser u. Abwasser **23**, H. 5, 134 (1927).

Die kolorimetrischen Verfahren sind außerdem mehr oder weniger von der Eigenfärbung und auch der Trübung des Wassers und dem Farbenunterscheidungsvermögen des Beobachters abhängig. Die elektrischen Verfahren sind naturgemäß von diesen Fehlerquellen frei, erfordern aber Vertrautheit mit den hierzu nötigen Geräten.

a) Kolorimetrische Verfahren.

1. Universalindikator Merck. Etwa 10 ccm Wasser werden mit 2 Tropfen Universalindikator in einem Porzellanschälchen versetzt und ihre Färbung mit einer gleichfalls von Merck gelieferten Farbenskala verglichen. Meßbereich von p_H 4,0—9,0; Genauigkeit etwa $p_H \pm 0{,}2$. Vgl. auch Wasser u. Abwasser **23**, H. 5, 135 (1927).

2. Universalindikator „B. D. H." (British Drug House), zu beziehen durch die Firma Bergmann u. Altmann, Berlin NW 7. Anwendung genau wie beim Merckschen Indikator. Meßbereich von p_H 3,0—9,0. Genauigkeit etwa $p_H \pm 0{,}5$.

3. Universalindikator von R. Czensny mit Vergleichsfarbröhrchen. Firma Franz Bergmann u. Paul Altmann in Berlin NW 7. Meßbereich von p_H 4,5—9,0 in Abstufungen von 0,5.

4. Der Hellige-Komparator (Firma F. Hellige & Co., Freiburg i. B.) mit haltbaren Vergleichsstandardfarbgläsern, die Messungen mit einer Abstufung von p_H 0,2 zu 0,2 bei beliebigen Meßbereichen erlauben.

b) Elektrometrische Verfahren.

Die genauesten und zuverlässigsten Werte liefern die elektrometrischen Methoden. Ihnen allen liegt die Kompensationsmethode nach Poggendorf-Du Bois-Reymond zugrunde, die in einem Vergleich der unbekannten elektrometrischen Kraft der Untersuchungslösung mit einer bekannten besteht. Auch hier kann bezüglich theoretischer und praktischer Einzelheiten nur auf das Schrifttum verwiesen werden.

Es gibt heute eine große Anzahl von elektrometrischen p_H-Meßgeräten (Potentiometer, Azidimeter, Ionometer usw.). Ihre Aufzählung würde hier zu weit führen. Die bei uns in der Preuß. Landesanstalt bewährten Geräte sind eingehend beschrieben bei E. und K. Naumann: Die praktische Ausführung der Reaktionsmessung von Wässern im Gas- u. Wasserfach 78, Nr 48 (1935); vgl. auch A. Kufferath: Die modernen Apparate zur Ermittlung des p_H-Wertes in Korrosion u. Metallschutz **10**, H. 4 (1934).

Die heutigen elektrometrischen Verfahren verwenden mit Vorteil statt der Wasserstoffelektrode, die das Urverfahren aller dieser Messungen ist, die weit bequemere Chinhydronelektrode.

Zur Umrechnung der gemessenen Millivolt in p_H-Werte ist die p_H-Skala nach Hock (zu beziehen von F. u. M. Lautenschläger, München) besonders geeignet und bequem.

c) Berechnung des p_H-Wertes.

Bei den meisten natürlichen Wässern kann der p_H-Wert mit praktisch hinreichender Genauigkeit nach folgender Formel berechnet werden: $p_H = 6{,}523 + \log\frac{b}{a}$, wobei b die Bikarbonatkohlensäure und a die freie Kohlensäure bedeutet (beide in mg/l). Vgl. O. MAYER in Gas- u. Wasserfach **76**, Nr 14 (1933) und G. NACHTIGALL: ebenda **1933**, Nr 46.

Gewisse Anhaltspunkte bietet nachstehende Tabelle. Sie bezieht sich lediglich auf Gleichgewichtswässer verschiedener Karbonathärte. Der in der Tabelle angegebene, errechnete p_H-Wert kann in der Praxis bei natürlichen Wässern mehr oder weniger abweichen, da auf ihn

Über Karbonathärte, freie zugehörige Kohlensäure und den entsprechenden p_H-Wert.

K.H.	CO_2	p_H-Wert	K.H.	CO_2	p_H-Wert
0,65	0,0	—	13,7	32,53	7,34
1,91	0,25	8,59	14,0	35,04	7,32
2,23	0,34	8,53	14,3	37,68	7,29
2,55	0,44	8,48	14,65	40,75	7,27
3,18	0,69	8,38	15,00	44,11	7,25
3,5	0,84	8,33	15,3	46,98	7,23
3,82	0,99	8,30	15,6	50,18	7,21
4,15	1,19	8,27	15,92	53,60	7,19
4,46	1,37	8,22	16,25	57,30	7,17
4,80	1,61	8,19	16,56	60,76	7,15
5,10	1,83	8,17	16,9	64,80	7,13
5,40	2,10	8,12	17,2	68,36	7,11
5,73	2,39	8,09	17,5	72,06	7,1
6,05	2,72	8,06	17,85	76,38	7,08
6,37	3,06	8,03	18,20	80,94	7,07
6,75	3,54	7,99	18,5	84,85	7,05
7,00	3,86	7,97	18,8	89,28	7,04
7,30	4,32	7,94	19,1	93,70	7,02
7,65	4,85	7,91	19,4	97,97	7,01
8,00	5,52	7,87	20,1	108,15	6,98
8,28	6,05	7,85	20,4	112,58	6,97
8,60	6,81	7,81	20,7	117,58	6,96
8,91	7,55	7,79	21,0	122,58	6,95
9,25	8,54	7,75	21,3	127,36	6,94
9,55	9,42	7,72	21,65	132,94	6,93
9,9	10,63	7,68	22,0	138,68	6,91
10,2	11,67	7,66	22,3	143,66	6,90
10,6	13,48	7,62	22,6	149,04	6,89
10,82	14,45	7,59	22,9	154,48	6,88
11,2	16,32	7,55	23,25	160,00	6,88
11,46	17,60	7,53	23,6	166,52	6,87
11,8	19,52	7,50	23,9	171,12	6,86
12,1	21,22	7,47	24,2	176,72	6,85
12,4	23,22	7,44	24,5	181,92	6,84
12,72	25,34	7,41	24,85	188,00	6,83
13,1	27,95	7,38	25,2	194,20	6,83
13,4	30,02	7,36	25,5	199,50	6,82

Erklärungen: K.H. = Karbonathärte (D. G.). CO_2 = freie zugehörige Kohlensäure (mg/l).

auch andere Bestandteile des Wassers, z. B. Chloride, Magnesiumverbindungen, Natriumbikarbonat, Sulfate, organische Stoffe von Einfluß sind.

Einen angenäherten Wert erhält man auch aus dem logarithmischen Verhältnis der gebundenen und freien Kohlensäure. Vgl. nebenstehende Tabelle.

p_H aus dem Verhältnis $\left(p_H = \log \frac{g}{f} + 6{,}82\right)$	$\frac{\text{Gebundene } CO_2}{\text{Freie } CO_2}$ p_H
$\frac{\text{Gebundene } CO_2}{\text{Freie } CO_2} = 10$	7,8
$= 8$	7,7
$= 6$	7,6
$= 5$	7,5
$= 4$	7,4
$= 2$	7,1
$= 1$	6,8
$= {}^1/_2$	6,5
$= {}^1/_4$	6,2
$= {}^1/_{10}$	5,8

Von dem umfangreichen Schrifttum über die Messung der Wasserionenkonzentration seien nur die für die Praxis wichtigsten Veröffentlichungen angeführt, in denen sich auch weitere, ausführliche Literaturangaben über Einzelheiten finden.

CZENSNY, R.: Ein neues Keilkolorimeter zur Bestimmung der Wasserstoffionenkonzentration. Vom Wasser **3**. Berlin 1930.

— Wie wird die Bestimmung der Alkalität und des p_H-Wertes in der Praxis ausgeführt? Grünes Korres.bl. **34**, Nr 23 (1929).

EGGERT, J., u. L. HOCK: Lehrbuch der physikalischen Chemie. 2. Aufl. Leipzig 1929.

HAASE, L. W.: Über die Reaktion von Flüssigkeiten. Kl. Mitt. Landesanst. **3**, Nr 9/12 (1927).

JÖRGENSEN, H.: Die Bestimmung der Wasserstoffionenkonzentration (p_H) und deren Bedeutung für Technik und Landwirtschaft. Dresden u. Leipzig 1935.

KARSTEN, A.: Neuzeitliche p_H-Bestimmungsapparate. Gesdh.ing. **57**, Nr 2 (1934).

KOLTHOFF, J. M.: Die kolorimetrische und potentiometrische p_H-Bestimmung. Berlin 1932.

KORDATZKI, W.: Taschenbuch der praktischen p_H-Messung. München 1934.

LEHMANN, G.: Die Wasserstoffionenmessung. Leipzig 1928.

MICHAELIS, L.: Die Wasserstoffionenkonzentration. 2. Aufl. Berlin 1927.

MISLOWITZER, E.: Die Bestimmung der Wasserstoffionenkonzentration von Flüssigkeiten. Berlin 1928.

MÜLLER, E.: Die elektrometrische (potentiometrische) Maßanalyse. Dresden u. Leipzig 1926.

SCHMIDT, R.: Die Grundlagen der elektrometrischen Bestimmung der Wasserstoffionenkonzentration und ihre praktische Ausführung. Kl. Mitt. Landesanst. Wasserhyg. Berl.-Dahlem **3**, Nr 9/12 (1927).

THIEL, A.: Bathmometrie (Stufenmessung; p_H-Messung) im Handbuch der Lebensmittelchemie von BÖMER, JUCKENACK und TILLMANS **2**. Berlin 1933.

TÖDT, F.: p_H-Messung, Elektroden und ihre Eigenschaften sowie elektrometrische Verfahren, Schaltungen. Arch. f. techn. Messer (ATM) **1933**. Lieferung 25 u. 27, Blatt T 90 u. 117.

TRÉNEL, M.: Über Wasserstoffionenkonzentration und über eine neue tragbare Apparatur zur Bestimmung der aktuellen Azidität. Arch. Pharmaz. **1925**, H. 2 — Z. angew. Chem. **1929**, Nr 11 — Pharmaz. Ztg **82**, Nr 1, 16 (1937).

Bakteriologische Untersuchung[1].

Die bakteriologische Wasseruntersuchung hat im Rahmen der Wasserhygiene letzten Endes den Zweck, festzustellen, ob ein Wasser krankheitserregende Bakterien enthält oder enthalten kann. Als solche kommen hauptsächlich Bakterien der Typhus- und Ruhrgruppe sowie die Erreger der WEILschen Krankheit und der Cholera in Betracht. Da aber ihr unmittelbarer Nachweis oft schwierig ist und vor allen Dingen auch zu spät erfolgt, so begnügt man sich im allgemeinen mit der Feststellung gewisser Anzeichen, die auf den Eintritt einer gesundheitlich bedenklichen Verunreinigung hinweisen. Solche Anzeichen sind u. U. hohe Keimzahl und der Nachweis etwa vorhandener Kotverunreinigung des betreffenden Wassers.

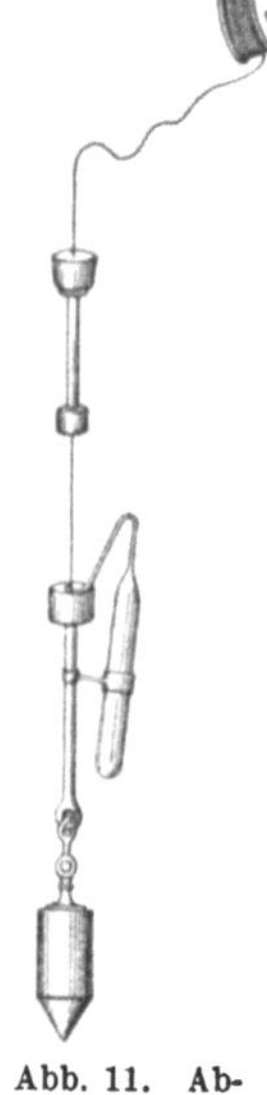

Abb. 11. Abschlagvorrichtung nach SCLAVO-CZAPLEWSKI.

Die erste Vorbedingung für jede einwandfreie bakteriologische Wasseruntersuchung ist die ordnungsmäßige Entnahme der Wasserproben[2].

Zapfhähne, Ausläufe von Pumpbrunnen[3] und gegebenenfalls auch von Quellfassungen reinigt man zunächst innen und außen sorgfältig und flammt sie, wenn sie von Metall sind, ab, dann läßt man sie genügend lange (10—20 Minuten) ablaufen oder abpumpen und fängt nun das zu prüfende Wasser in keimfreien Reagenzgläschen oder Flaschen nach Abbrennen ihres Randes auf.

Aus offenen Brunnen, Quellen, Wasserläufen usw. entnimmt man, wie bereits erwähnt, die Wasserprobe durch Herablassen eines keimfreien, beschwerten Röhrchens an einer Schnur, oder man verwendet hierzu besondere Vorrichtungen, welche auch zur Entnahme von Wasser aus größeren Tiefen dienen — „Abschlagvorrichtungen".

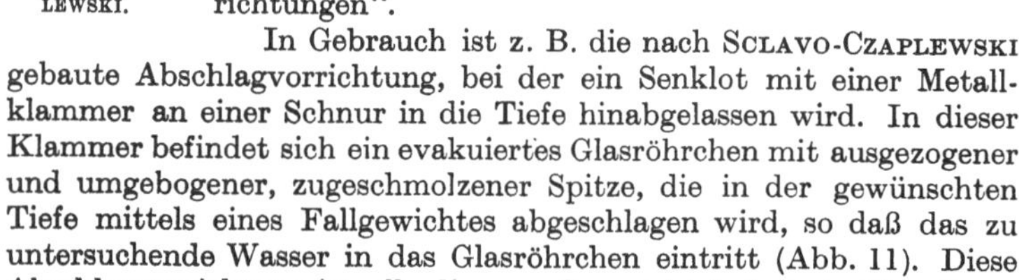

In Gebrauch ist z. B. die nach SCLAVO-CZAPLEWSKI gebaute Abschlagvorrichtung, bei der ein Senklot mit einer Metallklammer an einer Schnur in die Tiefe hinabgelassen wird. In dieser Klammer befindet sich ein evakuiertes Glasröhrchen mit ausgezogener und umgebogener, zugeschmolzener Spitze, die in der gewünschten Tiefe mittels eines Fallgewichtes abgeschlagen wird, so daß das zu untersuchende Wasser in das Glasröhrchen eintritt (Abb. 11). Diese Abschlagvorrichtung ist allerdings außen nicht keimfrei. Um diesen

[1] Dieser Abschnitt ist von dem Abt.-Direktor der Landesanstalt für Wasserhygiene, Prof. Dr. med. B. BÜRGER, durchgesehen, wofür ich zu Dank verpflichtet bin.

[2] Vgl. bei B. BÜRGER in den „Grundzügen der Trinkwasserhygiene". Herausgegeb. v. d. Preuß. Landesanst. f. Wasser-, Boden- u. Lufthygiene. 2. Aufl. Berlin 1938.

[3] Hygienische Leitsätze für die Trinkwasserversorgung. Veröff. Med.-verw. **38**, H. 1, Berlin 1932.

Nachteil möglichst auszuschalten, haben OLSZEWSKY-Dresden, das Medizinaluntersuchungsamt und das Wasserwerk in Koblenz besondere Entnahmevorrichtungen ersonnen. Nähere Angaben hierüber sind von dort zu erhalten.

Die Keimzählung auf Gelatineplatten ist zur Zeit das am meisten angewendete Verfahren bei der bakteriologischen Wasseruntersuchung. Eine ausschlaggebende Bedeutung kommt ihm, soweit es sich um Trink- und Brauchwasser handelt, für die Beurteilung gefilterten Oberflächenwassers zu, weil eine starke Herabsetzung der Keimzahl im gefilterten Wasser ein Zeichen für das ordnungsmäßige Arbeiten der Filter ist. Ein befriedigend gereinigtes Oberflächenwasser soll beim Verlassen des Filters in der Regel nicht mehr als ungefähr 100 Keime im Kubikzentimeter enthalten[1].

Bei der Untersuchung von Grundwasser ist dagegen die Grenzzahl von 100 Keimen, die für gefiltertes Oberflächenwasser im allgemeinen ihre Gültigkeit hat, nicht maßgebend. Grundwasser aus Quellen und Rohrbrunnen soll vielmehr i. a. fast keimfrei oder doch keimarm sein, wenn anders es in gesundheitlicher Beziehung nicht beanstandet werden soll. Doch ist hierbei zu beachten, daß durch die Arbeiten bei der Anlegung, Ausbesserung usw. von Brunnen unvermeidlich Teilchen der Erdoberfläche mit Bakterien in die Tiefe gebracht werden, zu deren Herausspülung durch das geförderte Wasser immer eine gewisse, manchmal ziemlich lange Zeit erforderlich ist. Bei neu angelegten Brunnen ergeben deshalb bakteriologische Untersuchungen erst nach gründlichem Abpumpen der Brunnen einwandfreie Keimzahlbefunde.

Bei Kesselbrunnen kann die Feststellung von Keimzahlen u. U. selbst bis zu mehreren hundert Keimen im Kubikzentimeter gesundheitlich unbedenklich sein, wenn im Brunnenkessel Gelegenheit zur Bakterienvermehrung gegeben ist, so daß die ursprüngliche Zahl der Keime des Grundwassers, welches den Brunnen speist, nicht zu ermitteln ist.

Auch für die Beurteilung von Oberflächenwässern kann die Keimzählung wichtige Anhaltspunkte geben.

Bei Flußverunreinigungen, z. B. hervorgerufen durch Einleiten von häuslichem Abwasser in den Vorfluter, läßt sich erfahrungsgemäß mittels der Keimzählung häufig noch eine nachteilige Beeinflussung des Flusses feststellen, während der chemische Nachweis nicht mehr gelingt. Innerhalb eines bestimmten Flußgebietes lassen sich unter Umständen aus den Keimzahlen Schlüsse auf die größere oder geringere Verunreinigung des Wassers an dem einen Ufer im Vergleich zu dem anderen usw. ziehen.

---

[1] Grundsätze für die Reinigung von Oberflächenwasser durch Sandfiltration. Rundschreiben des Reichskanzlers vom 13. Jan. 1899. Anlage zu § 4. Veröff. Reichsgesdh.amt **1899**, 108. — Vgl. ferner H. BRUNS im Gas- u. Wasserfach **70**, H. 23 (1927).

Sollen Brunnen, Wasserläufe usw. auf krankheitserregende Bakterien untersucht werden, so muß nach RUBNER[1] auch der Bodenschlamm berücksichtigt werden.

Das Anlegen der Zähl-„Platten" hat möglichst bald nach der Entnahme, spätestens aber nach 3 Stunden zu erfolgen; im letzteren Falle sind die entnommenen Proben während der wärmeren Jahreszeit in Eis verpackt fortzuschaffen — vgl. auch Wasser u. Abwasser **17**, H. 8, 244 (1922). Da man je nach dem verwendeten Nährboden, dem Wärmegrad und der Dauer der Bebrütung und der bei der Zählung angewendeten Vergrößerung bei ein und derselben Wasserprobe recht verschiedene Keimzahlen erhalten kann, so ist es, um die einzelnen Untersuchungsergebnisse miteinander vergleichen zu können, unbedingt notwendig, stets in der gleichen Weise zu verfahren. Als Vorbild kann das nach Übereinkunft der beteiligten Stellen vom RGA. ausgearbeitete Verfahren dienen.

1. Herstellung der Nährgelatine. Fleischextraktpepton-Nährgelatine. (Grundsätze für die Reinigung von Oberflächenwasser durch Sandfiltration[2].)

2 Teile Fleischextrakt Liebig 2
2 Teile trockenes Pepton Witte 2
und
1 Teil Kochsalz 1
werden in
200 Teilen Wasser 200
gelöst; die Lösung wird ungefähr $^1/_2$ Stunde im Dampfe erhitzt und nach dem Erkalten und Absetzen filtriert.

Auf 900 Teile dieser Flüssigkeit 900
werden
100 Teile feinste weiße Speisegelatine 100
zugefügt, und nach dem Quellen und Erweichen der Gelatine wird die Auflösung durch (höchstens $^1/_2$stündiges) Erhitzen im Dampfe bewirkt.

Darauf werden der siedend heißen Flüssigkeit 30 Teile Normal-Natronlauge[3] 30
zugefügt und weiter tropfenweise so lange von der Normalnatronlauge zugegeben, bis eine herausgenommene Probe auf glattem, blauviolettem Lackmuspapier neutrale Reaktion zeigt, d. h. die Farbe des Papiers nicht verändert. Nach $^1/_4$stündigem Erhitzen im Dampfe muß die Gelatinelösung nochmals auf ihre Reaktion geprüft und, wenn nötig, die ursprüngliche Reaktion durch einige Tropfen der Normalnatronlauge wieder hergestellt werden. Als-

[1] RUBNER, M.: Arch. f. Hyg. **46**, 14 (1903); ferner A. LANG: Internat. Z. Wasserversorg. **1917**, Nr 14/15, 82.

[2] Veröff. Med.verw. **38**, 486, H. 1, Berlin 1932, „Hygienische Leitsätze für die Trinkwasserversorgung".

[3] An Stelle der Normal-Natronlauge kann auch eine 4proz. Natriumhydroxydlösung angewandt werden.

dann wird der so auf den Lackmusblauneutralpunkt eingestellten Gelatine

$1^1/_2$ Teil kristallisierte, glasblanke (nicht verwitterte) Soda[1] zugegeben und die Gelatinelösung durch weiteres, $^1/_2$- bis höchstens $^3/_4$stündiges Erhitzen im Dampfe geklärt und darauf durch ein mit heißem Wasser angefeuchtetes, feinporiges Filtrierpapier filtriert.

Unmittelbar nach dem Filtrieren wird die noch warme Gelatine zweckmäßig mit Hilfe einer Abfüllvorrichtung, z. B. des TRESKOWschen Trichters, in sterilisierte (durch einstündiges Erhitzen auf etwa 160° im Trockenschranke) Reagenzröhren in Mengen von 10 ccm eingefüllt und in diesen Röhren durch einmaliges, 15 bis 20 Minuten langes Erhitzen im Dampfe sterilisiert. Die Nährgelatine sei klar und von gelblicher Farbe. Sie darf — in Röhrchen abgefüllt — bei einer 3 Minuten dauernden Prüfung im Wasserbad von 30° nicht flüssig werden. Blauviolettes Lackmuspapier werde durch die verflüssigte Nährgelatine deutlich stärker gebläut. Auf Phenolphthalein reagiere sie noch schwach sauer. Einige Änderungen hierzu werden von B. BÜRGER in seinem Entwurf zu den Reichsleitsätzen der Trinkwasserhygiene empfohlen. Hiernach muß die fertige Gelatine rotes Lackmuspapier deutlich bläuen und blauviolettes Lackmuspapier noch stärker färben. Die erforderliche genaue Alkalisierung der Gelatine ist durch Feststellung der Wasserstoffionenkonzentration möglich. Gelatine soll bei der Bestimmung der Wasserstoffionenkonzentration (nach L. MICHAELIS) eine p_H-Zahl von 7,4—7,5 besitzen.

2. Entnahme der Wasserproben. Die Entnahmegefäße müssen, wie bereits gesagt, sterilisiert sein. Bei der Entnahme von Proben ist jede Verunreinigung des Wassers zu vermeiden; auch ist darauf zu achten, daß die Mündung der Entnahmegefäße während des Öffnens, Füllens und Verschließens nicht mit den Fingern berührt wird.

3. Anlegen der Kulturen. Nach der Entnahme der Wasserproben sind möglichst bald die Kulturen anzulegen, damit die Fehlerquelle ausgeschlossen wird, die aus der Vermehrung oder Verminderung der Keime während der Aufbewahrungszeit des Wassers entsteht. Die Gelatineplatten sind daher möglichst unmittelbar nach Entnahme der Wasserproben anzulegen.

Die zum Abmessen der Wassermengen für das Anlegen der Kulturplatten zu benutzenden Pipetten müssen mit Teilstrichen versehen sein, welche gestatten, Mengen von 0,1—1 ccm Wasser genau abzumessen. Sie sind in gut schließenden Blechbüchsen durch einstündiges Erhitzen auf etwa 160° im Trockenschrank zu sterilisieren.

Für die Untersuchung des filtrierten Wassers genügt unter Umständen die Anlegung einer Gelatineplatte mit 1 ccm der

---

[1] Statt 1,5 Gewichtsteile krist. Soda können auch 10 Raumteile Normal-Sodalösung genommen werden.

Wasserprobe; für die Untersuchung des Rohwassers (bei Oberflächenwasser) dagegen ist die Herstellung mehrerer Platten in zweckentsprechenden Abstufungen der Wassermengen, meist sogar eine vorherige Verdünnung der Wasserproben mit sterilem Wasser erforderlich.

Das Anlegen der Gelatineplatten soll in der Weise erfolgen, daß die aus der zu untersuchenden Wasserprobe mit der Pipette unter der üblichen Vorsicht und möglichst ohne Ansaugen mit dem Munde herausgenommene Wassermenge in ein Petrischälchen entleert und dazu gleich darauf der bei etwa 35° C verflüssigte Inhalt eines Gelatineröhrchens gegossen wird. Wasser und Gelatine werden alsdann durch wiederholtes sanftes Neigen des Doppel-

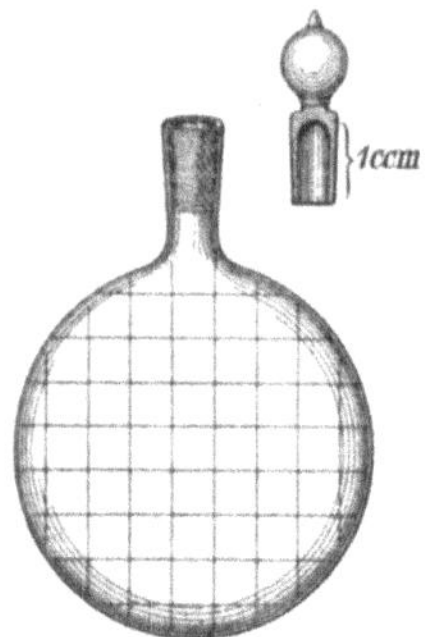

Abb. 12. Kulturflasche nach SCHUMBURG.

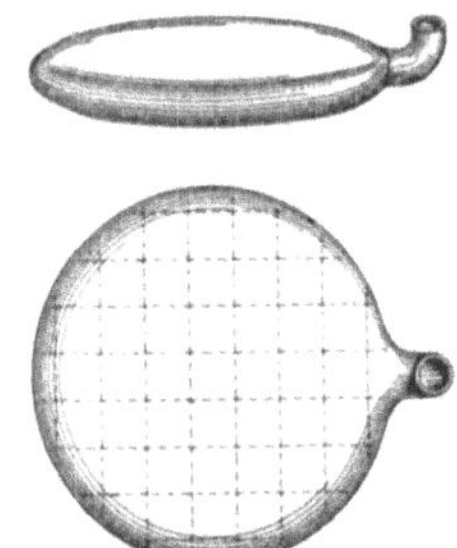

Abb. 13. Kulturflasche nach ROSZAHEGYI. Modifiziert nach K. SCHREIBER.

schälchens miteinander vermischt; die Mischung wird gleichmäßig auf dem Boden der Schale ausgebreitet und zum Erstarren gebracht.

Die fertigen Kulturschälchen sind vor Licht und Staub geschützt bei einer Temperatur von 20—22° C aufzubewahren; zu diesem Zwecke empfiehlt sich die Benutzung eines auf die genannte Temperatur eingestellten Brutschrankes.

4. Zählung der Keime. Die Zahl der entwickelten Kolonien ist nach 48stündiger Bebrütung mit Hilfe der Lupe und nötigenfalls einer Zählplatte festzustellen. Die gefundene Zahl ist unter Bemerkung der Züchtungstemperatur in die fortlaufend geführten Tabellen einzutragen[1].

An Stelle der Petrischälchen kann man auch abgeflachte Kölbchen in der Form von Feldflaschen benutzen, wie sie SCHUMBURG (Abb. 12) und ROSZAHEGYI (Abb. 13) (siehe die obenstehenden Abbildungen) angegeben haben: in die eine Flachseite ist ein Quadratnetz eingeritzt, um das Zählen der Keime zu erleichtern; der Hals wird mit keimfreiem Watteropf verschlossen.

---

[1] Vgl. Veröff. Reichsgesdh.amt **1899**, 108.

Ein schwacher Punkt des Gelatineplattenverfahrens ist, daß es mit ihm schwer oder nicht möglich ist, Keime, die ein Zeichen bedenklicher Verunreinigung des Wassers sind, von harmlosen Bakterien ohne weiteres zu unterscheiden. Auch ist es ein Mangel dieses Verfahrens, daß für gewöhnlich nur geringe Mengen Wasser (höchstens einige Kubikzentimeter) wirklich untersucht werden, und daß es unter Umständen zweifelhaft sein kann, ob die kleine Probe wirklich ein richtiges Bild von der hygienischen Beschaffenheit des Wassers gibt. Bei sehr geringer Keimzahl des Wassers ist es allerdings seit längeren Jahren durch das von B. Bürger[1] angegebene Verfahren: Anwendung einer $2^1/_2$fachen Nährgelatine mit 25% Gelatinegehalt, die im Gebrauch wie eine „Stammlösung" durch das zu untersuchende Wasser auf 10% Gelatinegehalt „verdünnt" wird, möglich geworden, ohne Schwierigkeit in einer Petrischale von ca. 9 cm Durchmesser 15—20 ccm Wasser zur Untersuchung zu bringen.

Weniger hervor treten diese Mängel bei dem Verfahren des Nachweises von Kotverunreinigung im Wasser, welches Eijkman[2] angegeben hat. Dieses beruht darauf, daß das Bacterium coli der Warmblüter (Mensch, Säugetiere und Vögel) auch bei höherer Temperatur (46° C) in traubenzuckerhaltigen Nährlösungen noch Gärung hervorruft. Die Eijkmansche Probe, die an sich keine Probe auf B. coli commune ist, hat auch den Vorteil, daß mit Leichtigkeit 100 ccm Wasser und mehr zur Untersuchung herangezogen werden können. Infolgedessen ist der Rückschluß von dem Ausfall der Eijkmanschen Probe auf die hygienische Beschaffenheit des betreffenden Wassers sicherer als von der Keimzahl der Gelatineplatten. Ferner ist die Eijkmansche Probe ein besserer Indikator für bedenkliche Verunreinigungen eines Wassers, weil dabei viele harmlose Wasserbakterien, die an niedrigere Wärmegrade gewöhnt sind, ausgeschaltet werden. Die krankheitserregenden Bakterien, bei denen eine Verbreitung durch Wasser in Betracht kommt, werden hauptsächlich oder ausschließlich mit dem Kot ausgeschieden; daher ist ein Wasser, das einer Kotverunreinigung ausgesetzt ist, stets in Gefahr, gelegentlich mit den obengenannten krankheitserregenden Bakterien infiziert zu werden.

Als Nachweis der Verunreinigung eines Wassers mit Kotbestandteilen bzw. mit Bacterium coli hat sich in der Landesanstalt für Wasser-, Boden- und Lufthygiene folgendes Untersuchungsverfahren

---

[1] Bürger, B.: Verwendung von Nährböden mit hohem Gelatinegehalt: ein neues Plattenverfahren zum zahlenmäßigen Nachweis vereinzelter spezifischer Keime in größeren Flüssigkeitsmengen, insbesondere bei Desinfektions- und Filterversuchen. (Mit 3 Tafeln.) Zbl. Bakter. I Orig. **79**, 462—480 (1917).

[2] Eijkman, C.: Die Gärungsprobe bei 46° C als Hilfsmittel bei der Trinkwasseruntersuchung. Zbl. Bakter. I Orig. **37**, 742 (1904) — Z. Unters. Nahrgsmitt. usw. **29**, 224 (1915); ferner Wasser u. Abwasser **25**, H. 9, 257 (1929); **27**, H. 7, 194 ; H. 8, 225 (1930); **14**, 60 (1919); ferner H. Bruns im Jahrbuch „Vom Wasser" **11**, 84, Berlin 1936.

(Feststellung des sog. Colititers[1]) gut bewährt: In zwei gleichlaufenden Reihen werden abgemessene Wassermengen, die in der Regel 100, 20 und 10 ccm, bei stärker verunreinigten Wässern (z. B. Oberflächenwässern) 5, 1 und Bruchteile eines Kubikzentimeters betragen, in Gärgefäße mit Eijkmanscher Nährlösung[2] (10 g Traubenzucker, 10 g Pepton. sicc. Witte, 5 g Kochsalz und 100 ccm Aq. dest.) gebracht. Von diesen beiden Reihen wird die erste zur Anreicherung auch geschwächter Colikeime mindestens 48 Stunden lang im Brutschrank bei +37° C, die zweite zur Zurückhaltung störender Begleitbakterien ebensolang bei +46° C gehalten. Bei Eintritt von Trübung und Gasbildung in den bebrüteten Gärkulturen wird durch Ausstreichen eines Tröpfchens der Nährflüssigkeit auf Endoagar [vgl. Herstellungsvorschrift: Zbl. Bakter. I Orig. 35, 109 (1904)] und bei Wachstum coliverdächtiger Kolonien — in weiteren Spezialnährböden (der sog. bunten Reihe) daraufhin geprüft, ob Wachstum von Bacterium coli die Ursache für die Veränderung des Nährbodens war.

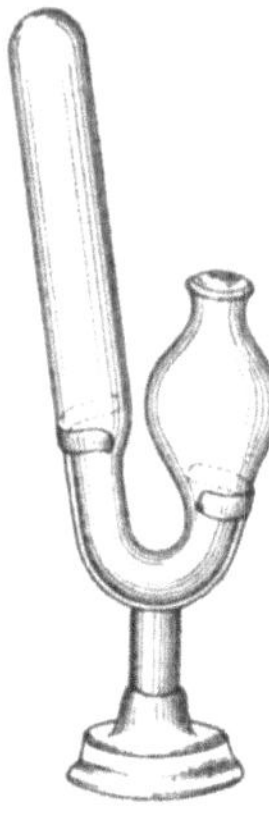

Abb. 14. Gärungskolben mit Fuß nach Eijkman.

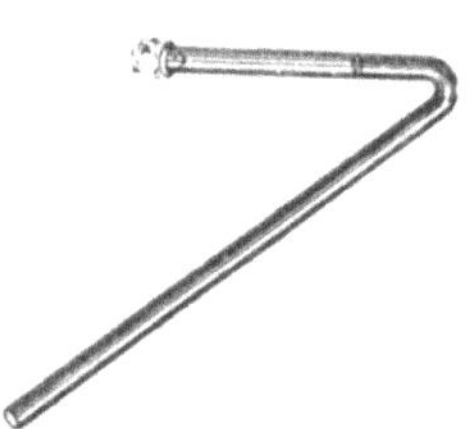

Abb. 15. Dunbarsches Gärröhrchen.

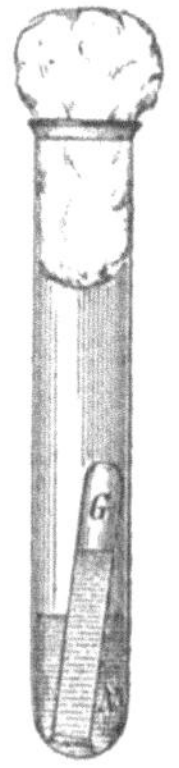

Abb. 16. Gärungsröhrchen nach Durham.

Die im vorstehenden erwähnten Vorrichtungen werden von der Firma Bergmann u. Altmann in Berlin NW 7 aus sterilisierfähigem Glas vorschriftsmäßig angefertigt.

Abb. 14 zeigt einen Glaskolben zur Aufnahme von etwa 100 ccm Wasser mit federndem Metallfuß.

Abb. 15 Gärröhrchen nach Dunbar zur Aufnahme von 20, 10 und 5 ccm.

Abb. 16 zeigt ein Gärungsröhrchen nach Durham zur Aufnahme von 1 ccm und Bruchteilen eines Kubikzentimeters.

---

[1] Der Colititer ist die kleinste Wassermenge, in der Bacterium coli noch nachweisbar ist.

[2] Für die Untersuchung der Wassermengen von 1 ccm und darunter wird in der Landesanstalt aus Zweckmäßigkeitsgründen anstatt der Eijkmanschen Nährlösung die Bulirsche Nährflüssigkeit (10 g Liebig-Fleischextrakt, 25 g Pepton sicc. Witte, 15 g Kochsalz, 30 g Mannit und 1000 ccm Aq. dest.) verwendet.

Die EIJKMANsche Probe als Indikator für Fäkalverunreinigung ist von J. BULIR[1], BÜRGER[2] und einer Reihe von anderen Forschern als geeignet bezeichnet worden.

Mitunter ist es zweckmäßig, neben der Colititerbestimmung, die nur annähernde Werte für die Menge der im Wasser enthaltenen Colikeime ergibt, als zweites genaueres Verfahren die unmittelbare zahlenmäßige Feststellung der Colikeime vorzunehmen, und zwar durch Auszählung der auf bzw. in festen elektiven Spezialnährböden aus abgemessenen Wassermengen gewachsenen Colikolonien.

Wir verwenden hierfür die von B. BÜRGER[3] angegebene Milchzucker-Fuchsin-Gelatine. Durch diesen Nährboden ist die Anlegung der Zählplatten gegenüber sonstigen Verfahren — z. B. Verdunstung von Wasser auf Endoagarplatten — erheblich vereinfacht und insbesondere gestattet er die Verarbeitung der Proben an Ort und Stelle ohne besondere Schwierigkeiten[4].

Prüfung auf Eisen.

Viele Wässer, besonders die Grundwässer der norddeutschen Tiefebene, weisen einen hohen bis sehr hohen Eisengehalt auf — bis zu 20 mg Fe im Liter und auch noch weit mehr. In den meisten Fällen ist das Eisen in diesen Wässern in Form von doppeltkohlensaurem Eisenoxydul (Ferrobikarbonat) gelöst, das eine leicht oxydierbare Verbindung darstellt, zuweilen auch als Humat, d. h. in organischer Bindung — sehr häufig in Moorwässern und vereinzelt auch als Sulfat und Chlorid namentlich in Grubenwässern. Schon durch Zutritt von wenig Luft zu einem ferrobikarbonathaltigen Wasser tritt unter Abspaltung von Kohlensäure Umwandlung in das im Wasser nicht lösliche Eisenhydroxyd ein, da kohlensaures Eisenoxyd (Ferrikarbonat), das theoretisch sich bilden müßte, unbeständig ist:

$$\underset{\text{Ferrobikarbonat}}{2\,Fe(HCO_3)_2} + O + H_2O = \underset{\text{Eisenhydroxyd}}{2\,Fe(OH)_3} + 4\,CO_2 .$$

Neben dem Eisen enthalten namentlich Tiefenwässer oft noch etwas Ammoniak und Schwefelwasserstoff gelöst. Vgl. Abschnitt „Geruch" und „Ammoniak". Der Gehalt eines Grundwassers an Schwefelwasserstoff beträgt fast immer weit unter 1 mg/l H_2S. Diese

---

[1] Arch. f. Hyg. **62**, 1—13 (1907). Vgl. ferner: ATTZ, M., u. H. O. HETTCHE: Nährböden und Farben in der Bakteriologie. Berlin 1935. BRUNS, H.: Über den Nachweis und die Bedeutung der „Colibazillen" im Wasser. Jahrbuch Vom Wasser **11**, 84, Berlin 1936. KNORR, M.: Alte Beobachtungen über die sog. Wasserkrankheit. Arch. f. Hyg. **112**, 217 (1934). OHLMÜLLER-SPITTA-OLSZEWSKI: Untersuchung und Beurteilung des Wassers und des Abwassers. 5. Aufl. Berlin 1931.

[2] Gesdh.ing. **50**, H. 50 (1927).

[3] Zbl. Bakter. I Orig. **79**, 462 (1917) und v. VAGEDES: Wie steht es um die Coli-Frage? Gesdh.ing **1931**, H. 38.

[4] HEY: Kl. Mitteil. f. d. Mitgl. des Vereins f. Wasser-, Boden- u. Lufthyg. E. V., Berlin-Dahlem, 12. Jg., Nr 1/4, 1936.

Menge ist an sich gesundheitlich unbedenklich. Vgl. auch F. FLURY u. F. ZERNIK: Schädliche Gase. Berlin 1931, S. 131. H_2S läßt sich durch Belüften des Wassers leicht beseitigen, und NH_3 geht hierbei durch Oxydation zum größten Teil in Nitrat über. Das Vorkommen dieser beiden Stoffe im Grundwasser hat hier an sich keine hygienische Bedeutung.

Der Vorgang der Eisenausscheidung läßt sich oft bei Wässern gut beobachten. Das aus der Tiefe geförderte eisenhaltige Wasser sieht in der Regel anfangs klar und farblos aus. Aber schon nach verhältnismäßig kurzem Stehen der Probe an der Luft zeigt das Wasser einen leichten Schleier, der zusehends an Stärke zunimmt. Das Wasser wird bei gleichzeitiger Gelbfärbung sodann opalisierend und schließlich trübe und bildet häufig eine ölähnlich aussehende Schwimmschicht von sich ausscheidenden Eisenverbindungen. Unter Abscheidung von gelbbraunen Flöckchen von Eisenhydroxyd (Eisenocker) klärt es sich zuletzt nach einiger Zeit meist wieder. Bei vielen Wässern, namentlich bei solchen mit höherer (Karbonat-) Härte, geht diese Eisenausscheidung verhältnismäßig schnell — in einigen Stunden — vor sich; bei manchen, besonders weichen oder humusreichen Wässern, sind hierzu Tage, auch wohl Wochen erforderlich. Der Grund hierfür liegt teils in dem mehr oder weniger hohen Eisengehalt, teils, und zwar vorwiegend, in der chemischen Zusammensetzung des Wassers überhaupt. Ganz allgemein läßt sich sagen, daß durch Schütteln der betreffenden Wasserprobe mit Luft die Eisenausfällung in den weitaus meisten Fällen erheblich beschleunigt wird, sofern das Eisen sich auf solche Weise überhaupt ausscheiden läßt[1].

Gesundheitsschädlich ist selbst ein hoher Eisengehalt des Wassers im allgemeinen nicht (FLÜGGE, GÄRTNER, LEHMANN, RUBNER, SPITTA); jedoch können bei Menschen, zumal Kindern, mit empfindlichem Magen infolge des Genusses von stark eisenhaltigem Wasser, nüchtern getrunken, Magen- und Darmstörungen[2] auftreten. Die Appetitlichkeit eines Wassers wird infolge der Trübung und Bildung von gelbbraunen Eisenhydroxydflöckchen nicht unwesentlich herabgesetzt. Auch leidet der Geruch und besonders der Geschmack des Wassers stark. Schon Mengen von 0,3 mg Fe im Liter Wasser als Eisenoxydul gelöst, verleihen demselben einen deutlichen Geschmack nach Tinte[3] und in Verbindung mit Humusstoffen einen moorigen Geschmack. Das ausgeschiedene (unlösliche) Eisenhydroxyd in Wasser ist dagegen ohne Geschmack. Vgl. auch E. STARKENSTEIN: Eisen, im Handbuch der experimentellen Pharma-

[1] Vgl. auch L. DARAPSKY: Das Gesetz der Eisenabscheidung aus Grundwässern. Gesundheit **1906**, Nr 13, 14. — Ferner J. f. Gasbel. u. Wasserversorg. **1907**, Nr 52 und A. MITTASCH: Über Katalyse und Katalysatoren in Chemie und Biologie. Berlin 1936.

[2] Diese Feststellungen hat das Mitglied unserer Landesanstalt Prof. Dr. med. E. NEHRING gemacht.

[3] Vgl. auch A. GÄRTNER: Die Hygiene des Wassers, S. 63, 87. Braunschweig 1915.

kologie. Berlin 1934. Es sei im übrigen daran erinnert, daß von Lebensmitteln, besonders Erbsen, grüne Gemüse, Hülsenfrüchte und Roggenbrot, ferner Kaffee, Gewürze, Marmeladen reich an Eisenverbindungen sind. — Von Tieren, besonders Pferden, wird eisenhaltiges Wasser im allgemeinen nicht gern genommen. Es kann aber eine gewisse Gewöhnung an solches Wasser eintreten. Ein starkes eisenhaltiges Wasser kann aber besonders bei Pferden zu Appetit- und Verdauungsstörungen führen. Vgl. C. DAMMANN: Die Gesundheitspflege der landwirtschaftlichen Haussäugetiere. 3. Aufl. Berlin 1902. — Auch für die Zähne ist ein Wasser mit einem hohen Gehalt an gelösten Eisenverbindungen wegen ihrer allmählichen Gelbbraunfärbung nicht günstig. Vgl. auch L. MINDER: Zur Chemie und hygienischen Bewertung eisenhaltiger Grundwässer. Schweiz. med. Wschr. **1929**, 59. Jg.

Für viele Wirtschaftszwecke, wie z. B. Waschen, ist der Eisengehalt störend durch Gelbfärbung der Wäsche und Erzeugung von Rostflecken — über die Entfernung von Rostflecken aus Wäsche vgl. Pharmaz. Ztg **74**, Nr 10, 166 (1929), z. B. mit Burmol, Oxalsäure, Zitronensäure, Ammoniumfluorid, Natriumhydrosulfit usw. —, außerdem verleiht er der Wäsche einen unangenehmen (muffigen) Geruch. Das Eisen haftet an den im Haushalt verwendeten Gefäßen sowie an den Gewebefasern ziemlich fest. Zur Bereitung von Kaffee, Tee usw. ist eisenhaltiges Wasser wenig oder gar nicht geeignet. Für viele gewerbliche Betriebe wie Bleichereien, Gerbereien, Brauereien, Färbereien, Zeugdruckereien, Wäschereien, Leim-, Stärke-, Papiergewinnung, Herstellen photographischer Platten, künstlicher Zellstoffseide usw. ist eisenhaltiges Wasser nicht anwendbar. Hier können schon Mengen über 0,1 mg Fe im Liter Wasser stören. Ebensowenig eignet es sich zum Bewässern von Gartenanlagen, zum Speisen öffentlicher Springbrunnen usw., da es die Figuren und Becken mit braunem Eisenoxyd (Eisenocker) überzieht. Ferner ist eisenhaltiges Wasser ungeeignet für eine Zentralversorgung, da es leicht Verschlammungen des Rohrnetzes und die damit verbundenen Mißstände — wie Betriebsunterbrechungen usw. — herbeiführen kann.

Bei Rohrleitungen, die durch Eisenabscheidungen verschlammt sind, kommt zu ihrer Reinigung am besten eine mechanische Behandlung mittels sog. Durchziehapparate in Form von Schabern und Bürsten in Betracht. Chemische Mittel, wie z. B. Anwendung von Mineralsäuren, sind im allgemeinen nicht zu empfehlen, da sie leicht die Metallwandungen angreifen.

Im Molkereibetriebe verleiht eisenhaltiges Wasser der Milch, dem Rahm und der Butter metallischen (tintenartigen) Geschmack und erzeugt auf Butter und Käse Rostflecken.

Das Glas- und Tonwarengewerbe braucht ebenfalls möglichst eisenfreies Wasser.

Wässer mit hohem Gehalt an gelösten Eisen- und auch an Manganverbindungen sind für viele Pflanzen mehr oder weniger schädlich. Bei empfindlichen Pflanzen, wie z. B. bei manchen Alpenrosen und bei verschiedenen Farnen, stören schon geringere Eisen- und Manganmengen im Wasser.

Bei der Kunsteisherstellung ist möglichst eisen- und auch manganfreies Wasser geboten, um störende Färbungen des Eises zu verhindern.

Beim Kühlwasser verursacht ein hoher Eisengehalt leicht ein allmähliches Verschlammen der Pumpen und Rohrleitungen, wodurch Betriebsstörungen entstehen können.

Über die störende Wirkung eisenhaltigen Wassers bei Verwendung zu Wirtschafts- und gewerblichen Zwecken habe ich eingehend berichtet im Arch. Pharmaz. **1934**, H. 3.

Der Eisengehalt der Grundwässer ist, wie bereits erörtert, recht verschieden. Wässer mit mehr als 10 mg Eisen (Fe) in 1 l beobachtet man öfters. Ein Gehalt von 1—3 mg Fe in 1 l kommt sehr häufig vor. In der Regel findet man, daß die eingangs erwähnten kennzeichnenden Eisenausscheidungen aus Wässern bei Berührung mit der Luft erst dann eintreten, wenn der Eisengehalt mehr als 0,2 mg Fe in 1 l beträgt. Unter dieser Grenze treten nur selten Eisenausscheidungen ein. Es sind aber auch Fälle bekannt, bei denen das Eisen trotz eines höheren Gehaltes an Eisenverbindungen infolge der eigenartigen chemischen Zusammensetzung des Wassers ohne weiteres nicht zur Ausscheidung gelangt. Bei vielen Wasseruntersuchungen stellte der Verfasser ebenfalls fest, daß Wässer mit verhältnismäßig viel organischen Stoffen (Huminstoffen) — angezeigt durch den hohen Kaliumpermanganatverbrauch — das Eisen für gewöhnlich nur schwer ausscheiden. Derartige Wässer entstammen sehr häufig moorigem Untergrund und sind in der Regel durch folgende Merkmale noch charakterisiert: Geruch: dumpfig, moorig; Geschmack: fade; Reaktion: neutral bis sauer; Farbe: je nach dem Gehalt an Huminstoffen, schwach gelblich bis gelbbraun.

Für Wasserversorgungen sind daher Wässer mit einem Gehalt von mehr als 0,2 mg Fe im Liter im allgemeinen nicht besonders geeignet, da dieser Umstand bereits genügt, um die bekannten Mißstände, wie Ablagerungen und Verstopfungen in den Röhren usw., hervorzurufen. Mit wachsendem Eisengehalt werden naturgemäß auch die Übelstände in der Regel größer. Es sei hier noch darauf hingewiesen, daß auch das ungelöste und in feiner und feinster (kolloider) Form im Wasser vorhandene Eisen störend wirkt. Häufig werden diese Verschlammungen noch durch das Auftreten von Eisen- und Manganbakterien — in Frage kommen in erster Linie Leptothrix, Gallinonella und Crenothrix — vermehrt, welche durch mächtige Wucherungen die Rohrleitungen verengen oder verschlammen können. Näheres ist aus den jüngst erschienenen, zusammenfassenden Arbeiten von Beger zu ersehen.

Im nachstehenden seien einige Arbeiten über Eisen- und Manganbakterien im Wasser mitgeteilt:

BEGER, H. u. E.: Biologie der Trink- und Brauchwasseranlagen. Jena 1928. — Die Biologie der Eisenbakterien. Gas- u. Wasserfach **80**, H. 43, 50, 51 (1937); **80**, 886—889, 908—911 (1937); **81**, 35—39 (1938); **81**, 82—83 (1938).

CHOLODNY, N.: Die Eisenbakterien. H. 4 der Pflanzenforschung von KOLKWITZ. Mit 4 Tafeln. Jena 1926.

DORFF, P.: Die Eisenorganismen. Jena 1934 — Biologie des Eisen- und Mangankreislaufs. Berlin 1935.

KOLKWITZ, R.: Pflanzenphysiologie. 3. Aufl. Jena 1935; ferner Wasser u. Abwasser **2**, 455 (1910); **9**, 140 (1915).

MOLISCH, H.: Die Eisenbakterien. Jena 1910.

Unter dem massenhaften Auftreten von Eisen- und auch Manganbakterien neben zum Teil hohem Eisengehalt im Wasser haben viele Städte, z. B. Bamberg, Berlin, Charlottenburg, Dessau, Erlangen, Frankfurt a. O., Halle, Kiel, Königsberg i. Pr., Leipzig, Potsdam, Prag usw. leiden müssen. Durch ein geeignetes Enteisenungsverfahren mit anschließender Filterung solcher Wässer lassen sich im allgemeinen diese Übelstände beseitigen.

In der Praxis besteht ein Bedürfnis, die Höhe des Eisengehaltes in bestimmte Klassen einzuteilen. Bei dieser Gruppierung wird man die Anforderungen, die bei größeren Zentralwasserversorgungen zu stellen sind, zu unterscheiden haben von den Bedürfnissen der Wasserversorgung im kleinen, wie bei Brunnen, kleineren Quellwasserleitungen usw.

I. Zur Speisung größerer Zentralwasserversorgungen kann man ein Wasser mit einem Eisengehalt bis zu 0,1, ja auch noch 0,2 mg Fe in 1 l verwenden, weil in solchen Fällen keine erheblichen Störungen im Betriebe und bei der Verwendung hervorgerufen werden und eine künstliche Enteisenung des Wassers nicht durchaus notwendig ist.

Für gewisse Gewerbe, z. B. Färbereien, Wäschereien, Papierbereitung usw., wäre indessen als Grenze des zulässigen Eisengehaltes bei dem zur Verwendung gelangenden Wasser schon 0,1 mg Fe im Liter anzusehen, wenn nicht wie bei Kunstbleichereien, Herstellung sehr feiner weißer Papiere auch diese Menge bereits stören kann und nur ein nahezu eisenfreies Wasser unter 0,05 mg Fe im Liter brauchbar ist. Eine dauernde gleichmäßige Herabsetzung des Eisengehaltes eines Wassers bis 0,1 mg Fe im Liter dürfte für die meisten gewerblichen Zwecke ausreichend sein. — Dagegen ist eisenhaltiges Wasser zur Herstellung schwarzer Tuche gut geeignet. — Für Brauzwecke stört ebenfalls eisenhaltiges (ferrobikarbonathaltiges) Wasser, da das Eisen die Farbe und den Geschmack des Bieres sowie das Aussehen des Schaumes beeinflußt.

Inwieweit eine derartige Entfernung des Eisens in der Praxis durchführbar ist, hängt einmal von der chemischen Zusammensetzung des betreffenden Wassers, andererseits von dem angewandten Enteisenungsverfahren[1] und der mehr oder weniger leichten

[1] Vgl. auch: Über die Grenze der Enteisenung von Trinkwasser. J. Gasbel. u. Wasserversorg. **55**, Nr 43, 1058 (1912) u. bei E. GÖTZE in Weyls Handbuch der Hygiene. 2. Aufl., I **1**. Wasserversorgung, S. 22. Leipzig 1919. — H. KLUT: Kl. Mitt. d. Landesanstalt **13**, 39 (1937).

Ausfällbarkeit des Eisens ab. Wässer mit einem Gehalt unter 0,05 mg Fe im Liter nach erfolgter Enteisenung sind mir häufig begegnet.

Im übrigen sei hier noch darauf hingewiesen, daß selbst bei gut enteisenten und auch entsäuerten Wässern in allen größeren Rohrnetzen und besonders in langen Endsträngen sowohl etwas Eisen aus der Rohrleitung aufgelöst als auch in Form von Eisenocker (Eisenhydroxyd) abgelagert wird. Bei verstärkter oder veränderter Strömungsrichtung im Rohrnetz können derartige Ablagerungen abgerissen werden, die dann eine plötzliche, mehr oder wenige starke Trübung des Wassers verursachen. In solchen Fällen muß man das getrübte Wasser solange ablaufen lassen, bis es klar wird.

Als störender Eisengehalt wäre ein solcher über 0,3 mg Fe im Liter Wasser anzusehen. Eine Enteisenung ist bei dieser Gruppe von Wässern, sobald sie zur Speisung größerer Wasserleitungen herangezogen werden, entschieden angezeigt.

Ganz allgemein bezeichnet man einen Eisengehalt im Wasser von 0,2—0,5 mg/l Fe als gering, von 0,5—1,0 mg/l Fe als etwas erhöht, von 1,0—3,0 mg/l Fe als hoch und darüber hinaus als sehr hoch.

Schrifttum über eisenhaltiges Wasser und über Enteisenung des Wassers bei Zentralversorgungen:

Anklam, G., in H. Bunte: Das Wasser, S. 667. Braunschweig 1918.

Bärenfänger, C.: Enteisenung von Grundwässern. In Th. Weyl: Die Betriebsführung städtischer Werke. **1**. Wasserwerke, S. 162. Leipzig 1909.

Gross, E.: Handbuch der Wasserversorgung. 2. Aufl. München u. Berlin 1930.

Grünhut, L.: Trinkwasser und Tafelwasser. Leipzig 1920.

Klut, H.: Die wirtschaftliche Bedeutung eisen- und manganhaltiger Wässer. Gas- u. Wasserfach **81**, H. 1 (1938).

Lehr, G. J.: Das Trink- und Gebrauchswasser. Leipzig 1936.

Meyer, Aug. F.: Fortschritte in der Entsäuerung, Enteisenung und Entmanganung des Trink- und Brauchwassers. Chem.-Ztg **60**, Nr 73 (1936).

Olszewski, W.: Chemische Technologie des Wassers. Sammlung Göschen. 1925.

Schmidt, A., u. K. Bunte: Über die Vorgänge bei der Enteisenung des Wassers. J. Gasbel. u. Wasserversorg. **46**, Nr 25, 481 (1903).

Spitta, O., u. K. Reichle: Wasserversorgung. Im Handbuch der Hygiene von M. Rubner, M. v. Gruber u. M. Ficker. 2. Aufl., II **2**, 1. Hälfte. Leipzig 1924.

II. Für kleinere Verhältnisse muß man die Gruppe I zweckmäßig etwas erweitern.

Häufig erfordert bei Brunnen und kleinen Wasserleitungen sowie bei bescheideneren Ansprüchen, die fast ausschließlich für Trink- und Wirtschaftszwecke dienen, auch ein Eisengehalt von 0,2—0,5 mg Fe in 1 l Wasser nicht durchaus eine künstliche Entfernung, so daß man in diesen Fällen einen Eisengehalt bis zu 0,5 mg Fe im Liter Wasser noch als gering ansehen kann.

Darüber hinaus läßt sich eine künstliche Enteisenung schlecht umgehen, wenn das geförderte Wasser allgemeinere Verwendung zu Trink- und Wirtschaftszwecken, besonders zum Waschen, finden soll.

Nachstehend einige Veröffentlichungen über Enteisenung des Wassers in kleinen Betrieben:

BIESKE, E.: Gas- u. Wasserfach **1929**, H. 18.

BRAUNGARD, K.: Kleinenteisener. Mh. f. Siedlungs- u. Straßenbau **1933**, H. 3.

ELSNER V. GRONOW, W.: Fortschritte im Bau von Kleinenteisenern. Gesdh.-ing. **1932**, Nr 41.

FINGER: Klin. Jb. **19** (1908).

GÄRTNER, A.: Die Hygiene des Wassers, S. 200. Braunschweig 1915.

HOEK, H.: Wasserenteisenung und Entsäuerung. Pumpen-, Brunnenbau u. Bohrtechnik **30**, Nr 7 (1934) und Gas- u. Wasserfach **79**, Nr 17 (1936).

KLIEWE, H., u. K. SCHREIBER: Über die Brauchbarkeit der Berkefeld-Enteisenungsanlagen „Rapid“ in Siedlungen. Z. Gesdh.techn. u. Städtehyg. **27**, Nr 8/12 (1935) und Gesdh.ing. **59**, 285 (1936).

KLUT: Pharmaz. Ztg **1906**, Nr 86; **1926**, Nr 101.

MARTINY, P.: Fortschritte im Bau von Kleinenteisenern.. Gesdh.ing. **1933**, Nr 7.

NEUMEYER: Kl. Mitt. Landesanst. **4**, 24 (1928).

OPITZ, K.: Klin. Jb. **26**, 449. Jena 1912.

PETERS: Z. Hyg. **61**, 247 (1908).

SCHUBERT, FR.: Gas- u. Wasserfach **1929**, H. 18; ferner Pumpen- u. Brunnenbau **27**, Nr 19 (1931); Nr 6 (1933).

WOLFF, H.: Über eisenhaltiges Brunnenwasser auf dem Lande. Z. Med.-beamte **1901**, H. 1.

Es darf wohl als selbstverständlich vorausgesetzt werden, daß obige Einteilung nur einen ungefähren Anhalt für die Beurteilung der Höhe des Eisengehaltes eines Wassers bieten kann.

Die ausreichende Wirkung einer Enteisenungsanlage läßt sich häufig schon daran leicht erkennen, daß das enteisente Wasser klar und farblos ist.

Bei Erschließung eines neuen Grundwasserträgers zur Anlage eines Wasserwerkes oder auch Einzelbrunnens ist neben einer Reihe anderer Fragen häufig eine der wichtigsten diejenige nach dem Eisengehalt des betreffenden Wassers; und es ist meist sehr erwünscht, schon am Orte der Entnahme sogleich zu wissen, ob und in welchem Grade das Wasser eisenhaltig ist, und ob für Wirtschafts- und gewerbliche Zwecke eine künstliche Enteisenung des Wassers erforderlich ist.

Als Reagens zum **Nachweis** von Eisenoxydul- oder Ferroverbindungen[1] im Wasser, wie solche im luftsauerstofffreien Grund-

[1] Über die sonstigen Methoden des Eisennachweises im Wasser vgl. KLUT: Mitt. Prüfgsanst. Wasserversorg. Berl. **1907**, H. 8 — J. Gasbel. u. Wasserversorg. **1907**, Nr 39, 898; ferner FR. KRÖHNKE: Über Nachweis und Bestimmung sehr kleiner Eisenmengen — bis zu 0,01 mg/l Fe — mittels Isonitrosoazetophenon. Gas- u. Wasserfach **70**, H. 22 (1927), und H. MÜLLER in Wasser u. Abwasser **31**, H. 7, 198 (1933); **18**, H. 6, 184 (1923); ferner O. MAYER in Z. Unters. Lebensmitt. **68**, H. 1, 54 (1934).

wasser fast immer vorhanden sind, hat sich allgemein die vom Verfasser empfohlene 10proz. Natriumsulfidlösung bewährt[1]. Das zur Verwendung gelangende Natriumsulfid muß natürlich chemisch rein sein. Das im Handel erhältliche Natriumsulfid ist meist nicht von genügender Reinheit. Es enthält häufig störende Polysulfide. Das chemisch reine Schwefelnatrium ($Na_2S + 9\,H_2O$) bildet farblose, hygroskopische Kristalle, die sich in Wasser leicht lösen. Die farblose, alkalisch reagierende Lösung in destilliertem Wasser ist in braunen, gut schließenden Glasstöpselgefäßen haltbar. Um das Einkitten des Stopfens zu verhüten, ist es zweckmäßig, ihn mit Paraffinsalbe einzufetten.

Nach den Untersuchungen von L. W. WINKLER[2] hält sich die Natriumsulfidlösung wesentlich besser, und kittet auch der Glasstopfen kaum ein, wenn man die Lösung nach folgender Vorschrift bereitet:

5 g chemisch reines Natriumsulfid ($Na_2S + 9\,H_2O$) werden in 25 ccm destilliertem Wasser gelöst und die Lösung mit 25 ccm chemisch reinem Glyzerin versetzt. O. MAYER empfiehlt noch einen Zusatz von Seignettesalz.

Bei Ausführung der Prüfung eines frisch entnommenen Wassers auf Eisen versetzt man am besten in einem Zylinder aus farblosem Glase von 2—2,5 cm lichter Weite, ca. 30 cm Höhe und ebenem Boden, der durch Lacküberzug oder noch besser mit abnehmbarer schwarzer Metallhülse usw. gegen seitwärts einfallendes Licht geschützt ist — vgl. die nebenstehende Abb. 17 —, das auf Eisen zu untersuchende Wasser mit 2—3 Tropfen Natriumsulfidlösung. Man blickt von oben durch die Wassersäule auf eine in einiger Entfernung (3—4 cm) befindliche weiße Unterlage, z. B. eine Porzellanplatte. Je nach der vorhandenen Eisenmenge tritt sogleich oder innerhalb kurzer Zeit — 2 bis 3 Minuten — eine grüngelbe, unter Umständen bis braunschwarze Färbung ein. Das im Wasser vorhandene Eisen wird hierbei in Ferrosulfid verwandelt, das in kolloidaler Form in Lösung bleibt. Bei geringen Eisenmengen im Wasser ist es ratsam, zum Vergleich stets einen Versuch mit einem eisenfreien Wasser, am besten destilliertem, anzustellen oder aber auch das ursprüngliche, nicht mit dem Reagens versetzte Wasser anzuwenden. Auf diese Weise lassen sich bis zu 0,15 mg Fe in 1 l Wasser erkennen. Unter 0,5 mg Fe ist der Farbenton meist grünlich, darüber hinaus mehr grüngelb und bei noch mehr Eisen dunkelgrün, braun bis braunschwarz. Bei einem Eisengehalt von 1 mg Fe in 1 l aufwärts kann man die Grünfärbung schon in einem Reagenzglase im Verlauf von 2—3 Minuten gut beobachten.

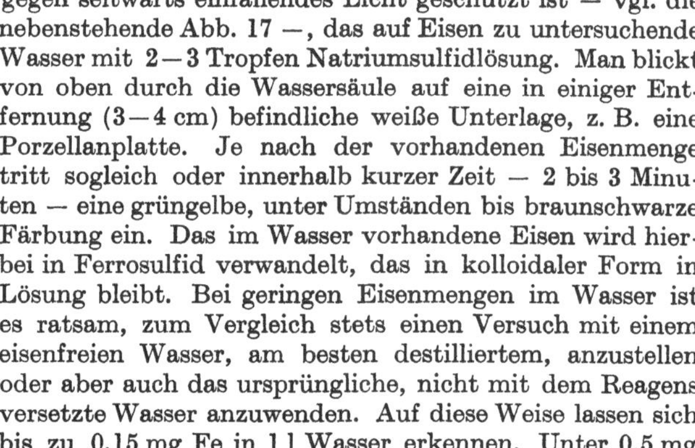

Abb. 17. Schaurohr.

Sollten, was wohl selten der Fall ist, noch andere Schwermetalle im Wasser vorhanden sein — in Frage kommt neben Kupfer haupt-

[1] Vgl. auch Pharmaz. Ztg **1925**, Nr 100 (RICHTER).
[2] WINKLER, L. W.: Z. angew. Chem. **29**, Nr 43, 218 (1916).

sächlich Blei —, so tritt hierbei ebenfalls durch Natriumsulfid diese Färbung ein. Liegt eine solche Möglichkeit vor, so säuert man die gefärbte Flüssigkeit mit einigen Kubikzentimetern konzentrierter Salzsäure an. Ist nur Eisen vorhanden, so muß die Färbung verschwinden, da Ferrosulfid in verdünnter Salzsäure leicht löslich ist. Wird dagegen kein Unterschied wahrgenommen, so ist Blei oder Kupfer zugegen, Metalle, deren Sulfide in verdünnter Salzsäure nicht löslich sind.

Im Anschluß daran sei noch erwähnt, daß auf Eisenoxyd- (Ferri-) Verbindungen Schwefelnatrium weit weniger stark reagiert. Es beruht dies darauf, daß die Ferriverbindungen zu Ferroverbindungen reduziert werden unter Abspaltung von Schwefel, der in fein verteiltem Zustande durch seine weißliche Färbung stört:

$$Fe_2(OH)_3 + 3\,Na_2S = 2\,FeS + 6\,NaOH + S\,.$$

Das zweiwertige Eisen (Ferroverbindung) wird bei Luftzutritt ziemlich schnell zum dreiwertigen Eisen (Ferriverbindung) im Wasser oxydiert. In dieser Form geschieht der Nachweis am besten mit Kaliumsulfozyanat (Rhodankalium) in salzsaurer Lösung. Die hierbei eintretende Rosa- bis Rotfärbung zeigt Ferriverbindungen an.

Zur Schnellbestimmung des Gesamteisengehaltes ist das folgende kolorimetrische Verfahren zu empfehlen:

100 ccm des zu untersuchenden Wassers werden in einem Meßzylinder aus farblosem Glas mit 5 Tropfen kalt gesättigter Kaliumpermanganatlösung und 3 ccm 25proz. Salzsäure versetzt. Man schüttelt um, läßt einige Minuten stehen, fügt 5 ccm 10proz. Rhodankaliumlösung hinzu und schüttelt wieder um. Dabei verschwindet die rotviolette Farbe des Kaliumpermanganats und es tritt bei Gegenwart von Eisen eine je nach der Menge verschieden starke rötlich-gelbe bis tiefrotbraune Färbung des Eisenrhodanids auf.

Zum Vergleich gibt man in einen möglichst gleichen farblosen Meßzylinder 3 ccm 25proz. Salzsäure, füllt mit destilliertem Wasser auf 95 ccm, fügt 5 ccm 10proz. Rhodankaliumlösung hinzu und läßt unter jedesmaligem Umschwenken aus einer Pipette oder Bürette soviel Eisenvergleichslösung (von der 1 ccm 0,1 mg Fe entspricht) hinzutropfen, bis beim Hineinschauen von oben in die nebeneinandergehaltenen Zylinder der Farbton in beiden der gleiche ist. Die verbrauchten Kubikzentimter Eisenvergleichslösung geben direkt den Eisengehalt des Wassers in mg/l Fe an.

1. Die Eisenvergleichslösung (1 ccm = 0,1 mg Fe) wird bereitet durch Lösen von 0,100 g Klavierdraht in 20 ccm 25proz. Salzsäure, Aufkochen der Lösung unter Zusatz von 10 ccm 3proz. Wasserstoffsuperoxyds und Auffüllen mit destilliertem Wasser auf 1 l.

Die Herstellung einer Vergleichslösung ist überflüssig, wenn für die Bestimmung das Kolorimeter von Meinck und Horn benutzt wird. Bei diesem Kolorimeter werden die Eisenrhodanidfärbungen in einem Schaurohr mit den Farben einer Skalentrommel zum Vergleich gebracht. Die Farben entsprechen einem Eisengehalt von 0,1,

0,3, 0,5, 0,7, 1,0 und 2,0 mg Fe im Liter (s. untenstehende Abb. 18). Zu beziehen von der Firma Bergmann u. Altmann, Berlin NW 7. Eine ausführliche Gebrauchsanweisung liegt dem Apparate bei.

Die Ergebnisse der Eisenuntersuchung werden von den Chemikern vielfach in verschiedener Weise angegeben, teils als Eisenoxydul, teils als Eisenoxyd usw. Ich würde empfehlen, das Eisen einfach als Fe anzugeben. Vgl. auch bei Mangan. Über die Verhältniszahlen genannter Verbindungen gibt die nachstehende Umrechnungstabelle Aufschluß:

Umrechnungstabelle.

		Eisen	Ferrooxyd	Ferrioxyd
1 Teil Eisen (Fe)	=	1,0	1,286	1,429
1 „ Ferrooxyd (Eisenoxydul, FeO)	=	0,778	1,0	1,11
1 „ Ferrioxyd (Eisenoxyd, Fe_2O_3)	=	0,7	0,9	1,0

Abb. 18. Kolorimeter nach MEINCK-HORN.

Zum Schluß sei noch kurz etwas über die Beseitigung des Eisenschlammes aus Enteisenungsanlagen gesagt. Nähere Angaben hierüber finden sich in meiner Veröff. Gas- u. Wasserfach **1938**, 81. Jg., H. 1. Beim Bau von Wasserwerken wird die Eisenschlammfrage häufig nicht genügend berücksichtigt. Es sollte stets darauf Bedacht genommen werden, daß die anfallenden Eisenschlammengen namentlich bei Aufbereitungsanlagen mit chemischen Zuschlägen in geeignete Erdsenken u. dgl. in der Nähe des Wasserwerkes untergebracht werden können. Beim Fehlen müssen besondere Gruben ausgehoben werden, was nicht selten recht kostspielig ist.

Kohlensäure.

Man unterscheidet im Wasser verschiedene Arten des Vorkommens von Kohlensäure:

Als gebundene Kohlensäure wird die Hälfte der Bikarbonatkohlensäure bezeichnet. Diese ist die Gesamtmenge der in den Bikarbonaten des Wassers vorhandenen Kohlensäure. Beim Kochen des Wassers zersetzen sich die Bikarbonate weitgehend unter Bildung von Monokarbonaten, wobei die Hälfte der Kohlensäure gasförmig entweicht. Kalziumkarbonat scheidet sich hierbei aus, z. B.

$$Ca(HCO_3)_2 = CaCO_3 + H_2O + CO_2 .$$

Während Kalzium- und Magnesiumbikarbonat im Wasser verhältnismäßig leicht löslich sind, besitzen ihre Monokarbonate nur eine geringe Löslichkeit, sie scheiden sich daher beim Erhitzen eines solchen Wassers zum Teil aus.

Ähnlich wie die Bikarbonate des Kalziums und Magnesiums verhalten sich die Bikarbonate des Bleies, Eisens, Mangans und Zinks. Diese sauren Karbonate sind ebenfalls in kohlensäurehaltigem Wasser löslich.

Freie Kohlensäure. Diese ist nicht an Basen gebunden, sondern als Gas mehr als 99 % CO_2 und zu 0,7 % als hydratisierte Kohlensäure: $CO_2 + H_2O = H_2CO_3$ im Wasser gelöst (absorbiert). Die Kohlensäure ist im Wasser leicht löslich. Nach LANDOLT-BÖRNSTEIN[1] löst 1 l Wasser bei:

0° C	1713 ccm (Normalvol.)	=	3343 mg CO_2
4° „	1473 „ „	=	2869 „ „
8° „	1282 „ „	=	2491 „ „
10° „	1194 „ „	=	2316 „ „
12° „	1117 „ „	=	2164 „ „
15° „	1019 „ „	=	1969 „ „

1 l Kohlensäure (CO_2) wiegt bei 0° C und 760 mm Druck in Meereshöhe und unter 45° Breite: 1,9769 g. Die Dichte der Kohlensäure beträgt 1,52 (Luft = 1).

In technischer Hinsicht kann man bei der freien Kohlensäure im Wasser 2 Formen unterscheiden, als nichtaggressiv und als sog. „aggressiv“ wirkende, d. h. metall- und mörtelangreifende Kohlensäure. Über ihre Bestimmung und Bedeutung vgl. den Abschnitt über angreifende Wässer usw. sowie auch GELINEK im Gesdh.ing. 50, H. 48 (1927).

Diese Einteilung läßt sich auch durch nachstehendes Schema darstellen:

Gesamtkohlensäure	freie Kohlensäure	aggressive Kohlensäure zugehörige Kohlensäure
	gebund. Kohlensäure	festgebund. Kohlensäure halbgebund. Kohlensäure

Am Orte der Entnahme kommt meist nur die Bestimmung der freien Kohlensäure neben der aggressiven in Frage, da beim Versand von Wasserproben Kohlensäureverluste leicht möglich sind.

Zum Nachweis der freien Kohlensäure ist das bisher vielfach benutzte M. v. PETTENKOFERsche Reagens Rosolsäure[2] nicht zuverlässig genug. Man wendet deshalb jetzt zweckmäßig folgendes Verfahren an:

50—100 ccm Wasser werden mit einigen Tropfen einer durch Alkali eben rot gefärbten Phenolphthaleinlösung versetzt, die bei

[1] LANDOLT-BÖRNSTEIN: Physikalisch-chemische Tabellen. 5. Aufl. S. 599. Berlin 1935.

[2] BUNTE, H.: Das Wasser, S. 267. Braunschweig 1918.

Gegenwart freier Kohlensäure entfärbt wird. Da etwa vorhandene freie Mineralsäure, z. B. Schwefelsäure, gleichfalls Entfärbung hervorruft, empfiehlt es sich, die Prüfung mit dem ausgekochten Wasser zu wiederholen.

Da alle natürlichen Wässer mehr oder weniger freie Kohlensäure[1] gelöst enthalten, erübrigt sich in der Regel ihr Nachweis.

Eine Anleitung zur Berechnung der freien Kohlensäure aus Lösungen von Bikarbonat und Kohlensäure mit Hilfe von p_H-Bestimmungen hat W. OLSZEWSKI herausgegeben, die durch Georg Rosenmüller, Dresden 6, bezogen werden kann.

Bestimmung der freien Kohlensäure[2].

Wohl allgemein als die beste volumetrische Bestimmung der freien Kohlensäure im Wasser gilt jetzt das Verfahren von J. TILLMANS, nach dem auch in der Landesanstalt für Wasser-, Boden- und Lufthygiene gearbeitet wird. Nachstehend sei die genaue Beschreibung des Verfahrens nach Angabe von J. TILLMANS und O. HEUBLEIN in der Z. Unters. Nahrgsmitt. usw. **33**, H. 7, 299 (1917) mitgeteilt:

„Man läßt am Orte der Entnahme das Wasser aus einem Schlauch, der an den Hahn angesetzt oder in die Ausflußöffnung eingesetzt ist, zunächst eine Zeitlang austreten. Der Wasserdurchfluß durch den Schlauch soll so reguliert werden, daß keine Luftblasen mitkommen, sondern das Wasser in stetigem, langsamem Strahle austritt. Man setzt nun den Schlauch in ein 200 ccm-Meßkölbchen bis fast auf den Boden. Das Kölbchen hat am Halse eine bauchige Erweiterung. Diese Einrichtung verfolgt einen doppelten Zweck: einmal wird durch die Kugel das Mischen erleichtert, ferner faßt aber das Kölbchen auch mehr Titrationsflüssigkeit. Sobald das Gefäß nahezu gefüllt ist, zieht man den Schlauch langsam heraus. Das etwa zuviel eingefüllte Wasser entfernt man durch vorsichtiges Abschwenken. Darauf wird mit einer Pipette 1 ccm einer Lösung zugegeben, welche 0,375 g reines Phenolphthalein in 1 l Alkohol enthält. Man träufelt nun aus einer genauen, in $^1/_{10}$ ccm geteilten, kleinen Bürette $^1/_{20}$-N.-Natronlauge zu. Nach jedesmaligem Zusatz setzt man einen reinen Korkstopfen auf und mischt durch öfteres Umkehren des Kölbchens. Das Ende der Reaktion ist erfolgt, wenn eine eben, aber deutlich sichtbare Rosafärbung vorhanden ist. Die Färbung muß nach 5 Minuten noch unverändert bestehen bleiben. Bei Wässern, die unter 9° C warm sind, wartet man am besten 10 Minuten, da bei abnorm kalten Wässern die Reaktion deutlich verlangsamt ist.

Bei wichtigen Bestimmungen empfiehlt es sich, die Titration noch einmal in der Weise zu wiederholen, daß man die beim ersten

---

[1] Vgl. u. a. E. SCHMIDT: Ausführl. Lehrb. pharm. Chemie. 6. Aufl., **1**, 165. Braunschweig 1919. — HOFMANN, K. A.: Lehrbuch der anorganischen Chemie. 7. Aufl. Braunschweig 1931. S. 58.

[2] Vgl. auch Deutsche Normen 1936. Din 8105 und 8106.

Versuch verbrauchte Laugenmenge auf einmal zusetzt, mischt und innerhalb 5 Minuten einen etwa vorhandenen Rest noch nachtitriert.

1 ccm $^1/_{20}$-N.-Natronlauge entspricht 2,2 mg CO_2. Um auf 1 l zu berechnen, hat man also die verbrauchten Kubikzentimeter Natronlauge mit der Zahl 11 zu multiplizieren. Man kann an Stelle von $^1/_{20}$-N.-Lauge auch $^1/_{22}$-N.-Lauge verwenden. Das hat den Vorzug, daß man das Resultat der Titration nur mit 10 zu multiplizieren braucht, um sofort mg-Kohlensäure für 1 l zu erhalten.

Hat das Wasser am Schlusse der Titration mehr als 440 mg Bikarbonatkohlensäure (220 mg geb. $CO_2 = 27°$ C Karbonathärte) oder tritt während der Titration eine Trübung unter Entfärbung des Phenolphthaleins auf, so muß vorher verdünnt werden. Man verfährt dann folgendermaßen:

In das Titrationskölbchen werden 100 ccm kohlensäurefreies destilliertes Wasser aus einem genauen Meßkölbchen eingefüllt. Das kohlensäurefreie destillierte Wasser bereitet man, indem man gewöhnliches destilliertes Wasser in einem großen Jenenser Becherglas auf dem Drahtnetz $^1/_4$ Stunde lang auskocht. Man kühlt sofort ab und bestimmt nach der obigen Methode in einer Probe die noch vorhandene Kohlensäuremenge. Zum gemessenen Rest gibt man die nach der Bestimmung zur Bindung der noch vorhandenen Kohlensäure erforderliche Laugenmenge hinzu.

Das erkaltete Wasser bewahrt man in einer Jenenser Flasche auf. Derartiges Wasser hält man am besten stets vorrätig. Man füllt nun aus dem Schlauch das Kölbchen gerade bis zur Marke an, setzt Phenolphthalein hinzu und verfährt im übrigen wie oben.

Eine weitere Verdünnung als 1:1 vorzunehmen, dürfte wohl in der Praxis kaum erforderlich werden.“ Vgl. auch J. TILLMANS: Die chemische Untersuchung von Wasser und Abwasser. 2. Aufl. Halle a. d. S. 1932. S. 74.

Kohlensäurebestimmung an Ort und Stelle. Bei den häufigen Kohlensäurebestimmungen, die ich an Ort und Stelle auszuführen habe, fand ich, daß sich das TILLMANSsche Verfahren sowohl noch verbessern als auch vereinfachen läßt. Zunächst stört bei dieser Bestimmung ein höherer Gehalt an Eisenoxydul, der in Grundwässern oft angetroffen wird. Durch Zusatz von etwa Seignettesalz[1], Kaliumnatriumtartrat oder Tartarus natronatus des Deutschen Arzneibuches zum Wasser läßt sich der Übelstand leicht beseitigen. Gleichzeitig werden auch hierbei in harten Wässern die Kalk- und Magnesiaverbindungen[2] nicht ausgeschieden, die sonst durch ihre Ausscheidungen Trübungen im Wasser hervorrufen, die den Endpunkt der Bestimmung alsdann schlecht erkennen lassen. Die Härte ist somit praktisch ebenfalls ohne Einfluß auf die Bestimmung. Ferner ist es bei der Kohlensäurebestimmung an Ort

[1] Vgl. auch L. W. WINKLER: Z. angew. Chem. **29**, Nr 69, 335 (1916).

[2] Vgl. L. W. WINKLER: Trink- und Brauchwasser. In G. LUNGE u. E. BERL: Chemisch-technische Untersuchungsmethoden. 7. Aufl., **1**, 530. Berlin 1921.

und Stelle im allgemeinen bequemer, statt Anwendung von 1 ccm der Phenolphthaleinlösung nach TILLMANS' Vorschrift diese in der Form zu benutzen, daß einige Tropfen davon für die Prüfung genügen. Ich benutze für meine Untersuchungen eine gewöhnliche Tropfflasche von 10 ccm Inhalt und nehme eine Lösung von 1 g Phenolphthalein in 100 ccm Alkohol von 98% Tr. Phenolphthalein und Alkohol müssen natürlich chemisch rein sein. Der Weingeist darf nicht etwa von saurer Reaktion sein, er muß den Anforderungen[1] des Deutschen Arzneibuches — 6. Ausg. 1926 — entsprechen. Unter Umständen ist er mit Natronlauge bis zur schwach rosaroten Färbung gegen Phenolphthalein[2] zu neutralisieren.

Tropfengewicht. Unter Berücksichtigung der Tropfentabelle von F. ESCHBAUM[3] sowie durch Versuche[4] mit der von mir benutzten Tropfflasche fand ich, daß zur Kohlensäurebestimmung 3 Tropfen der 1proz. Indikatorlösung erforderlich sind. Da die Tropfenzahl besonders von der Abtropffläche des Glases abhängig ist, so empfiehlt es sich, durch Vergleich mit der Phenolphthaleinlösung von TILLMANS zweckmäßig die nötige Tropfenzahl erst durch einen Versuch zu ermitteln und diese alsdann auf der zu benutzenden Tropfflasche zu vermerken. Sehr geringe Abweichungen gegenüber der TILLMANSschen Lösung können praktisch vernachlässigt werden, um so mehr, da ja auch alle natürlichen Wässer in ihrer Zusammensetzung sowie ebenfalls in ihrem Kohlensäuregehalt in den verschiedenen Jahreszeiten gewisse Schwankungen[5] aufweisen.

Über die Bewertung der Tropfflaschen sowie über die Bestimmung des Tropfengewichtes sei im Anschluß hieran noch auf nachstehende Veröffentlichungen kurz hingewiesen:

ESCHBAUM, F.: Über ein Verfahren, allen Flüssigkeiten das gleiche Tropfengewicht zu geben. Ber. dtsch. pharmaz. Ges. **18**, 297 (1908); **31**, 211 (1921).
KUNZ-KRAUSE, H.: Über einen neuen Normaltropfenzähler. Pharmaz. Z.halle Dtschld **1911**, 1311.
LIVINGSTON, J.: Über das Tropfengewicht usw. Chem. Zbl. **1912** I, 541; **1914** I, 836—839.
TRAUBE, J.: Bemerkungen zu der Tropfglasfrage. Pharmaz. Ztg **1909**, Nr 20, 203; **1928**, Nr 81, 1257 (OTTO).
— Über das Viginta-Tropfglas. Pharmaz. Ztg **58**, Nr 100, 999 (1913).
WINTERHOFF, H.: Tropfgläser. Pharmaz. Ztg **1913**, Nr 95, 950; **1922**, Nr 16, 165.
Vgl. ferner noch die Angaben im Deutschen Arzneibuch, 6. Ausgabe, 1926, über Normaltropfenzähler.

---

[1] Nach D.A.B., 6. Ausg. 1926, S. 654, darf Weingeist Lackmuspapier nicht verändern.

[2] Auch Phenolphthalein muß den Anforderungen des Deutschen Arzneibuches entsprechen.

[3] Abgedruckt im Pharmazeutischen Kalender.

[4] Vgl. ferner J. M. KOLTHOFF: Chem. Zbl. **1**, 299 (1918) — Z. anorg. u. allg. Chem. **100**, 143 (1917).

[5] Vgl. auch A. GÄRTNER: Die Hygiene des Wassers, a. a. O. S. 163, 289, 314, 318. Braunschweig 1915.

Phenolphthaleinlösung. Bei der Bereitung der Phenolphthaleinlösung spielt auch, wie vergleichende Prüfungen mir zeigten, die Stärke des Alkohols eine Rolle. Verwendet man zur Lösung des Phenolphthaleins verdünnten Weingeist, so erhält man höhere Kohlensäuremengen.

Vereinfachung der Kohlensäurebestimmung. Verwendet man zur Titration eine schwächere Natronlauge, als TILLMANS angibt, so kann man auch statt 200 ccm ebensogut 100 ccm Wasser nehmen, was vielfach bei Untersuchungen an Ort und Stelle von praktischem Vorteil sein dürfte. Auch das für die Untersuchung mitzunehmende Glasgefäß ist alsdann dementsprechend wesentlich kleiner. Zur Bestimmung der freien Kohlensäure eines Wassers sind außer Natronlauge Kalkwasser und Sodalösung geeignet. Von diesen 3 Flüssigkeiten hält sich am besten die Sodalösung, welche ich deshalb auch verwende[1]. Kalkwasser und Natronlauge ziehen leicht Kohlensäure aus der Luft an, wodurch ihr Wirkungswert alsdann geringer wird. Um Fehlerquellen in der Praxis möglichst zu vermeiden, benutze ich für die Kohlensäurebestimmungen eine Sodalösung, bei der jeder Kubikzentimeter nur 0,5 mg CO_2 anzeigt, also bei Anwendung von 100 ccm Wasser demnach jeder Kubikzentimeter Na_2CO_3-Lösung 5 mg CO_2 im Liter entspricht. Zur Bestimmung bediene ich mich einer gewöhnlichen, mit Stopfen verschließbaren Glasflasche von 125—130 ccm Inhalt, die bei 100 ccm Rauminhalt eine eingeätzte Ringmarke besitzt. Zur Titration am Orte der Entnahme verwende ich eine kleine handliche 10 ccm-Bürette mit Glashahn, die in $^1/_{10}$ ccm eingeteilt ist. In der beschriebenen Weise lassen sich bis zu 100 mg CO_2 im Liter bequem bestimmen. Bei größeren Kohlensäuremengen, die aber in gewöhnlichen Wässern nur selten gefunden werden, wäre eine Glasflasche von 150—175 ccm Inhalt oder eine stärkere Sodalösung — etwa 1 ccm Na_2CO_3-Lösung — 1 mg CO_2 — zu verwenden.

Bei Wässern mit einer Karbonathärte von etwa 20 deutschen Graden aufwärts ist nach TILLMANS' Feststellungen Natronlauge besser geeignet als Sodalösung, da alsdann der Farbumschlag deutlicher zu erkennen ist.

Untersuchungskasten. Für meine Untersuchungen an Ort und Stelle bediene ich mich seit mehreren Jahren eines kleinen handlichen Untersuchungskastens[2] (Abb. 19). Dieser enthält eine 10 ccm fassende Tropfflasche für die 1proz. Phenolphthaleinlösung, auf der die für die Kohlensäurebestimmung erforderliche Tropfenzahl (etwa 3 Tropfen) verzeichnet ist; ferner eine etwa 30 ccm-Flasche mit Seignettesalzlösung, sodann eine etwa 100 ccm-Flasche mit der

---

[1] Vgl. auch L. GRÜNHUT: Untersuchung und Begutachtung von Wasser und Abwasser, S. 11. Leipzig 1914. — HUNDESHAGEN, F.: Z. angew. Chem. **31**, Nr 49, 123 (1918). — WINKLER, L. W.: ebenda **29**, Nr 69, 335 (1916) — Wasser u. Abwasser **18**, H. 9, 263 (1923); **25**, H. 7, 202 (1929).

[2] Zu beziehen von den Firmen Bergmann und Altmann, Berlin NW 7, und Bleckmann & Burger, Berlin N 24.

Sodalösung und außerdem das bei 100 ccm Inhalt mit eingeätzter Ringmarke versehene Titrationsgefäß. Die ebenfalls beigegebene Glashahnbürette kann durch eine kleine Metallklammer an der Innenseite des Kastens leicht befestigt werden, so daß sich die Kohlensäurebestimmung bequem ausführen läßt.

Die Innenseite des Kastendeckels, auf dem die Untersuchungsflasche aufgestellt wird, ist mit einer weißen Asbestplatte belegt zur deutlicheren Beobachtung des Farbenüberganges bei der Titration.

Abb. 19. Apparat zur Bestimmung der freien Kohlensäure im Wasser nach KLUT.

Erforderliche Lösungen. 1,2045 g bei 160—180° C getrocknetes reines Natriumkarbonat werden in ausgekochtem destilliertem Wasser gelöst und auf 1 l aufgefüllt[1]. Jeder Kubikzentimeter der Lösung entspricht 0,5 mg CO_2. Zweckmäßig hält man sich eine 10-fach stärkere Lösung hiervon vorrätig (also 1 ccm = 5 mg CO_2).

1 g reines Phenolphthalein wird in 100 ccm Alkohol von 98% Tr. gelöst. Bei etwaiger saurer Reaktion ist der Weingeist mit Natronlauge bis zur eben eintretenden Rosafärbung gegen diesen Indikator zu versetzen.

Man verwende eine etwa 33proz. wässerige Lösung von reinem Seignettesalz (Kaliumnatriumtartrat). Die Flüssigkeit muß gegen Phenolphthalein neutral reagieren.

[1] Man kann auch 22,8 ccm Normal-Natriumkarbonatlösung auf 1 l Wasser verdünnen.

Entnahme der Wasserproben. Das zu untersuchende Wasser wird unter möglichster Vermeidung von Gasverlusten in die Kohlensäureflasche bis zur Ringmarke gebracht. Bei Entnahme aus Leitungen zieht man zweckmäßig einen Gummischlauch über den Zapfhahn und läßt das Wasser in kleinem Strahle 10—20 Minuten lang abfließen, bevor man es in die Untersuchungsflasche bis zur Marke laufen läßt. Bei Pumpenbrunnen bedient man sich zweckmäßig eines Trichters, dessen Röhre durch einen Gummischlauch verlängert ist. Das Abpumpen des Wassers hat zur Verhütung von Gasverlusten langsam und gleichmäßig zu geschehen. Bei Kohlensäurebestimmungen von Oberflächenwässern, z. B. Flüssen, Seen, verwendet man am besten die gleichen Vorrichtungen, wie solche bei der Feststellung des im Wasser gelösten Luftsauerstoffs benutzt werden. Beim Fehlen geeigneter Entnahmevorrichtungen genügt für die Praxis in vielen Fällen schon ein einfacher Eimer, der zuvor wiederholt mit dem zu prüfenden Wasser ausgespült wird. Aus der Mitte des mit Wasser angefüllten Eimers läßt man alsdann durch einen Gummischlauch heberartig das Wasser in die Untersuchungsflasche bis zur Marke einfließen.

Ausführung der Kohlensäurebestimmung. Die Kohlensäurebestimmung wird nun am Orte der Entnahme am besten in folgender Weise ausgeführt:

Ist die Untersuchungsflasche mit dem zu prüfenden Wasser vorsichtig ohne Kohlensäureverluste bis zur Ringmarke — gleich 100 ccm — aufgefüllt, so werden 20—25 Tropfen Seignettesalzlösung und darauf die erforderlichen — etwa 3 — Tropfen Phenolphthaleinlösung hinzugefügt; alsdann wird das Gefäß verschlossen und durch behutsames Umschwenken eine innige Vermischung des Wassers mit den beiden Lösungen bewirkt. Jetzt erst führt man die Titration mit der Sodalösung aus. Nach jedem Zusatz wird die Flasche zur Vermeidung von Kohlensäureverlusten wieder verschlossen und wenig umgeschwenkt, so daß das Wasser in drehender Bewegung bleibt. Die Bestimmung ist beendet, wenn die Flüssigkeit nach 5 Minuten langem Stehen noch eine deutlich sichtbare Rosafärbung — bei Betrachtung gegen einen weißen Hintergrund — besitzt. Zur Sicherheit empfiehlt es sich, noch eine zweite Bestimmung sofort vorzunehmen, bei der man gleich beim Beginn des Titrierens fast die ganze Menge der Natriumkarbonatlösung, die bei dem ersten Versuche verbraucht wurde, auf einmal zur Wasserprobe hinzufügt und nun vorsichtig bis zu Ende titriert.

Bei gefärbten Wässern ist der Endpunkt der Bestimmung mitunter schlecht zu erkennen; man benutzt in solchen Fällen zweckmäßig eine zweite Probe des gleichen Wassers als Vergleichsflüssigkeit.

Eisen, Mangan und Härtebildner in den Mengen, wie sie in natürlichen Wässern vorzukommen pflegen, beeinflussen bei dieser Ausführungsart das Ergebnis praktisch nicht.

Berechnung. Diese ist sehr einfach. Jeder Kubikzentimeter Sodalösung zeigt 0,5 mg CO_2 an. Man gibt die erhaltenen Kohlensäurewerte als Milligramm CO_2 im Liter Wasser an.

Über Messen und Verwenden von frei abströmender Quellenkohlensäure vgl. L. SIPÖCZ, Karlsbad, in Z. Baln. **11**, Nr 13/14, 75 (1918/19).

Über eine vereinfachte Methode zur Bestimmung der freien Kohlensäure im Wasser vgl. auch R. CZENSNY in Z. anal. Chem. **58 I** (1919).

Bestimmungen des in Wasser gelösten Sauerstoffes.

Nach den Feststellungen von L. W. WINKLER[1] löst (absorbiert) 1 l Wasser bei nachstehenden Temperaturen folgende Mengen Luftsauerstoff:

	Sauerstoff ccm (Normalvol.)	Sauerstoff mg		Sauerstoff ccm (Normalvol.)	Sauerstoff mg
0° C	10,19	= 14,56	13° C	7,35	= 10,50
1° C	9,91	= 14,16	14° C	7,19	= 10,28
2° C	9,64	= 13,78	15° C	7,04	= 10,06
3° C	9,39	= 13,42	16° C	6,89	= 9,85
4° C	9,14	= 13,06	17° C	6,75	= 9,65
5° C	8,91	= 12,73	18° C	6,61	= 9,45
6° C	8,68	= 12,41	19° C	6,48	= 9,26
7° C	8,47	= 12,11	20° C	6,36	= 9,09
8° C	8,26	= 11,81	21° C	6,23	= 8,90
9° C	8,06	= 11,52	22° C	6,11	= 8,73
10° C	7,87	= 11,25	23° C	6,00	= 8,58
11° C	7,69	= 10,99	24° C	5,89	= 8,42
12° C	7,52	= 10,75	25° C	5,78	= 8,26

Übersättigte Lösungen, wie man solche besonders von Salzen[2] nicht selten beobachtet, sind auch vom Sauerstoff bekannt. Durch langsames Erwärmen gesättigter Lösungen von Sauerstoff in Wasser, z. B. während der warmen Jahreszeit, können ebenfalls übersättigte Lösungen erhalten werden. Nach ausgeführten Versuchen von K. DOST[3] steigt der Gehalt an überschüssigem Sauerstoff bis auf 20% der WINKLERschen Werte.

Bei Oberflächenwässern beobachtet man gleichfalls, namentlich in der wärmeren Jahreszeit, eine Übersättigung[4] mit Sauer-

[1] In G. LUNGE u. E. BERL: Chemisch-technische Untersuchungsmethoden. 7. Aufl., **1**, 573. Berlin 1921; vgl. ferner T. CARLSON: Z. angew. Chem. **26**, 713 (1913).

[2] Vgl. u. a. WILHELM OSTWALD: Grundriß der allgemeinen Chemie. 6. Aufl., S. 358. Dresden u. Leipzig 1920.

[3] DOST, K.: Die Löslichkeit des Luftsauerstoffes im Wasser. Mitt. Prüfgsanst. Wasserversorg. Berl. **1906**, H. 7, 168.

[4] Vgl. H. GROSSE-BOHLE: Untersuchungen über den Sauerstoffgehalt des Rheinwassers. Mitt. Prüfgsanst. Wasserversorg. Berl. **1906**, H. 7, 172 — Wasser u. Abwasser **18**, H. 9, 261 (1923).

stoff. Durch die Anwesenheit von chlorophyllhaltigen Lebewesen im Wasser wird durch deren Lebensvorgang aus Kohlensäure im Licht Sauerstoff gebildet, worauf die Übersättigung[1] zurückzuführen ist. Nach Beobachtungen von C. WEIGELT[2] dürften bei steigender Temperatur alle der freien Luft dauernd ausgesetzten Gewässer, die weder übervölkert noch mit leicht oxydierbaren Stoffen verunreinigt sind, mit Sauerstoff gesättigt, wenn nicht übersättigt sein.

1 l Sauerstoff (O_2) wiegt bei 0° C und 760 mm Druck in Meereshöhe unter 45° geographischer Breite 1,4289 g. Die Dichte des Sauerstoffes beträgt 1,1052 (Luft = 1). 1 mg Sauerstoff hat das Volum (bei 0° C und 760 mm) von 0,6998 ccm.

Die Bestimmung des Sauerstoffgehaltes in einem zu Trinkzwecken dienenden Wasser ist für gewöhnlich nicht nötig, da in gesundheitlicher Hinsicht der Gehalt eines Wassers an gelöstem Sauerstoff an sich nur untergeordnete Bedeutung hat. Bei Zentralversorgungsanlagen sowie für Kesselspeisezwecke dagegen ist besonders bei weichen (karbonatarmen) Wässern ein hoher Luftgehalt insofern von Nachteil, als solche Wässer mehr oder weniger metallangreifende Eigenschaften besitzen. Speisewasser für Hochdruckkessel muß sogar sauerstofffrei sein. — Vgl. Abschnitt „Angreifende Wässer".

Leitungswässer müssen stets genügend luftsauerstoffhaltig sein, da sonst leicht aus den eisernen Rohren Eisen aufgenommen wird — sog. Vereisenung bzw. Wiedervereisenung von Wasser vgl. H. KLUT in Gas- u. Wasserfach **1926**, 69. Jg., H. 22 u. 40.

In Endsträngen beobachtet man mitunter, daß das darin gestandene Leitungswasser einen schlechten, ja fauligen Geruch annimmt. Meist ist solches Wasser an sich schon luftsauerstoffarm und durch biologische Vorgänge (Bakterienwachstum) wird der Sauerstoff völlig verbraucht, wodurch alsdann der Geruch und Geschmack des Wassers leiden.

In solchen Fällen kommt die Feststellung des Sauerstoffgehaltes des Wassers allerdings in Betracht.

Die Ausführung der Bestimmung des Sauerstoffgehaltes eines Wassers hat dagegen für den Ausdruck des Verunreinigungsgrades von Flüssen, Seen usw. meist großen Wert[3]. Aus der Bestimmung des sog. Sauerstoffdefizits kann man unter Umständen bereits

[1] Vgl. J. TILLMANS: Über den Gehalt des Mainwassers an freiem, gelöstem Sauerstoff. Mitt. Prüfgsanst. Wasserversorg. Berl. **1909**, H. 12, 195.

[2] WEIGELT, C.: Vorschriften für die Entnahme und Untersuchung von Abwässern und Fischwässern, S. 33. Berlin 1900.

[3] SPITTA, O.: Untersuchungen über die Verunreinigung und Selbstreinigung der Flüsse. Arch. f. Hyg. **38**, 160, 215 (1900). — Weitere Untersuchungen über Flußverunreinigung. Arch. f. Hyg. **46**, 64. — Ferner R. KOLKWITZ: Pflanzenphysiologie. 3. Aufl. Jena 1935. — KNAUTHE, K.: Das Süßwasser. Chemische, biologische und bakteriologische Untersuchungsmethoden. Neudamm 1907, und P. BAUMGARTEN u. MARGGRAF: Ber. dtsch. chem. Ges. **63**, 1019 (1930).

Schlüsse auf den Grad der Belastung des Wassers mit zersetzlichem, organischem Material ziehen insofern, als mit wachsender Menge des letzteren das Defizit[1], d. h. der Unterschied zwischen der im Wasser bei der vorhandenen Temperatur lösungsfähigen Sauerstoffmenge und der bei der Entnahme tatsächlich gefundenen, ebenfalls anzuwachsen pflegt. Bestimmt man in einer Wasserprobe den Gehalt an gelöstem Sauerstoff sofort bei der Entnahme und bei einer zweiten gleichzeitig an derselben Stelle entnommenen Wasserprobe nach längerer Aufbewahrung derselben (24—48 und 72 Stunden) im Dunkeln bei Zimmertemperatur oder besser bei 22° C in völlig gefüllter und geschlossener Flasche, so ergibt die Differenz der beiden Bestimmungen die sog. Sauerstoffzehrung für die angewandte Zeit. Auch diese Zehrung pflegt mit steigender Verschmutzung eines Wassers größer zu werden, so daß ein stark verschmutztes Wasser bisweilen innerhalb weniger Stunden schon seinen Gehalt an gelöstem Sauerstoff vollständig verlieren kann. Dies Verfahren unterstützt hauptsächlich die Bestimmung der Keimzahl im Wasser, mit der ihre Ergebnisse gewöhnlich übereinstimmen. Vor der Bestimmung der Oxydierbarkeit (Kaliumpermanganatverbrauch) hat sie den Vorzug, daß sie im allgemeinen mit natürlichen Verhältnissen arbeitet. Bei Wässern, welche reich an Planktonalgen sind, z. B. manchen Seen, liefert die Zehrungsmethode aber häufig nicht ganz zuverlässige Werte, doch kann man so viel auf alle Fälle sicher sagen, daß — Abwesenheit von Giftstoffen vorausgesetzt — sehr geringe Zehrung auf gute Beschaffenheit des Wassers schließen läßt. Im übrigen ist zur Erzielung richtiger Werte eine einwandfreie Probenahme (Fernhaltung künstlicher Durchlüftung) des Wassers meist unerläßlich. Die kunstgerechte Ausführung dieser Untersuchung setzt einige Geschicklichkeit voraus.

Kurz zusammengefaßt gibt das Sauerstoffdefizit oder der Sauerstoffehlbetrag an, wieviel organische, zersetzungsfähige Abwässer einen Vorfluter geschädigt haben. Die Sauerstoffzehrung zeigt an, wieviel organische Stoffe noch in einem Vorflutwasser enthalten sind, also unter ungünstigen Verhältnissen den Vorfluter noch hätten schädigen können.

Für die Abhängigkeit der Sauerstoffzehrung natürlicher Wässer von der Versuchsdauer und der Versuchstemperatur macht Pleissner[2] den Vorschlag einer „Normal-Sauerstoffzehrung natürlicher Wässer“ und versteht darunter (a. a. O. S. 245) „die Sauerstoffabnahme eines in vollständig gefüllten, geschlossenen und im Dunkeln gehaltenen Flaschen aufbewahrten Wassers, bezogen auf eine Normalzehrungsdauer von 48 Stunden und eine Normaltemperatur

[1] Thumm, K.: Abwasserreinigungsanlagen, S. 84. Berlin 1914.

[2] Pleissner, M.: Arb. Reichsgesdh.amt **34**, H. 2, 230 (1910). — Brezina, E.: Über die Verwertbarkeit der Sauerstoffzehrung. Wien. klin. Wschr. **1908**, Nr 44, 1525. — Müller, A.: Beiträge zur Beurteilung der Empfindlichkeit der Sauerstoffzehrung und ihrer Beeinflussung durch Plankton und Detritus. Arch. f. Hyg. **89**, 135 (1920).

von 20° C, berechnet in Milligramm für 1 l und 1 Stunde". Der Vorschlag hat eine gewisse Berechtigung, um allgemein vergleichbare Werte zu bekommen.

Eine große wirtschaftliche Bedeutung hat eine zumal plötzlich entstehende Sauerstoffverarmung eines Gewässers für dessen Fischbestand. Im allgemeinen können ja Fische eine starke Erniedrigung des Sauerstoffes ertragen, da nach den fast übereinstimmenden Untersuchungen von J. König und Hünnemeier und Kupzis[1] Sauerstoffmangel bei Fischen in der Regel erst bei einem Gehalte unter 1 ccm Sauerstoff für 1 l eintritt. Als tödlich gilt im allgemeinen ein Herabsinken bis auf etwa 1 mg für 1 l. Näheres siehe im Abschnitt „Fischgewässer".

Neuerdings hat der „biochemische Sauerstoffbedarf von Wasser" an Bedeutung gewonnen, der aber für Trink- und Brauchwasser im allgemeinen nicht in Betracht kommt. Nach Bach (Gesdh.ing. **1924**, H. 36) versteht man hierunter diejenige Sauerstoffmenge, die durch biologische Vorgänge im Wasser in Anspruch genommen wird. Die Bestimmung des „biochemischen Sauerstoffbedarfes" ist also im Grunde genommen nur die folgerichtige Nutzanwendung des Spittaschen Verfahrens. Die nähere Ausführung siehe bei Bach. Vgl. auch F. Sierp u. F. Fränsemeier: Techn. Gemeindebl. **1931**, 34. Jg., Nr 17—24.

Für die Bestimmung des Sauerstoffgehaltes eines Wassers hat sich allgemein das jodometrische Verfahren von L. W. Winkler[2] am besten bewährt[3]; es ist einfach und schnell ausführbar. Das Verfahren ist eingehend auch in jedem Handbuche über Wasseruntersuchungen beschrieben und beruht auf folgendem Grundsatz:

Man oxydiert durch den in einer gemessenen Menge Wasser gelösten Sauerstoff überschüssiges Manganhydroxyd in Gegenwart von Alkali zu Manganihydroxyd[4]. Alsdann gibt man zur Flüssigkeit Kaliumjodid und Salzsäure, wobei eine dem gelösten Sauerstoff entsprechende Menge Jod frei wird. Dieses titriert man mit Natriumthiosulfatlösung, woraus sich die Sauerstoffmenge berechnen läßt.

---

[1] Kupzis, J.: Über den niedrigsten für das Leben der Fische notwendigen Sauerstoffgehalt des Wassers usw. Z. Unters. Nahrgsmitt. usw. **1901**, 385, 631 — Wasser u. Abwasser **21**, H. 6, 177 (1926). Derselbe (Z. Fischerei **1902**, H. 3, 150) gelangt zu dem Ergebnis, daß bei den Fischen bei einem Sauerstoffgehalt von etwa 1 ccm auf 1 l sich ein Unwohlsein derselben bemerkbar macht, bei 0,5—0,8 ccm auf 1 l dagegen — je nach der Individualität und der Art — die Fische zugrunde gehen.

[2] Winkler, L. W. (Budapest): Über die Bestimmung des im Wasser gelösten Sauerstoffs. Z. anal. Chem. **53**, 665 (1914). — Grünhut, L.: Trinkwasser und Tafelwasser, S. 519. Leipzig 1920.

[3] Vgl. u. a. H. Stooff: Über den Sauerstoffgehalt des Wassers. Kl. Mitt. d. Landesanstalt **2**, Nr 1/3, 13, Berlin 1926. — Wasser u. Abwasser **8**, 294 (1914); **25**, H. 7, 202 (1929).

[4] Winkler, L. W.: Trink- und Brauchwasser. In Lunge-Berl: Chem.-techn. Untersuchungsmethoden. 7. Aufl., **1**, 568. Berlin 1921.

Zur Bestimmung des gelösten Sauerstoffes sind folgende Lösungen[1] nötig:

Manganochloridlösung. 1 Gewichtsteil reinstes, namentlich eisenfreies, kristallinisches Manganochlorid ($MnCl_2 + 4\,H_2O$) wird in 2 Gewichtsteilen destilliertem Wasser gelöst.

Natronlauge. 1 Gewichtsteil reinstes Natriumhydroxyd, das besonders nitritfrei sein muß, wird in 2 Gewichtsteilen destilliertem Wasser gelöst.

Kaliumjodidhaltige Natronlauge. Man gibt zu 100 ccm der 33,3proz. Natronlauge 20 g zu Pulver zerriebenes jodatfreies Kaliumjodid, welches nach öfterem Umschütteln gelöst wird, während vorhandenes Natriumkarbonat allmählich zur Abscheidung gelangt. Es wird die klare Lösung benutzt.

Diese konzentrierten Lösungen enthalten nur Spuren von Luft gelöst, können also praktisch als sauerstofffrei gelten.

Der durch die Natronlauge bedingte Manganniederschlag ist bei sauerstofffreien Wässern weiß. Mit steigendem Sauerstoffgehalt eines Wassers färbt er sich hell- bis dunkelbraun.

Der Grad der Braunfärbung des Manganniederschlages bietet daher einen Maßstab für den Sauerstoffgehalt des Wassers. Bleibt der Bodensatz farblos (weiß oder weißlich), so ist kein oder kaum Sauerstoff vorhanden. B. HOFER[2], München, hat für diese Zwecke eine Farbentafel herausgegeben, aus der man die Farbentöne miteinander vergleichen kann, um über den ungefähren Sauerstoffgehalt eines Wassers schnell unterrichtet zu sein.

1 ccm $^1/_{100}$-Normal-Thiosulfat zeigt 0,08 mg Sauerstoff = 0,0559 ccm bei 0° C und 760 mm Druck an.

Früher gab man die gefundene Sauerstoffmenge meist in Kubikzentimeter in 1 l Wasser an; neuerdings wird diese vielfach und auch weit zweckmäßiger in Milligramm in 1 l ausgedrückt zur Vermeidung der mehr oder weniger umständlichen Reduktionsrechnungen. In der Preußischen Landesanstalt für Wasser-, Boden- und Lufthygiene werden die Ergebnisse der Sauerstoffbestimmungen in Milligramm in 1 l Wasser angegeben.

Die Probeentnahmen und die Einleitung der Untersuchung haben, wie das wohl als selbstverständlich vorausgesetzt werden darf, mit der größten Vorsicht zu geschehen, da z. B. schon jede im Glase zurückgebliebene Luftblase die genaue Bestimmung ohne weiteres beeinträchtigt.

Um aus Leitungen Wasser für die Sauerstoffbestimmung zu entnehmen, verfährt man am besten in der Weise, daß man einen Gummischlauch über den Zapfhahn zieht, das Wasser in kleinem Strahle 10—20 Minuten vorher abfließen läßt, dann den Schlauch in das

---

[1] WINKLER, L. W.: Über die Bestimmung des im Wasser gelösten Sauerstoffs. Z. anal. Chem. **53**, 666 (1914).

[2] Vgl. Allg. Fischerei-Ztg **1902**, Nr 22, 408: Über eine einfache Methode zur Schätzung des Sauerstoffgehaltes im Wasser.

Glasgefäß bis fast zum Boden führt und etwa 3 Minuten lang das Leitungswasser ruhig durchströmen läßt. Der Gummischlauch wird dann vorsichtig herausgezogen. Beim Aufsetzen des Glasstopfens muß noch so viel Wasser im Gefäße vorhanden sein, daß es seitlich austritt. Bei Pumpenbrunnen bediene man sich eines Trichters, dessen Röhre durch einen Gummischlauch verlängert ist. Hauptsache ist auch hier langsames und gleichmäßiges Pumpen.

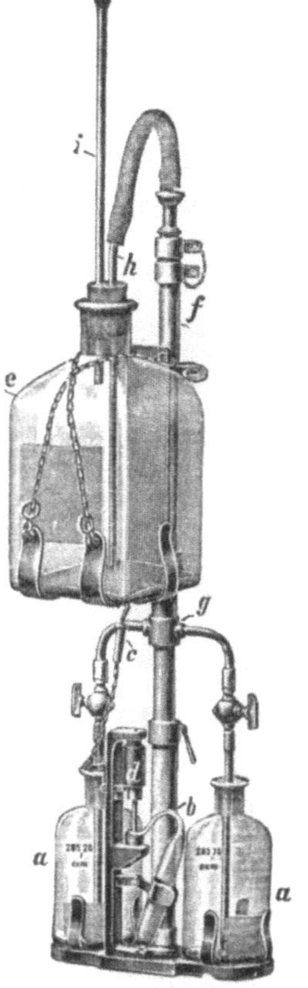

Abb. 20. Wasserentnahmeapparat nach SPITTA-IMHOFF.

In allen diesen und ähnlichen Fällen kommt es natürlich in erster Linie darauf an, daß das zu prüfende Wasser während der Entnahme keine atmosphärische Luft aufnimmt, wodurch die Bestimmung ungenau wird. Alles Schütteln und Bewegen des Wassers in dem Gefäße ist daher möglichst zu vermeiden.

Wesentlich anders gestaltet sich die Entnahme von Proben zur Sauerstoffbestimmung bei Oberflächenwässern, wie Flüssen, Seen usw. Für gewöhnlich verwendet man hier das aus $^1/_2$—1 m Tiefe stammende Wasser zur Untersuchung. Da, wie schon öfters hervorgehoben, von einer richtigen Probenahme bei der Ausführung dieser Bestimmung viel abhängt, ist es meistenteils nötig, diesen Forderungen bei Flüssen, Seen genau nachzukommen. Es ist ohne besondere Vorrichtungen häufig nicht leicht möglich, den Zutritt von Luftsauerstoff zu der zu untersuchenden Wasserprobe zu verhüten und auch ferner Wasser nur aus der gewünschten Tiefe zu haben. SPITTA und IMHOFF[1] haben für diese Zwecke recht sinnreiche Apparate erfunden, die nicht nur für große planmäßige Flußuntersuchungen, sondern auch für den gewöhnlichen Gebrauch gute Dienste leisten. Sie gestatten eine einwandfreie und bequeme Probenahme und sind zumal bei der Ausführung der Bestimmung der Sauerstoffzehrung besonders zweckmäßig. Die Apparate gestatten ferner die gleichzeitige Entnahme von chemischen und bakteriologischen Proben und gewährleisten somit eine große Zeitersparnis gegenüber anderen Vorrichtungen.

[1] Apparate zur Entnahme von Wasserproben mit Abbildungen. Mitt. Prüfgsanst. Wasserversorg. Berl. **1906**, H. 6, 75, 87. — In H. 9 der Anstaltsmitteilungen 1907 haben BEHRE und THIMME einen einfacheren Apparat zur Entnahme von Wasserproben ebenfalls beschrieben, und JENDRASSIK u. BOLBERITZ im Gesdh.ing. **55**, Nr 29 (1932).

Die beigegebenen Abbildungen zeigen die beiden hauptsächlich in Betracht kommenden Apparate[1].

Abb. 20 stellt einen handlichen Wasserentnahmeapparat nach SPITTA-IMHOFF vor.

Mit diesem Apparate werden zur selben Zeit drei gleichartige Wasserproben aus einer gewünschten Tiefe entnommen, und zwar für die bakteriologische, chemische und Gas- (Sauerstoff-) Untersuchung.

Infolge des Auftriebes, den die große viereckige Flasche unter Wasser erfährt, wird selbsttätig ein Fallgewicht ausgelöst, das den Hals des kleinen Abschlagsröhrchens zerschlägt zur Aufnahme für die bakteriologische Prüfung. Die beiden mit genauer Inhaltsangabe versehenen, auf der Grundplatte befestigten Flaschen dienen für einwandfreie Entnahme von Proben für die Sauerstoffbestimmung

Abb. 21. Lederbesteck für den Wasserentnahmeapparat nach SPITTA-IMHOFF.

des Wassers. Der ganze Apparat läßt sich bei Befestigung an einen Ausziehstock bis auf 1 m unter Wasseroberfläche versenken. Zur bequemen Beförderung auf Reisen dient die (Abb. 21) abgebildete dauerhafte Lederhülle.

Abb. 22 zeigt einen großen Wasserentnahmeapparat nach SPITTA-IMHOFF für planmäßige Untersuchungen von Oberflächenwässern. Die Wasserproben können hier aus beliebigen Tiefen entnommen werden. Im übrigen beruht auch dieser auf den gleichen Grundsätzen wie der andere Apparat:

1. Möglichst gleichzeitige Entnahme aller 3 Proben — für die bakteriologische, chemische und Sauerstoffuntersuchung. Wesentlich ist auch hier, daß alle Wasserproben aus derselben Tiefe und somit von genau gleicher Beschaffenheit sind.

2. Durchspülung der zur Aufnahme der Proben für die Sauerstoffbestimmung dienenden Flaschen ohne Anwendung besonderer Pumpvorrichtungen.

3. Schnelle und einfache Ausführung, im besonderen möglichste Vermeidung von Gestängen, Schnüren usw. Für die chemische Unter-

[1] Die Apparate liefert u. a. die Firma Bergmann u. Altmann, Berlin NW 7.

suchung dient der starkwandige Glasballon mit einem Inhalt von etwa 2,5 l, für die Sauerstoffproben die graduierten und genau ausgemessenen Flaschen und für die bakteriologischen Proben die luftleeren und zugeschmolzenen Abschlagröhrchen.

Für die Untersuchung sehr flacher Gewässer, wie Bäche, bedienen wir uns seit längerer Zeit schon mit Vorteil einer kleinen ventillosen Handpumpe mit Zweiwegehahn und selbsttätiger Steuerung, die ebenfalls eingehend in dem betreffenden Anstaltsheft (a. a. O. H. 6, Berlin 1905) beschrieben ist (Abb. 23).

Für praktische Zwecke genügt auch häufig folgende, von J. Dinse ersonnene einfache und gegenüber den bisher üblichen größeren Entnahmeapparaten preiswerte Schöpfvorrichtung für Oberflächenwässer — vgl. die Abb. 24 u. 25.

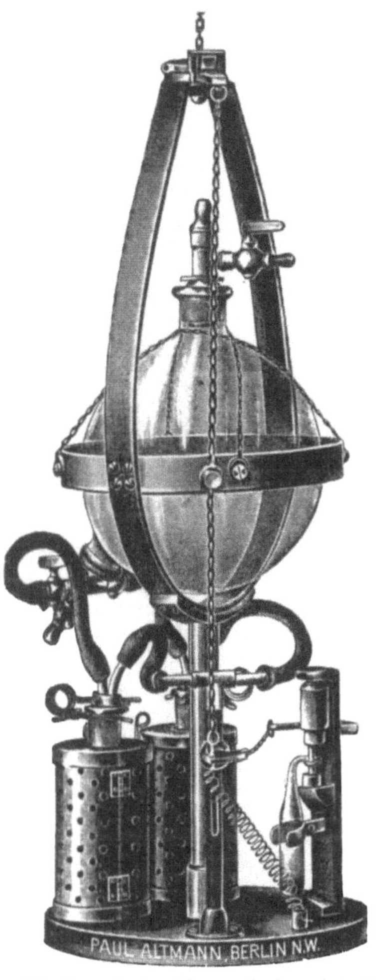

Abb. 22. Großer Wasserentnahmeapparat nach Spitta-Imhoff.

Diese Vorrichtung besteht aus einem viereckigen Metallbecher mit umgebogenem oberen Rande und einer durch Scharnier damit verbundenen beweglichen Metallklammer zum Festhalten der Entnahmeflaschen. Der kleine Becher dient zur Aufnahme einer Winklerschen Sauerstoffflasche und der große zur Aufnahme zweier solcher Flaschen, für die gleichzeitige Entnahme von Wasserproben für die Bestimmung des Sauerstoffgehaltes sowie seiner Zehrung. Die Becher sind für die Entnahme aus beliebiger Tiefe mit einem röhrenartigen Ansatzgelenk zur Befestigung an einem ausziehbaren Stabe versehen. Zur Füllung der Flaschen können die Becher ohne weitere Vorrichtung unter die Wasseroberfläche getaucht werden. Zur besseren Durchströmung des Wassers kann man auch die Flaschen mit einem Stopfen schließen, durch dessen doppelte Durchbohrung 2 Glasröhren geführt sind. Das eine Rohr reicht bis auf den Boden der

Flasche, es dient zum Eintritt des zu untersuchenden Wassers, während das andere dicht unter dem Stopfen abschneidet und für den Austritt der verdrängten Luft bestimmt ist. Der kleine Becher hat einen Inhalt von 0,5 und der große von 1,0 l, um auch für bestimmte Zwecke die erforderlichen Wassermengen entnehmen zu können. Es ist dies z. B. von Wichtigkeit für die quantitative Ermittlung der belebten (Plankton) und unbelebten Schwebestoffe eines Oberflächenwassers.

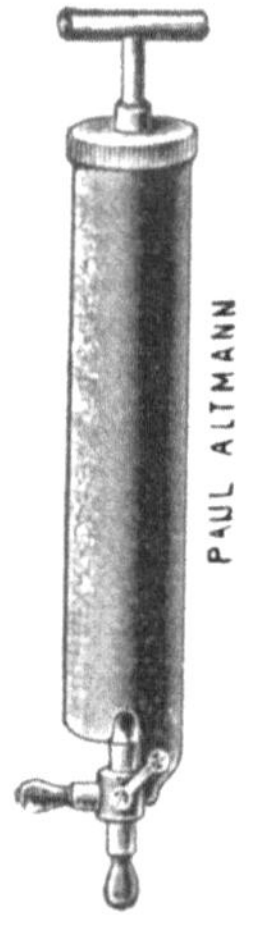

Abb. 23. Ventillose Handpumpe mit Zweiwegehahn.

Um das Entweichen der durch das einströmende Wasser verdrängten Luft möglichst sicher und einfach zu gestalten, hat E. Merkel [Chem.-Ztg **54**, Nr 22, 214 (1930)] die Verwendung eines ganz aus Metall hergestellten doppelten Füllrohres vorgeschlagen, das durch die Firma Hugo Keyl in Dresden-A. zu beziehen ist.

Die für die Sauerstoffbestimmung erforderlichen Flaschen, Pipetten usw. Zur Ausführung dieser Untersuchung verwendet man zweckmäßig ziemlich starkwandige Glasflaschen (Abb. 26) von etwa 250—300 ccm Inhalt mit gut eingeschliffenem, abgeschrägten Glasstopfen, deren Inhalt durch Auswägen bestimmt worden ist. Die für die Sauerstoffbestimmung zu verwendenden Glasstöpselgefäße sind auch mit genauer Angabe ihres Volumeninhaltes im Handel erhältlich. Zum Verschluß der Gläser haben sich die bekannten Lübbert-Schneiderschen Metallklammern (s. Abb. 4) bei uns gut bewährt. Eine Nachprüfung der Gefäße kann immerhin empfohlen werden. Ein Teil der Glasfläche dieser Flaschen ist matt geätzt zum Aufschreiben einiger Angaben mit Bleistift, wie Temperatur des Wassers, der Luft, Ort der Entnahme, Zeitangabe, Nummer usw.; ferner sind die Gläser mit laufenden Nummern versehen.

Abb. 24. Entnahmebecher nach J. Dinse.

Abb. 25. Entnahmebecher nach J. Dinse.

Die zur Untersuchung erforderlichen langstieligen, bis auf den Boden der Flaschen reichenden Pipetten haben zweckmäßig eine nicht zu enge Ausflußöffnung wegen des sonst sehr langsamen Auslaufens der Flüssigkeiten, namentlich der Natronlauge. Bei Flußuntersuchungen im Winter wird dies sonst oft recht unangenehm empfunden. Auch besitzen diese Sauerstoffpipetten vorteilhaft nach oben hin eine kugelförmige Erweiterung zur Vermeidung des etwaigen Hineingelangens der ätzenden Flüssigkeiten in die Mundhöhle (Abb. 27).

Abb. 26. Sauerstoffflasche.

Kästen mit Reagenzien, Pipetten und 2—4 Flaschen für die Sauerstoffbestimmung hat für die Landesanstalt für Wasserversorgung usw. die Firma Bergmann u. Altmann, Berlin NW 7, angefertigt. Einen bequemen Versandkasten mit 6 Sauerstoffflaschen für Reisen zeigt Abb. 28. Der Kasten besteht ganz aus Metall und ist innen mit starker Filzauskleidung versehen.

Abb. 27. Sauerstoffpipette.

Ausführung der Sauerstoffbestimmung. In die kunstgerecht eingefüllten Wasserproben werden gleich nach der Entnahme mit Hilfe der oben beschriebenen langstieligen sog. Sauerstoffpipetten zunächst 3 ccm Manganchlorürlösung gebracht. Man läßt die Lösung aus der Pipette möglichst tief — also in Nähe des Bodens vom Glasgefäß — auslaufen. In derselben Weise läßt man darauf sofort 3 ccm Jodkaliumhaltige Natronlauge zufließen ungeachtet des Überlaufens von Wasser aus dem Gefäß. Jetzt verschließt man behutsam mit dem Glasstopfen die Flasche unter Vermeidung des Eintrittes von Luftblasen, weil sonst natürlich die Bestimmung vergebens ist. Durch das Aufsetzen des Stopfens tritt abermals seitlich aus dem Halse der Flasche Flüssigkeit aus. Durch Umschütteln wird gut gemischt. Man läßt 1—2 Stunden lang, vor Licht geschützt, absetzen und fügt darauf 5 ccm konzentrierte Salzsäure hinzu. Man setzt vorsichtig den Glasstopfen auf, so daß wieder seitlich Wasser austreten kann, und mischt durch

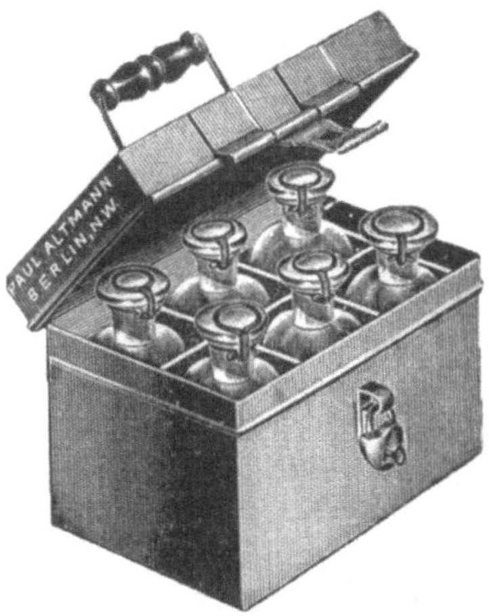

Abb. 28. Versandkasten für Sauerstoffflaschen.

häufiges Umschwenken. Der Niederschlag löst sich meist leicht, evtl. müßte noch etwas Salzsäure zugefügt werden.

Die angewandte konzentrierte Salzsäure (spez. Gew. 1,18 bis 1,19 = 38 % HCl) muß chlor- und eisenfrei sein. Je nach der Menge des gebildeten freien Jods sieht die Flüssigkeit gelb bis braungelb aus. Nach erfolgter Auflösung bringt man den Inhalt des Gefäßes durch Nachspülen mit destilliertem Wasser ohne Verlust in einen Erlenmeyerkolben und titriert über einer weißen Unterlage das ausgeschiedene Jod unter Zusatz von Stärkelösung als Indikator mit n/100-Natriumthiosulfat[1].

Ist es nicht möglich, gleich nach der Entnahme die Sauerstoffproben mit KJ-Natronlauge und Manganchlorür zu versetzen, z. B. bei der Kahnfahrt auf einem See usw., so füge man wenigstens zu jeder Probe etwa 1 g reines Natriumhydrat hinzu, wonach alsdann wesentliche Veränderungen nicht stattfinden können. Bei der für die Sauerstoffzehrung bestimmten Probe darf selbstverständlich kein Zusatz gemacht werden. Sobald sich aber Gelegenheit bietet, führe man die Untersuchung in obiger Weise aus. Der Salzsäurezusatz kann später im Laboratorium erfolgen, vorausgesetzt natürlich, daß das Gefäß gut verschlossen ist und kein Luftsauerstoff eindringen kann.

Über ein neues Sauerstoffzusatzgerät für die Praxis berichtet R. CZENSNY in Z. Fischerei **26**, H. 3 (1928).

Ist der Manganniederschlag durch Salzsäure gelöst, so muß die Sauerstoffbestimmung sogleich zu Ende geführt werden, da sonst die organischen Stoffe des betreffenden Wassers durch das freie Jod oxydiert und somit leicht falsche Befunde erhalten werden können.

Die Temperatur des betreffenden Wassers ist stets zu messen, da, wie bereits oben gezeigt, mit steigender Temperatur die Lösungsfähigkeit des Sauerstoffes — wie überhaupt der Gase — im Wasser abnimmt. Für wissenschaftliche Untersuchungen ist außerdem noch der Barometerstand zu berücksichtigen.

Berechnung. Wurden n ccm n/100-Thiosulfat verbraucht, und bezeichnet man das Volumen der Flasche mit V, das Gewicht des in 1000 ccm Wasser gelösten Sauerstoffes mit G, so ist

$$G = \frac{80\,n}{V - 6},$$

da 1 ccm n/100-Thiosulfat = 0,08 mg O_2 entspricht.

Die von V abzuziehende Zahl 6 bedeutet die zweimal durch die beiden Reagenzien verdrängten 3 ccm Wasser.

---

[1] Über die Haltbarkeit der Thiosulfatlösungen durch Zugabe von 200 mg kristallisierter Soda zu 1 l vgl. J. M. KOLTHOFF: Die Maßanalyse Tl I 218. Berlin 1927. — L. W. WINKLER empfiehlt einen Zusatz von 0,1 g Merkurizyanid zu 1 l. Vgl. auch Pharmaz. Ztg **80**, Nr 8, 95 (1935), Nr 10 124 u. Nr 12, 151 u. Nr 101, 1330 (PH. HORKHEIMER). — Arch. Pharmaz. H. 2, 126 (1935); H. 8, 74 (1936).

Hat man öfters solche Bestimmungen auszuführen, so empfiehlt es sich, zur Vereinfachung der Berechnung folgenden Wert:

$$\frac{80}{V-6} = \text{Faktor}$$

für die zur Anwendung kommenden Flaschen ein für allemal festzustellen. Es ist alsdann bloß nötig, den so erhaltenen Faktor mit n zu multiplizieren.

Einige Bemerkungen zu der vorstehenden Sauerstoffbestimmung.

In den Handbüchern über Wasseruntersuchungen wird meist angegeben, je 1 oder 2 ccm von der jodkaliumhaltigen Natronlauge und Manganchlorürlösung zu nehmen. Nach meinen Beobachtungen und Erfahrungen ist es jedoch vorteilhafter, von jedem Reagens 3 ccm anzuwenden, da hierdurch ein weit besseres und schnelleres Absetzen des Niederschlages erfolgt.

Erforderlich sind stets 3 ccm von der jodkaliumhaltigen Natronlauge, wenn es sich um Wasser mit größerem Gehalt an Kohlensäure handelt. Es würde sonst die zugesetzte Natronlauge leicht vollständig in Natriumkarbonat verwandelt und somit Manganokarbonat anstatt Hydroxyd gefällt werden, das den Verlauf der Reaktion nachteilig[1] beeinflußt.

Daß die mit den Reagenzien beschickten Wasserproben im Dunkeln aufzubewahren sind, ist bereits oben erwähnt; dem Sonnenlichte ausgesetzt, treten bald Veränderungen ein, die das Ergebnis beeinflussen.

Über die Sauerstoffbestimmung nach Winkler mit Zusatz der Reagenzien in Tablettenform, die für die meisten Zwecke der Praxis völlig ausreicht, vgl. die näheren Angaben bei P. Sander in den von unserer Landesanstalt herausgegebenen „Kleinen Mitteilungen" **1935**, 11. Jg., Nr 5/8. Die betreffenden Tabletten werden von der Firma E. Merck, Darmstadt, hergestellt und sind in kleineren Mengen auch von der Firma Bergmann u. Altmann in Berlin NW 7 zu erhalten.

Bei dem Winklerschen Verfahren stören Wässer, die Nitrite[2], Eisenoxydverbindungen und viel organische Stoffe — also namentlich verunreinigte Wässer — enthalten. Der Einfluß von Eisenoxydverbindungen auf Kaliumjodid läßt sich durch Ansäuern mit Phosphorsäure aufheben. Die störenden Nitrite und organischen Stoffe im Wasser lassen sich nach den Beobachtungen von G. Bruhns[3] in einfacher Weise durch Zusatz von 1,5 g kristallisiertem Kaliumbikarbonat nach dem Ausfällen der Manganoxyde, nochmaliges Absetzenlassen nach der Umsetzung in Karbonat durch Umschütteln,

[1] Schmidt, E.: Ausführl. Lehrb. d. pharm. Chem. 6. Aufl., **1**, 1026 (1919). — Ferner Z. angew. Chem. **1897**, 658.

[2] Winkler, L. W.: Trink- und Brauchwasser. In G. Lunge u. E. Berl: Chemisch-technische Untersuchungsmethoden. 6. Aufl., **2**, 281. Berlin 1919.

[3] Bruhns, G.: Zur Sauerstoffbestimmung nach L. W. Winkler I, II und III. Chem.-Ztg **1915**, 845; **1916**, 45, 71, 985, 1011 und L. W. Haase im Gas- u. Wasserfach **70**, H. 44 (1927).

Abgießen und erforderlichenfalls Auswaschen und Absaugen durch Wattefilterrohr entfernen. Die BRUHNSschen Abänderungen können gut auch als Allgemeinverfahren benutzt werden, da diese alle Hindernisse des WINKLERschen Verfahrens aus dem Wege räumen und spätere Untersuchungen noch ermöglichen. Durch die Umwandlung der Manganoxyde in Karbonat mittels $KHCO_3$ können die so erzeugten Niederschläge in den Sauerstoffflaschen verbleiben und beliebig später gemessen werden. Das Verfahren von BRUHNS hat H. NOLL[1] nachgeprüft und bestätigt; auch in unserer Anstalt wurden mit den BRUHNSschen Verbesserungen gute Ergebnisse erhalten.

Zur Beseitigung des störenden Einflusses von Nitriten bei der Bestimmung des im Wasser gelösten Sauerstoffes ist auch das Verfahren von ALSTERBERG recht empfehlenswert. Man setzt dem Wasser nach Zugabe von Manganchlorür und Natronlauge noch 3 Tropfen einer 5proz. Natriumazidlösung zu (entsprechend 5 mg NaN_3).

Nach dem Ansäuern findet folgende Umsetzung statt: $N_2O_3 + 2N_3H = 2N_2O + 2N_2 + H_2O$, wobei die salpetrige Säure schnell und vollständig zerstört wird. Die Natriumazidlösung ist gut haltbar[2].

Über die Bestimmung des Sauerstoffs in Gegenwart von Sulfit vgl. L. W. HAASE: Z. anal. Chem. **90**, H. 7 u. 8 (1932).

Die Preußische Landesanstalt für Fischerei in Berlin-Friedrichshagen verwendet nach dem Vorschlage von R. CZENSNY (Z. Fischerei **26**, H. 3, 367) besonders gestaltete Flaschen von etwa 100 ccm Inhalt. Über weitere Vereinfachungen der Sauerstoffbestimmung vgl. dort.

Zur schnellen und annähernden Bestimmung des gelösten Sauerstoffes in Wasser empfiehlt L. W. WINKLER den photographischen Entwickler Adurol-HAUFF[3] (Chlorhydrochinon). Diese Verbindung gibt mit Wasser eine farblose Lösung. Wird aber dann die Lösung mit Ammoniak oder Borax alkalisch gemacht, so färbt sich die Flüssigkeit um so stärker, je mehr Sauerstoff zugegen ist. Das Adurol wird zweckmäßig in Pulverform nach folgender Vorschrift angewandt: Man mischt 1 Teil trockenes Adurol mit 6 Teilen bei 100° getrocknetem Borax und mit 3 Teilen bei 100° getrocknetem Seignettesalz. Das Pulvergemisch ist in einer gut verschlossenen braunen Glasflasche haltbar.

BACH [Gesdh.ing. **52**, H. 3 (1929)] empfiehlt für diese Zwecke als Farbstoff Phenosafranin und als Reduktionsmittel Ferroammoniumsulfat.

Prüfung auf Blei.

Die Prüfung eines Leitungswassers, das in Bleiröhren gestanden hat, auf seinen etwaigen Bleigehalt ist bei der großen Giftigkeit dieses Metalles von besonderer hygienischer Bedeutung, da nicht selten Wässer bleiauflösende Eigenschaften haben. Vgl. Abschnitt „Angreifende Wässer" und Gas- u. Wasserfach **1937**, 80. Jg., H. 17, S. 275.

[1] NOLL, H.: Z. angew. Chem. **1917**, 105.

[2] ALSTERBERG: Biochem. Z. **159**, 36 (1925); **170**, 30 (1926). — BANDT: Gesdh.ing. **1937**, 557.

[3] WINKLER, L. W.: Z. anal. Chem. **1914**, 672.

Nachweis von Blei im Wasser. Um bei bestehenden Wasserversorgungsanlagen auf einfache Weise schnell festzustellen, ob das in den Röhren gestandene Wasser Blei in gesundheitlich bedenklicher Menge gelöst hat, verfährt man an Ort und Stelle zweckmäßig wie folgt:

Zur Prüfung verwendet man solches Wasser, das längere Zeit — etwa 6—24 Stunden — in der Bleileitung gestanden hat. Von diesem Wasser werden 300 ccm in einem etwa 20 cm hohen, auf weißer Unterlage stehenden, farblosen, zylindrischen Glase mit 3—4 ccm chemisch reiner, konzentrierter Essigsäure angesäuert und hierauf nach dem Mischen mit 3—4 Tropfen einer 10proz. Lösung von chemisch reinem Natriumsulfid[1] ($Na_2S + 9H_2O$) versetzt. Das Gemisch muß sauer — gegen Lackmuspapier — reagieren, da in neutraler oder alkalischer Lösung auch Eisen fällt.

Enthält das betreffende Wasser über 0,3 mg Blei (Pb) in 1 l, so wird die Flüssigkeit durch Bildung von Schwefelblei gelbbräunlich gefärbt. Die Färbung wird bei höherem Bleigehalt naturgemäß stärker, dunkel- bis schwarzbraun, unter Bildung von Trübungen und Niederschlägen. Man hat auf diese Weise sogleich einen ungefähren Anhaltspunkt, ob das Wasser viel oder wenig Blei[2] enthält. Die Reaktion tritt fast sogleich ein. Die etwaige weißliche Trübung der Flüssigkeit, die nach einigen Minuten entstehen kann, rührt von fein verteiltem Schwefel her, der sich durch Oxydation des Schwefelwasserstoffs an der Luft allmählich bildet.

Hierbei stört aber die Gegenwart von Kupfer im Wasser. In solchem Falle muß man die Prüfung in stark alkalischer Lösung mit Natronlauge, Seignettesalz und Kaliumzyanid ausführen. Die Reaktion ist auch schärfer. Es lassen sich auf diese Weise noch 0,1 mg Pb im Liter deutlich nachweisen. Vgl. G. Gad: Gas- u. Wasserfach **1936**, 79. Jg., Nr 7, u. Gesdh.ing. **1936**, 59. Jg., Nr 32, u. K. Höll: Dtsch. Apoth.-Ztg **1935**, Nr 8.

Über die Bestimmung von Blei im Wasser vgl. die bekannten Handbücher über Wasseruntersuchungen. Für die Praxis genügt meist die einfache kolorimetrische Bestimmung nach L. W. Winkler[3] und Gad, a. a. O.

Soll an eingesandten Wasserproben eine quantitative Bleibestimmung vorgenommen werden, so sei hier noch auf die Beobachtungen von K. Scheringa[4] und L. W. Winkler verwiesen, die folgendes fanden: Wird bleihaltiges Wasser in Glasflaschen auch nur kurze Zeit aufbewahrt, so können beträchtliche Mengen Blei

[1] Über die Herstellung der Natriumsulfidlösung s. Abschnitt Eisen.

[2] Vgl. auch O. Weigel: Z. physik. Chem. **58**, 293 (1907) — Wasser u. Abwasser **14**, H. 7, 213 (1920).

[3] Winkler, L. W.: Über den Nachweis und die kolorimetrische Bestimmung des Bleies, Kupfers und Zinks im Leitungswasser. Z. angew. Chem. **26**, Nr 5, 38 (1913) — Pyriki, C.: Z. anal. Chem. **64**, 325 (1924); **67**, 97 (1925). — Reith, J. F., u. J. de Beus: ebenda **103**, H. 1 u. 2 (1935).

[4] Scheringa, K.: Blei im Trinkwasser. Wasser u. Abwasser **1**, 438 (1909); ferner P. Schütz: Pharmaz. Ztg **74**, Nr 71, 1127 (1929).

an das Glas abgegeben werden. Bei der Untersuchung von Trinkwasser muß hierauf Rücksicht genommen werden. Zur Vermeidung dieser Verluste säuert man das zu untersuchende Wasser zweckmäßigerweise sofort nach der Entnahme mit Essigsäure schwach an (Prüfung mit Lackmuspapier).

Nach den Vorschlägen von BRUNS und HAUPT (vgl. FUCHSS, BRUNS u. HAUPT: Die Bleivergiftungsgefahr durch Leitungswasser. Dresden u. Leipzig 1938, S. 90) hat die Prüfung auf Bleigehalt im allgemeinen an Wasserproben in folgender Weise zu geschehen:

Die Wasserproben müssen 14 Stunden lang in einer fest geschlossen gewesenen Rohrleitung (von abends 6 Uhr bis zum anderen Morgen um 8 Uhr) gestanden haben. Es wird das zuerst abfließende Wasser in einer Menge von 1 l genommen, das in eine reine, mit Glasstopfen verschlossene Literflasche aus bleifreiem Glas eingefüllt und sofort mit 5 ccm verdünnter Essigsäure angesäuert wird. Nach mindestens 2 Minuten langem Ablaufen des Wassers (volle Öffnung des Hahnes) wird gegebenenfalls eine zweite gleiche Probe genommen, die ebenso behandelt wird. Will man sich über das Bleilösungsvermögen des im Straßenrohrnetz befindlichen Wassers unterrichten, so entnimmt man nach 10 Minuten eine weitere Wasserprobe, die natürlich nicht angesäuert werden darf.

Unter Umständen kann es zweckmäßig sein, gerade auch Proben zu untersuchen, die wesentlich länger in der Hausleitung gestanden haben, z. B. in Schulgebäuden am Ende der Schulferien oder zwischen der ersten und den weiteren Proben einen etwas längeren Zeitraum zu lassen, wie etwa in Werkshallen mit besonders langer Zuleitung.

Die Ergebnisse der chemischen Bleiuntersuchung werden ebenfalls häufig in verschiedener Weise ausgedrückt, wie: Bleioxyd, Bleisulfid, Bleiperoxyd, Bleisulfat, Bleichromat usw. Ich würde der Einheitlichkeit halber wie bei Eisen und Mangan empfehlen, Blei nur als Pb anzugeben.

Über die Verhältniszahlen obiger Verbindungen unterrichtet die nachstehende

Umrechnungstabelle.

1	Teil	PbO	= 0,93	Teile	Pb
1	„	PbS	= 0,87	„	„
1	„	PbO_2	= 0,87	„	„
1	„	$PbSO_4$	= 0,68	„	„
1	„	$PbCrO_4$	= 0,64	„	„
1	„	Pb	= 1,08	„	PbO.

Biologische Untersuchung des Wassers.

Trink- und Brauchwasser sollen möglichst frei von ungelösten Stoffen sein. Die Menge der absiebbaren Stoffe hängt von der Herkunft des Wassers, seiner Aufbereitung, von Witterungseinflüssen, bei Quell- und Oberflächenwässern von der Bauart der betreffenden Wasserversorgungsanlage ab. Bei der biologischen Beurteilung eines Wassers ist zu beachten, inwieweit die ermittelten Lebewesen als

Anzeichen einer Verunreinigung zu gelten haben (Saprobiensystem). Beispiele hierfür sind Zuckmückenlarven, Wasserasseln, der blinde Höhlenkrebs, der Brunnendrahtwurm[1] und gelegentlich auch sonstige Würmer und deren Eier, ferner auch Eisenbakterien, soweit sie in Mengen auftreten. In offenen Wassergewinnungsanlagen siedeln sich gern Grünalgen und Wasserpilze der verschiedensten Art an. Außerdem können auch noch unbelebte Stoffe im Wasser zugegen sein, mineralische sowie organische, also Bestandteile, wie z. B. Sandkörnchen, Eisenhydroxyd, Manganverbindungen, Tonteilchen, Kohlestückchen, Stärke, Detritus, pflanzliche Fasern aller Art, Chitinreste, Insekten und Kleinkrebschen, Vogelfederstrahlen, Muskelfasern, Papierfasern usw., die unter Umständen für die Beurteilung eines Wassers bedeutungsvoll sind.

Für eine abschließende Beurteilung von Wasser, besonders wenn es sich um Oberflächenwasser handelt, sind biologische Untersuchungen nicht zu umgehen; namentlich bei der Frage einer etwaigen Verschmutzung von Flüssen, Seen usw. sind sie von ausschlaggebender Bedeutung. Man vergleiche auf diesem Gebiete u. a. die Arbeiten von:

BEGER, H. u. E.: Biologie der Trink- und Brauchwasseranlagen. Jena 1928.

BEGER, H.: Die Arbeitsmethoden der Trinkwasserbiologie. In ABDERHALDENS Handbuch d. biolog. Arbeitsmethoden. Abt. 4, Teil 15, H. 4. Berlin u. Wien 1931 — Kl. Mitt. d. Landesanstalt **11**, Nr 9—12 (1935).

BREHM, V.: Einführung in die Limnologie. Berlin 1930.

HAGER-TOBLER: Das Mikroskop und seine Anwendung. 14. Aufl. Berlin 1932.

HELFER, H.: Geschichte der biologischen Wasseranalyse. Arch. f. Hydrobiol. u. Planktonk. **11** (1916).

— Das Saprobiensystem. Kl. Mitt. Landesanst. **1931**, H. 2.

— Die tierischen Schädlinge der Wasserversorgungsanlagen. Z. hyg. Zool. **1937**, H. 11.

HENTSCHEL, E.: Grundzüge der Hydrobiologie. Jena 1923.

JETTMAR, H. M.: Insekten und andere Kleinlebewesen in Wasserwerken. Gas- u. Wasserfach **79**, Nr 52 (1936).

KOLBE, R. W.: Das Prüflot. Arch. f. Hydrobiol. **21**, Nr 1 (1930).

KOLKWITZ, R.: Literaturzusammenstellung in den Kl. Mitt. Landesanst. **3**, Nr 1/3, 66 (1927) — Zur Biologie der Wasserwerke. Ebenda **7**, 25 (1931) — Biologische, volumetrische und gravimetrische Bestimmung der Sink- und Schwebestoffe. Ebenda **13**, Nr 1/3 (1938).

— Pflanzenphysiologie. 3. Aufl. Jena 1935.

MINDER, L.: Zur Biologie der Wasserversorgungsanlagen. Monatsbulletin d. Schweiz. Vereins von Gas- u. Wasserfachm. **1936**, Nr 5.

SCHELLENBERG, A.: Flohkrebse in den Trinkwasseranlagen. Gesdh.-ing. **59**, Nr 13 (1936).

STEINER, G.: Untersuchungsverfahren und Hilfsmittel zur Erforschung der Lebewelt der Gewässer. Stuttgart 1919.

THIENEMANN, A.: Das Leben im Süßwasser. Breslau 1926.

WILHELMI, J.: Kompendium der biologischen Beurteilung des Wassers. Jena 1915 — Die Schwebestoffe des Wassers. Internat. Z. Wasserversorg. **1916**, H. 12, 91.

[1] H. BEGER, Versuche über Schutzeinrichtungen gegen Brunnendrahtwürmer in Wasserleitungen. Kl. Mitt. d. Preuß. Landesanst. usw. 13. Jg., 343. Berlin 1937.

Die biologische Feststellung des Verschmutzungsgrades von Wässern ist nicht selten eine der schwierigsten Aufgaben, die oft nur durch eingehende örtliche Besichtigung, verbunden mit der Untersuchung richtig (an geeigneten Stellen mit sachgemäßen Apparaten)[1] entnommener Proben, gelöst werden kann.

Die Beurteilung des Zustandes der zu untersuchenden Gewässer geschieht nach den darin vorhandenen Lebewesen, die nach R. KOLKWITZ und M. MARSSON in 3 Gruppen geteilt werden: in Poly-, Meso- und Oligo-Saprobien, je nachdem sie an deutlich, mittelstark oder schwach, oft kaum verunreinigten Stellen vorkommen. Die in diesen 3 Gruppen nicht unterzubringenden, überall vorkommenden Lebewesen bezeichnet man nach H. HELFER als Pantosaprobien.

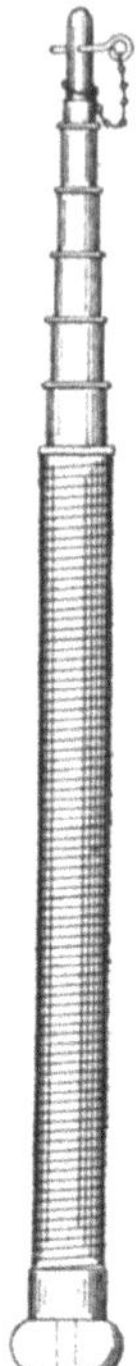

Zur Kenntnis der biologischen Gerätschaften sollen im nachstehenden einige derselben kurz beschrieben werden, und zwar:

Ausziehstock,
Planktonnetz und Planktonsieb,
Pfahlkratzer,
Dredsche und Schlammheber,
Planktonkammer,
Planktonlupe,
Einschlaglupe,
Exkursionsmikroskop.

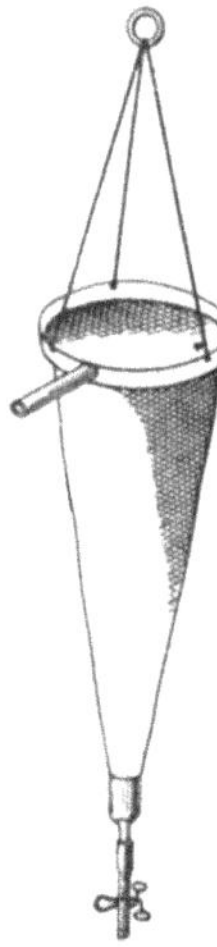

Für eingehendere Forschung auf diesem Gebiete sei auf die genannten Arbeiten von BEGER (1931) verwiesen. In der Preußischen Landesanstalt für Fischerei in Berlin-Friedrichshagen werden noch einige besondere biologische Geräte benutzt.

Abb. 29. Der Ausziehstock.

Abb. 30. Das Planktonnetz.

1. Der Ausziehstock (Abb. 29) hat bei vollem Auszug für praktische Zwecke am besten eine Länge von 1,5—2 m. Der Stock besteht aus 6 Gliedern, deren äußerstes etwa 30 cm lang ist. Alle seine Metallteile sind aus Messing gefertigt. Die Spitze hat einen Durchmesser von 8 mm, eine Länge von 30 mm und für den mittels Messingkette befestigten Stift eine Lochweite von 4 mm. Das Loch wird vorteilhaft in der Mitte der Spitze angebracht. Zur Verhütung des Erstarrens der Hand durch die Berührung mit dem Metall im Winter ist der Stock mit gefirnißter Schnur umgeben. Die einzelnen Auszüge lassen sich ohne Anwendung von Öl leicht ineinanderschieben. Zur Reinigung verwendet man Alkohol. An der Spitze

[1] Vgl. u. a. R. KOLKWITZ: Entnahme und Beobachtungsinstrumente für biologische Wasseruntersuchungen. (Mit 22 Textabbildungen.) Mitt. Versuchsanst. Wasserversorg. **1907**, H. 9 — Pflanzenphysiologie. 3. Aufl., Tafel X. Jena 1935.

des Ausziehstockes können eine Reihe kleinerer biologischer Apparate befestigt werden. Der abgebildete Stock wiegt 450 g. Er läßt sich für den Versand bequem in einer Handtasche oder einem Kasten verpacken. Bei den vielen Probeentnahmen durch die Landesanstalt hat er sich durchweg gut bewährt.

2. Das Planktonnetz kleinsten Umfanges (Abb. 30) mit Vorrichtung zur Befestigung am Ausziehstock besteht im wesentlichen aus einem etwa 35 cm langen Seidenbeutel, der an seinem unteren Ende einen mit verschließbarem Ausflußrohr versehenen Metallbecher trägt. Die Maschenweite des Seidenstoffes (Müllergaze Nr. 20) beträgt etwa 0,05 mm; dieser feinste Seidenstoff ist also noch verhältnismäßig grobmaschig. Das Öffnen und Schließen des Becherchens kann durch Metallhahn oder Quetschhahn geschehen. Soll das Netz geworfen oder hinter dem Boot hergezogen werden, so wird es mittels des Ringes, der die 3 Aufhängeschnüre vereinigt, mit einer gewachsten Schnur verbunden; soll es dagegen am Ausziehstock befestigt werden, so wird dazu die Aufsteckhülse verwendet. Um Rückstände einzusammeln, die die Fasern vom Netzstoff enthalten oder die den Ablaßschlauch des Netzes verstopfen würden, verwendet man das Planktonsieb aus Kupfergewebe Nr. 260 (Abb. 31). Seine Reinigung geschieht am leichtesten durch Abwaschen mittels kleiner Stückchen Natronlauge. Bei Ausführung quantitativer Fänge schöpft man am besten das Wasser mit einem (Aluminium-)Litermaß und ermittelt sehr einfach die Rückstandmenge aus 50 l durch Absetzenlassen in graduierten Röhrchen (sog. Planktongläsern) nach Zufügen von etwa 1 ccm käuflichen Formalins. Hierzu eignet sich besonders das verschließbare Klappgestell aus Messing zur Aufnahme von 8 Planktongläsern nach KOLKWITZ (Abb. 32). Seine Innenflächen sind weiß lackiert zur besseren Durchmusterung des Planktons.

Abb. 31. Das Planktonsieb.

Über die Menge der absiebbaren Schwebestoffe möge die folgende Zusammenstellung nach R. KOLKWITZ[1] Aufschluß geben:

Art des Wassers	In 50 l Wasser	Also berechnet auf 1 cbm	Verhältnis
Trinkwasser	höchstens 0,05 ccm	höchstens 1 ccm	1 : 1000000
Klare Seen	etwa 0,1 ccm	etwa 2 ccm	1 : 500000
Flüsse	„ 1,0 „	„ 20 „	1 : 50000
„ . . . . . . bis	„ 4,0 „	„ 80 „	1 : 12000

[1] KOLKWITZ, R.: J. Gasbel. u. Wasserversorg. **1914**, Nr 29. — BEGER, H.: Gas- u. Wasserfach **73**, H. 19 (1930).

Diese Absiebmethode ist allgemein gültig, also auch auf Abwässer anwendbar.

3. Der **Pfahlkratzer** (Abb. 33) wird in erster Linie zum Abkratzen von bewachsenen Pfählen, Bohlwerken usw. gebraucht, ferner zum Herausfangen treibender Flocken, zum Heranziehen von Krautmassen, zum Heraufholen von Uferschlamm, kleinen Steinchen u. dgl. Größere Pfahlkratzer mit festem Stiel werden nach P. SCHIEMENZ mit bestem Erfolg zur Untersuchung des Ufergebietes auf Fischnahrung angewendet.

4. Die **zusammenklappbare Dredsche** (Abb. 34) ist viereckig, sie besitzt umlegbare Schneiden und Gleitbügel, wodurch die ganze Vorrichtung auf Reisen möglichst handlich ist. Die Dredsche dient zur Aufnahme von Grundproben, wie Steinen, Schlamm, Schnecken usw. Behufs Anwendung wird sie an einer langen, gewachsten, starken Leine von 5—8 mm Durchmesser befestigt und am Boden des zu untersuchenden Gewässers langsam hingezogen. Gewicht 2,6 kg. Kleinere Schlammengen entnimmt man mittels des **Schlammhebers**.

Abb. 32. Klappgestell aus Messing mit Normalplanktongläsern nach KOLKWITZ.

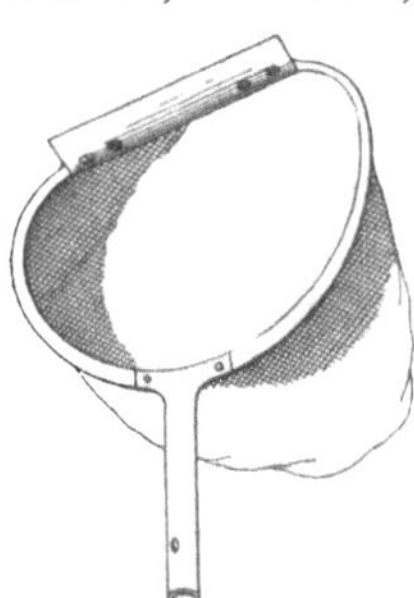
Abb. 33. Der Pfahlkratzer.

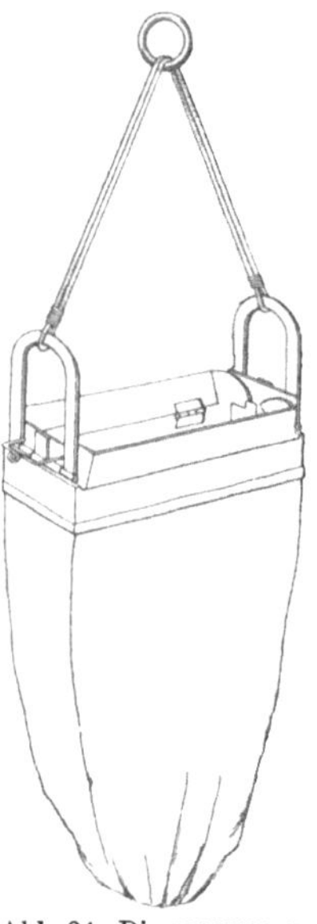
Abb. 34. Die zusammenklappbare Dredsche.

5. Die **Planktonkammer** (Abb. 35) faßt einen Raum von genau 1 ccm und dient zur direkten Entnahme einer kleinen, aber abgemessenen Wassermenge. Ist die Kammer gefüllt, so hält die Deckplatte durch Adhäsion von selbst fest, wodurch leichtes Beobachten

ermöglicht ist. Man kann die Kammer statt mit frischen Schöpfproben auch mit den Netz- oder Siebfängen füllen. Zum Schutz der Kammer empfiehlt sich das Einschieben in eine locker übergepaßte Fassung von der in der Abbildung wiedergegebenen Form.

6. Die Planktonlupe (Abb. 36) ist eine **40fach** vergrößernde Anastigmatlupe (Firma Carl Zeiss, Jena). Sie hat den Zweck, auf Ausflügen ein schwach vergrößerndes Mikroskop zu ersetzen, und

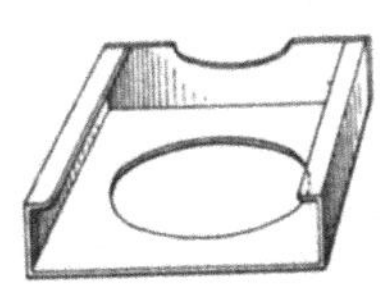

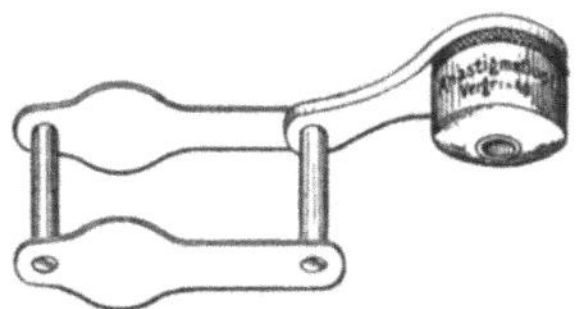

Abb. 36. Die Planktonlupe.

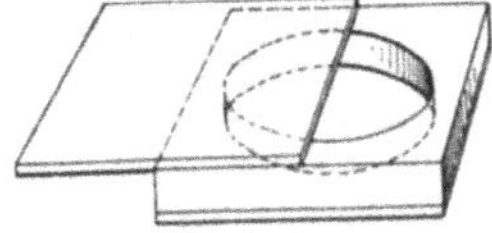

Abb. 35. Die Planktonkammer.

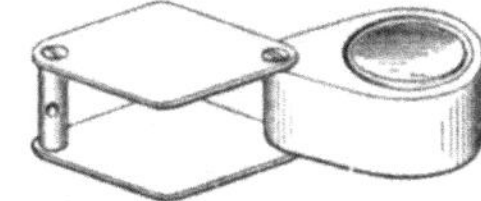

Abb. 37. Die aplanatische Einschlaglupe.

dient besonders im Verein mit der Planktonkammer dazu, die Planktonlebewesen möglichst an Ort und Stelle zu erkennen. Für den gleichen Zweck sind auch billigere Aplanatlupen im Handel.

7. Die aplanatische Einschlaglupe (Abb. 37) vergrößert 14mal; sie dient zur Durchmusterung mancher Proben an Ort und Stelle, bei der ein größeres Gesichtsfeld wünschenswert und eine geringere Vergrößerung ausreichend ist.

8. Planktoskop nach Kolkwitz. Es besteht aus einem Gestell mit **14fach** vergrößernder Aplanatlupe, einer Planktonkammer und einem Schattenwerfer zur Betrachtung im durchfallenden Licht, im Halbschatten und bei Dunkelfeldbeleuchtung. Das Planktoskop kann zur Vorführung an einem Halter herumgereicht werden. Vgl. nebenstehende Abb. 38.

Abb. 38. Planktoskop nach Kolkwitz.

9. Das Reisemikroskop (Abb. 39) nach R. Kolkwitz, über das auch in der Pharmaz. Ztg **1908**, Nr 51, von mir näher berichtet wurde, ist eine mit normalen Objektiven ausgestattete Vorrichtung von besonderer Leichtigkeit — Aluminium-Nickel-Legierung des Fußes und der Säule — und geringem Umfang bei völliger Festigkeit und symmetrischem Bau. Die Vergrößerungen betragen 100

und 400. Die Schalenskulptur von Pleurosigma angulatum wird aufgelöst. Zur Befestigung dieses Mikroskopes dient eine Klammer, die leicht an jedem Tisch usw. angebracht werden kann, wodurch das Instrument eine sehr große Standfestigkeit erlangt, die zumal auf schwankendem Dampfer recht wertvoll ist. Das Gewicht beträgt 600 g. Das Mikroskop ist von der Firma Otto Himmler, Berlin N 24, Oranienburger Str. 64, gefertigt. Es kann leicht auf Reisen mitgenommen werden und hat sich allgemein gut bewährt[1].

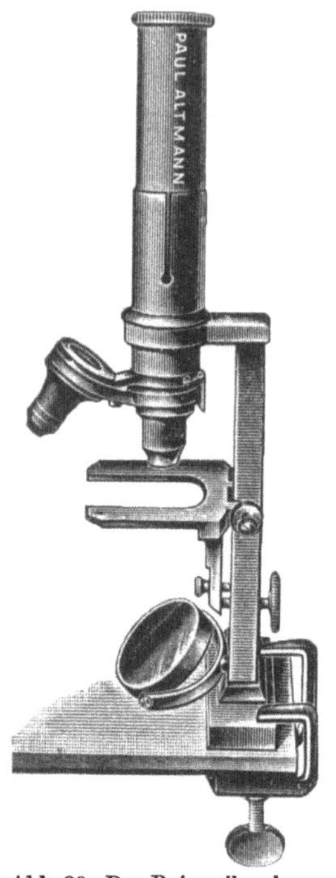

Abb. 39. Das Reisemikroskop.

Bei Untersuchung von Brunnen[2], besonders von Schachtbrunnen, die erfahrungsgemäß meist ziemlich viele ungelöste Bestandteile enthalten, ferner von Absitzbecken, Filtern usw., ist es zweckmäßig, 1 bis mehrere Liter Wasser durch das Netz aus Seidengaze Nr. 20 oder das Kupfersieb Nr. 260 abzufiltrieren und die zurückgehaltenen Sink- und Schwebestoffe mit etwa 50 ccm Wasser in eine Flasche zu füllen und lebend zu untersuchen. Durch das Zufügen von Wasser soll bezweckt werden, daß die Lebewesen beim Versand nicht absterben. Dabei werden sich wichtige Anhaltspunkte für die hygienische Beurteilung eines Wassers ergeben, und zwar teils aus dem Vorhandensein, teils aus dem Fehlen bestimmter Lebewesen und Beimengungen. Für diese Art der Untersuchung haben sich auch Plankton-Membranfilter nach KOLKWITZ recht bewährt.

Alle für eine botanische, zoologische und auch fischereiliche Wasseruntersuchung notwendigen Geräte sind in zweckmäßiger Weise in dem Untersuchungskasten für Hydrobiologen von H. HELFER zusammengestellt. Vgl. die nähere Beschreibung hierüber mit Abbildung in den Kl. Mitt. d. Pr. Landesanstalt **7**, Nr 1/4 (1931). (Lieferant Bergmann u. Altmann, Berlin NW 7.)

Prüfung auf Mangan.

Durch das plötzliche Auftreten großer Mengen von Mangan im Breslauer Leitungswasser hat auch dieses Element besonders für Zentralwasserversorgungen eine erhöhte Bedeutung ge-

[1] Die beschriebenen Apparate sind zu beziehen u. a. durch die Firma Bergmann u. Altmann, Berlin NW 7, Luisenstr. 47.

[2] KOLKWITZ, R.: Die Biologie der Sickerwasserhöhlen, Quellen und Brunnen. J. Gasbel. u. Wasserversorg. **1907**, Nr 37. — Über das gelegentliche Vorkommen von Abwasserpilzen, z. B. Sphaerotilus, im Trinkwasser vgl. KOLKWITZ: Pflanzenphysiologie. 3. Aufl. Jena 1935 u. BEGER (a. a. O.).

wonnen. Über die Ursachen der Breslauer Grundwasserverschlechterung vgl. u. a. die Veröffentlichungen von

BEYSCHLAG, F., u. R. MICHAEL: Über die Grundwasserverhältnisse der Stadt Breslau. Z. prakt. Geol. **15**, 153—164 (1907).

KIRCHNER, E.: Die Entwicklung der Wasserwerke der Stadt Breslau. Gas- u. Wasserfach **74**, H. 23 (1931).

Magistrat Breslau: Ergebnisse der Untersuchungen über die Ursachen der Grundwasserverschlechterungen in Breslau. Tl. I—III 1907—1913.

NAUMANN, E.: Mangan im Trink- und Nutzwasser. Z. Gesdh.techn. u. Städtehyg. **25**, H. 3 (1933).

Das Mangan ist ein sehr häufiger Begleiter des Eisens, mit dem es auch in chemischer Hinsicht viel Ähnlichkeit hat. Es ist ein weitverbreitetes Element. Man findet Mangan viel in oberflächlichen alluvialen Schichten, ferner in allen forstlich wichtigen Holzarten [Gas- u. Wasserfach **29**, 557 (1935); **78** (1935)] und in vielen Lebens- und Genußmitteln, wie Roggen, Gerste, Erbsen, Linsen, Möhren und besonders viel im Kaffee, Kakao und Tee.

Eine Reihe von Mineralwässern enthalten Manganverbindungen gelöst, z. B. die von Baden-Baden, Bilin, Eger, Fachingen, Gieshübel, Homburg, Kreuznach, Marienbad, St. Moritz, Pyrmont, Salzbrunn, Tarasp, Wildungen usw.

Nicht unerhebliche Mengen von Mangan enthalten außer in Breslau noch die Trinkwässer verschiedener Orte, besonders im Odertal, wie Glogau, Neiße, Stettin; ferner z. B. Berlin, Budapest, Erlangen, Dresden, Minden i. W. und Björnstorp in Schweden sowie die meisten Grundwässer in den Niederlanden.

In stark eisenhaltigen Wässern findet man sehr häufig Mangan. In den meisten Fällen ist jedoch die Manganmenge nur gering, oft nicht mehr als 0,3 mg Mn im Liter.

In technischer Beziehung hat das Vorkommen von Mangan in einem Wasser insofern große Bedeutung, als seine Verbindungen wie die des Eisens die Volumenvermehrung von Bakterien im Wasser fördern. Gewisse Crenothrixformen scheinen in manganhaltigem Wasser besonders gern zu wuchern. Ebenso wie die beim Eisen genannten Eisenbakterien Eisenverbindungen einlagern, können auch Manganverbindungen gespeichert werden, wodurch die Leitungsröhren verstopft werden können[1], und zwar häufig in noch höherem Grade, als es beim Eisen der Fall ist.

B. PROSKAUER war einer der ersten, der auf das Vorkommen von Mangan im Trinkwasser sowie auf die hiermit verbundenen Übelstände hinwies. Schon 1891 beobachtete PROSKAUER Grundwässer, die größere Mengen von Manganoxydulverbindungen gelöst enthielten, und welche in Leitungen gleiche Mißstände wie Eisenoxydulverbindungen hervorriefen. Vgl. u. a. SWYTER, Entmanganungsanlagen der Berliner städt. Wasserwerke. Gas- u. Wasserfach **77**, Nr 33 u. 34 (1934).

[1] VOLLMAR (Dresden): J. Gasbel. u. Wasserversorg. **1914**, Nr 43. — GRÜNHUT: Trinkwasser und Tafelwasser. Leipzig 1920.

In gesundheitlicher Hinsicht ist selbst ein hoher Mangangehalt eines Wassers (mehrere Milligramm Mn im Liter) unbedenklich (Aug. Gärtner, O. Spitta). Vgl. ferner Veröff. Med.verw. **38**, H. 1, 24, Berlin 1932. Auch nach C. Flügge[1] und K. B. Lehmann[2] liegt eine gesundheitsschädliche Wirkung des manganhaltigen Wassers nicht vor. Vgl. auch H. Langecker: Mangan. Im Handbuch der experimentiellen Pharmakologie. Berlin 1934.

Mangan steht dem Eisen nach H. v. Tappeiner pharmakologisch sehr nahe. Vgl. auch G. Bertrand: Z. angew. Chem. **44**, Nr 47 (1931). Es ist in geringen Mengen in den Zellen des Pflanzen- und Tierreiches weitverbreitet.

Für technische Betriebe[3] wie Wäschereien, Bleichereien, Färbereien, Papier-, Stärkefabriken usw. ist manganhaltiges Wasser noch ungeeigneter als eisenhaltiges. Hier stören schon oft Mengen über 0,1 mg/l Mn.

Bei der Entwickelung von photographischen Platten und Filmen sowie bei der Verarbeitung von Positivpapieren können schon Mengen unter 0,1 mg/l Mn im Wasser durch Verfärbung der Schicht und des Papieres störend wirken.

Geschmacklich[4] machen sich Manganverbindungen im Wasser meist von 0,5 mg Mn im Liter an bemerkbar. Ähnlich dem Eisen stört Mangan im Wasser auch bei der Kaffee- und Teebereitung.

Für Zentral-Versorgungsanlagen sollte der Mangangehalt eines Wassers zur Vermeidung von irgendwelchen Störungen im Betriebe 0,1 mg Mn in einem Liter nicht übersteigen. Aug. Gärtner, Jena, verlangt sogar 0,05 mg Mn (Die Hygiene des Wassers, S. 88. Braunschweig 1915).

Über geeignete Verfahren zur Entmanganung von Wasser sei auf die nachstehende Literatur verwiesen (vgl. auch Abschnitt Eisen).

Beger, H.: Die Biologie der Manganfällung durch Eisenbakterien. Gas- u. Wasserfach **81**, H. 3 (1938).

Gans, R.: Die Mangangefahr bei der Benutzung von Grundwasser zur Trinkwasserversorgung und deren Beseitigung. Die chemische Industrie **1910**, 48.

Grünhut, L.: Trinkwasser und Tafelwasser, S. 428. Leipzig 1920.

Kaatz, B., u. H. E. Richter: Versuche zur Entmanganung des Leipziger Trinkwassers. Gas- u. Wasserfach **77**, Nr 19 (1934).

---

[1] Grundriß der Hygiene. 10. Aufl., S. 96. Berlin 1927. Mangan wird übrigens in der Heilkunde gemeinsam mit Eisen vielfach innerlich gegen Bleichsucht angewendet. — Bokorny, Th.: Über die Ungiftigkeit des Mangans. Chem.-Ztg **1914**, 1290. — Vgl. auch L. Lewin: Gifte und Vergiftungen. Berlin 1929. S. 328.

[2] Lehmann, K. B.: Sonderkatalog über die chemische Industrie und die Gesundheit, S. 32. Dresden: Verlag der Internat. Hygiene-Ausstellung 1911.

[3] Klut: Arch. Pharmaz. **1934**, H. 3.

[4] Vgl. auch A. Gärtner: Die Hygiene des Wassers, S. 63. Braunschweig 1915.

KLUT, H.: Wasserversorgung der Stadt Neiße. Mitt. Landesanst. Wasserhyg. Berl.-Dahlem **1916**, H. 21.

LEHR, G. J.: Das Trink- und Gebrauchswasser. Leipzig 1936.

MEYER, AUG. F.: Fortschritte in der Entsäuerung, Enteisenung und Entmanganung des Trink- und Brauchwassers. Chem.-Ztg **60**, Nr 73 (1936).

OLSZEWSKI, W.: Chemische Technologie des Wassers. Sammlung Göschen. 1925.

PFEIFFER: Die Entmanganungsanlage im Leipziger Wasserwerk Canitz. Gas- u. Wasserfach **77**, Nr 28 (1934).

THIESING, H.: Versuche über die Entmanganung von Grundwasser. Mitt. Prüfgsanst. Wasserversorg. Berl. **1912**, H. 16.

TILLMANS, J.: Über die Entmanganung von Trinkwasser. J. Gasbel. u. Wasserversorg. **1914**, Nr 29 — Gas- u. Wasserfach **70**, H. 2 u. 3 (1927).

— u. O. HEUBLEIN: Versuche zur Theorie der Entmanganung von Grundwasser. Z. Unters. Nahrgsmitt. usw. **27**, H. 1—3 (1914).

VOLLMAR: Die Entmanganung des Grundwassers im Elbtale und die für Dresden ausgeführten Anlagen. J. Gasbel. u. Wasserversorg. **57**, Nr 43 u. 44 (1914).

Zum Nachweise von Mangan im Wasser sind für die Praxis die drei nachstehenden Methoden zu empfehlen:

Prüfung nach H. MARSHALL[1]**.** Etwa 50 ccm des zu prüfenden Wassers werden mit 8—10 Tropfen reiner Salpetersäure von 25% angesäuert und darauf vorsichtig mit so viel einer 5proz. Silbernitratlösung versetzt, bis alle Chloride gefällt sind und ein geringer Überschuß von Silbernitrat im Wasser vorhanden ist. Alsdann setzt man 5 ccm einer 6proz. Ammoniumpersulfatlösung hinzu und erhält nun die Flüssigkeit — ohne von dem Chlorsilber abzufiltrieren — eine Viertelstunde im gelinden Kochen. Dabei tritt bei Anwesenheit von Manganverbindungen im Wasser Rosa- bis Rotfärbung je nach dem vorhandenen Mn-Gehalt auf. Bei hohem Mn-Gehalt kann sich ein Teil desselben auch als braunes Manganperhydroxyd unlöslich abscheiden. Bisweilen zeigt sich anfangs und während des Kochens eine wieder verschwindende Braunfärbung der Flüssigkeit, die mit der eigentlichen Färbung der entstehenden Übermangansäure nicht verwechselt werden darf. Die Braunfärbung tritt dann auf, wenn versehentlich zuviel Salpetersäure oder zuviel Silbernitrat zugesetzt wurde; man führt sie darauf zurück, daß Silberperoxyd in Salpetersäure mit brauner Farbe[2] löslich ist.

Empfindlichkeitsgrenze der MARSHALLschen Manganreaktion 0,1 bis 0,05 mg Mn in 1 l.

Die Methode von MARSHALL ist für die quantitative Bestimmung des Mangans von LÜHRIG (Chem.-Ztg **1914**, 781) wie folgt ausgearbeitet worden: 100 ccm Wasser werden in einem Erlenmeyerkolben mit 3 ccm konzentrierter Salpetersäure 2—3 Minuten gekocht, dann

---

[1] MARSHALL, H.: Chem. News. **83**, 76 (1904) — Z. angew. Chem. **1901**, 54; ferner H. E. WALTERS: Chem. News. **84**, 239 (1904). — SCHOWALTER, E.: Studien zur Kenntnis des Verlaufs der Marshallschen Manganreaktion. Z. Unters. Nahrgsmitt. usw. **27**, 553—562 (1914).

[2] GRÜNHUT, L.: Trinkwasser und Tafelwasser, S. 537. Leipzig 1920.

mit so viel Silbernitratlösung versetzt, wie zur Fällung der Chloride ausreicht, und noch etwa 0,5 ccm Silbernitratlösung im Überschuß zugegeben. Nach Zusatz von 10 ccm 10proz. Ammoniumpersulfatlösung wird bis zum Klarwerden der Lösung gekocht. Bei Vorhandensein von Mangan tritt dabei gleichzeitig Violettfärbung auf. Der Kolben wird dann durch Einstellen in kaltes Wasser abgekühlt und der Mangangehalt darauf kolorimetrisch bestimmt unter Benutzung einer $^1/_{100}$-N.-Kaliumpermanganatlösung.

Prüfung nach J. Tillmans und H. Mildner[1]. 10 ccm des zu prüfenden Wassers werden in einem durch Glasstopfen verschließbaren Mischzylinder von 25 ccm Inhalt mit einer geringen Menge (etwa 0,1 g) kristallisierten, festen Kaliumperjodats kräftig während einer Minute durchgeschüttelt. Nach dem Ansäuern der Reaktionsflüssigkeit mit 3 Tropfen (nicht mehr) Eisessig gießt man langsam einige Kubikzentimeter einer frisch bereiteten Lösung Tetramethyldiamidodiphenylmethan oder kurz von Tetramethylbase in Chloroform zu und mischt gut durch. Die Gegenwart von Mangan läßt sich an der sofort auftretenden Blaufärbung der wässerigen, über dem Chloroform stehenden Flüssigkeit erkennen.

Wegen der Zersetzbarkeit der Chloroformlösung muß die Lösung der Tetramethylbase möglichst frisch bereitet werden. Die Herstellung dieser Lösung macht keine besonderen Schwierigkeiten, da die Base sich leicht in Chloroform löst. Man verwendet eine Lösung mit einem Gehalte von etwa 0,5 %. Die bei der Reaktion auftretende Färbung muß deutlich blau sein. Beim Durchblicken von oben sich ergebende grüne bis graue Färbungen sind nicht als zuverlässig anzusehen.

Die Färbung verblaßt bald und schlägt in eine grünbraune Mißfarbe um. Besonders schnell tritt diese Erscheinung bei Gegenwart größerer Manganmengen auf.

Da ein höherer Eisengehalt diese Reaktion etwas beeinträchtigt, empfiehlt es sich, das Wasser vorher durch Behandeln mit Zinkoxyd zu enteisenen und dann erst im Filtrat die Mn-Prüfung vorzunehmen.

Empfindlichkeitsgrenze bei dieser Manganreaktion 0,05 mg Mn in 1 l.

Prüfung nach J. Volhard[2]. Etwa 50 ccm des zu prüfenden Wassers werden mit 5 ccm reiner Salpetersäure (25 %) in einem Kölbchen zum Kochen erhitzt. Man entfernt jetzt die Flamme und setzt zur Vermeidung eines durch Siedeverzug bedingten Herausspritzens der Flüssigkeit erst nach etwa 2 Minuten eine Messerspitze voll (etwa 0,5 g) chemisch reinen Bleisuperoxyds[3] unter Umschütteln hinzu und erhitzt noch weitere 2—5 Minuten zum Sieden. Man läßt nun absitzen und beobachtet die über dem Bodensatz

---

[1] Tillmans, J.: Die chemische Untersuchung von Wasser und Abwasser. 2. Aufl. Halle a. d. S. 1932. S. 112.

[2] Volhard, J.: Ann. Chem. u. Pharm. **198**, 362 (1879); ferner P. A. Meerburg: Chem. Zbl. **2**, 1466 (1905). — Wasmuth: Z. angew. Chem. **42**, 133 (1929).

[3] Vgl. auch Schmidt, E.: Ausführl. Lehrbuch d. pharm. Chemie. 6. Aufl., **1**, 1001. Braunschweig 1919.

stehende klare Flüssigkeit gegen einen weißen Hintergrund. Bei manganhaltigem Wasser sieht die Flüssigkeit durch die gebildete Übermangansäure je nach der vorhandenen Menge schwach bis deutlich violettrot gefärbt aus.

Empfindlichkeitsgrenze dieser Reaktion 0,1 mg Mn in 1 l.

Der Gehalt der Wässer an Chloriden[1] ist bei diesem Verfahren in den weitaus meisten Fällen ohne störenden Einfluß. Nur bei sehr hohem Chlorgehalt — etwa von 300 mg Cl im Liter an — kann sich beim Kochen der Probe mit Salpetersäure Nitrosylmonochlorid, freies Chlor und salpetrige Säure entwickeln, welche die Manganreaktion beeinflussen.

In solchen Fällen kann jedoch durch längeres Kochen vor Zusatz des Bleisuperoxyds die Salzsäure als Chlor völlig ausgetrieben und darauf die Reaktion in der oben angegebenen Weise ausgeführt werden. Noch besser ist es, die Wasserprobe mit Schwefelsäure abzurauchen und den Rückstand alsdann auf Mn in obiger Weise zu prüfen.

Weitere Verfahren zum Nachweise und zur Bestimmung geringer Mengen von Mangan im Wasser vgl. bei R. SCHMIDT: Chem.-Ztg **1927**, Nr 104, 1015.

Der Nachweis sowie die Bestimmung von Mangan kann natürlich jederzeit später im Laboratorium an eingesandten Proben vorgenommen werden. Unter Umständen kann es jedoch nach Vorstehendem von großem Wert sein, sogleich zu wissen, ob ein für eine Zentral-Wasserversorgung bestimmtes Wasser manganhaltig ist oder nicht — vgl. auch Abschnitt Eisen. Bei Gegenwart von Mangan wären im Anschluß an die bei der Entnahme gemachten Ermittlungen quantitative Bestimmungen im Laboratorium erforderlich. Das Mangan wird mit Recht als ein unangenehmer Bestandteil[2] des Wassers angesehen, ganz besonders schon deshalb, weil seine Entfernung im allgemeinen schwieriger als die des Eisens ist.

Die Ergebnisse der chemischen Manganuntersuchung werden vielfach in verschiedener Weise ausgedrückt, wie: Manganoxydul, Mangankarbonat, Mangansulfat, Mangansulfid, Manganoxyduloxyd, Manganpyrophosphat usw. Der Einheitlichkeit halber wäre zu empfehlen, Mangan nur als Mn anzugeben.

Über die Verhältniszahlen obiger Verbindungen unterrichtet die nachstehende

Umrechnungstabelle.

1 Teil	MnO	= 0,77	Teile	Mn	1 Teil	Mn_3O_4	= 0,72	Teile	Mn
1 „	$MnCO_3$	= 0,48	„	„	1 „	$Mn_2P_2O_7$	= 0,39	„	„
1 „	$MnSO_4$	= 0,36	„	„	1 „	Mn	= 1,29	„	MnO
1 „	MnS	= 0,63	„	„					

[1] KLUT, H.: Nachweis und Bestimmung von Mangan im Trinkwasser. Mitt. Prüfgsanst. Wasserversorg. Berl. **1909**, H. 12, 185 — Kl. Mitt. Landesanst. **1**, 168 (1925).

[2] Vgl. auch O. MATERNE: Manganhaltige Ablagerungen in den Röhren der Wasserleitung von Verviers. Bull. Soc. Chim. Belg. **18**, 365—367 (1904). — WEYRAUCH, R.: Wasserversorgung der Ortschaften. 3. Aufl., S. 20. Berlin u. Leipzig 1921.

Bestimmung der Chloride.

Bei der Erschließung neuer Wasserbezugsquellen ist es besonders für den Hydrologen häufig von großem praktischen Wert[1], schnell und zuverlässig über die Menge der Chloride eines Wassers und somit auch über seinen Salzgehalt unterrichtet zu sein. Der Gehalt an Chloriden spielt eine wichtige Rolle bei der Beurteilung der Beeinflussung von Grundwässern[2] durch Flußwässer und Abwässer, die z. B. Endlaugen aus Kaliwerken oder sonstige salzhaltige Abgänge aufweisen, wie die Saale beim Beesener Wasserwerk der Stadt Halle a. d. S.

Die meisten Trinkwässer weisen einen Gehalt an Chloriden bis zu 30 mg Cl im Liter auf. Verunreinigte Wässer haben fast immer einen hohen bis sehr hohen Chloridgehalt — über 50—1000 mg Cl im Liter und noch mehr. Umgekehrt darf man aber nicht ohne weiteres jedes Wasser mit großen Chloridmengen als verunreinigt ansehen. Man kennt eine Reihe hygienisch durchaus einwandfreier Trinkwässer mit viel Chloriden[3], deren Menge durch geologische Verhältnisse bedingt ist, z. B. in der Nähe des Meeres und in Gegenden, wo Kochsalz aus der Tiefe in die wasserführenden Bodenschichten eindringt. Nachstehend seien einige Orte mit hohem und sehr hohem Gehalt des Trinkwassers an Chloriden genannt. (Die Zahlen bedeuten Milligramm Cl im Liter.) Bonn über 70; Salzwedel über 80; Potsdam über 100; Insterburg 110; Cranz über 125; Cöpenick über 150; Wehlau 160; Norderney über 175; Merseburg über 200; Emden über 225; Charlottenburg, Wasserwerk Tiefwerder über 300; Schirwindt 483; Calbe a. S. rund 700 und Eschershausen (Weser) 808 [vgl. Gas- u. Wasserfach **74**, H. 34 (1931)]. Lediglich die genaue Kenntnis der örtlichen Verhältnisse kann Aufschluß darüber geben, ob ein hoher Gehalt eines Wassers an Chloriden[4] auf nachteilige äußere Beeinflussungen zurückzuführen ist oder nicht.

Ein hoher Gehalt eines Wassers an Chloriden — über 100 mg in 1 l Cl —, zumal bei Gegenwart von viel Magnesium und wenig Karbonaten (geringer Karbonathärte), hat metallangreifende Eigenschaften.

Über die Schmeckbarkeit der Chloride im Wasser vgl. den Abschnitt Geschmack. Im allgemeinen sollte ein Trinkwasser zur Vermeidung des störenden und die Appetitlichkeit beeinflussenden Salzgeschmackes nicht mehr als 250 mg/l Chloride (Cl) aufweisen. Vgl. auch Veröff. Med.verw. **38**, H. 1, 262 (1932).

Bestimmung der Chloride. Auf mehrfachen Wunsch, besonders aus Ingenieurkreisen, habe ich deshalb die verhältnismäßig leicht und einfach auszuführende Bestimmung der Chloride im Wasser

[1] Prinz, E.: Handbuch der Hydrologie, S. 255. Berlin 1919.

[2] Weyrauch, R.: Die Wasserversorgung der Städte. 2. Aufl., **1**, 470. Leipzig 1914; ferner C. Reichle u. H. Klut: Mitt. Landesanst. Wasserhyg. Berl.-Dahlem **1921**, H. 26, 188, H. 27, 227.

[3] Gärtner, A.: Die Hygiene des Wassers, S. 162. Braunschweig 1915. — Spitta, O.: Grundriß der Hygiene, S. 270. Berlin 1920.

[4] Vgl. u. a. Schroedter, E.: Die kochsalzhaltigen Grundwässer an der Weichselmündung. Gesdh.ing. **56**, Nr 38 u. 39 (1933).

aufgenommen. Am Orte der Entnahme der Wasserproben ist diese Bestimmung insofern nicht erforderlich, als jederzeit noch später im Laboratorium an eingesandten Proben einwandfrei der Chloridgehalt ermittelt werden kann. Eine vorherige Prüfung auf Anwesenheit von Chloriden kommt bei natürlichen Wässern praktisch nicht in Frage, da chloridfreie Wässer kaum vorkommen.

Zur Ausführung der Bestimmung der Chloride im Wasser an Ort und Stelle genügt für die Praxis fast allgemein das maßanalytische Verfahren von MOHR mit Silbernitrat und Kaliumchromat als Indikator mit der Abänderung von J. TILLMANS und L. W. WINKLER[1]. Eine genaue Nachprüfung der Ergebnisse später im Laboratorium ist stets zu empfehlen. Notwendig ist diese Nachuntersuchung in erster Linie bei Wässern mit hohem Eisen- und Mangangehalt, ferner bei Wässern mit sehr viel oder sehr wenig Chloriden[2]. Deutlich bis stark alkalisch oder sauer reagierende Wässer müssen zuvor neutralisiert werden. Das MOHRsche Verfahren beruht darauf, daß durch Silbernitrat die in einem Wasser vorhandenen Chloride in weißes Silberchlorid verwandelt werden. Dieses Silberchlorid scheidet sich unlöslich aus dem Wasser in weißer, käsiger Form aus. Sind alle vorhandenen Chloride in das Silbersalz verwandelt, so bewirkt der geringste weitere Zusatz von Silbernitrat die Bildung von rotem Silberchromat. Eine auftretende rötliche Färbung zeigt demnach das Ende der Bestimmung an.

Zur Ausführung der Bestimmung sind erforderlich:

a) eine weiße Porzellanschale von etwa 200 ccm Inhalt,

b) eine braune Glashahnbürette von 25 ccm Inhalt,

c) eine 1 ccm-Pipette,

d) ein Glasstab,

e) eine Silbernitratlösung, von der jeder Kubikzentimeter 1 mg Cl anzeigt (4,791 g chemisch reines Silbernitrat werden in 1 l destillierten Wassers gelöst oder es werden 28,2 ccm Normal-Silbernitratlösung auf 1 l Wasser verdünnt). Die Lösung ist auch käuflich zu beziehen; in einer braunen Glasstöpselflasche aufbewahrt, hält sie sich lange Zeit.

f) eine 10proz. Kaliumchromatlösung, die ebenfalls lange haltbar ist.

Die Bestimmung selbst führt man in folgender Weise aus: 100 ccm Wasser werden in der Porzellanschale mit 1 ccm der Kaliumchromatlösung versetzt. Dazu läßt man langsam aus der Bürette so lange von der Silbernitratlösung zufließen, bis die tiefgelbe Flüssigkeit nach dem Umrühren mit dem Glasstabe eben dunkler geworden, also ein Farbenumschlag von Gelb in Hellbraun eingetreten ist, der mindestens 3 Minuten lang bestehen bleibt.

Den Gehalt eines Wassers an Chloriden gibt man in Milligramm Cl im Liter an.

Über Chloridbestimmung in stark salzhaltigen Wässern vgl. L. W. HAASE in den Kl. Mitt. Landesanst. **8**, Nr 1/3 (1927).

---

[1] TILLMANS, J.: Die chemische Untersuchung von Wasser und Abwasser, 2. Aufl., S. 37. Halle a. d. S. 1932.

[2] Vgl. bei H. KLUT: Die chemische Trinkwasseruntersuchung. Hyg. Rdsch. **1918**, Nr 22, 770.

Prüfung und Bestimmung der Härte.

Die Härte eines Wassers wird durch die in ihm enthaltenen Kalk- und Magnesiaverbindungen bedingt. Die Bi- und Monokarbonate dieser beiden Elemente bilden die vorübergehende, temporäre oder transitorische Härte, die man jetzt wissenschaftlich allgemein als Karbonathärte oder auch noch besser nach A. GÄRTNER, Jena, als Kohlensäurehärte bezeichnet. Die Chloride, Nitrate, Sulfate, Phosphate und Silikate des Kalziums und Magnesiums stellen die bleibende = permanente Härte, Mineralsäure- oder Nichtkarbonathärte[1] dar.

Man gibt die Härte eines Wassers in Graden an nach folgenden Einteilungen:

1 deutscher Härtegrad:	10 mg CaO in 1 l Wasser,
1 französischer „	10 „ $CaCO_3$ in 1 l Wasser,
1 amerikanischer „ (USA.)	1 „ $CaCO_3$ in 1 l Wasser,
1 englischer „	10 „ $CaCO_3$ in 0,7 l Wasser,
1 deutscher „	= 1,25 englische Härtegrade
	= 1,79 französische „
0,8 deutsche Härtegrade	= 1,00 englische „
	= 1,43 französische „
0,8 „ „	= 14,3 p.p.m.[2] $CaCO_3$ (USA.)
0,56 „ „	= 0,7 englische Härtegrade
	= 1,00 französische „
0,056 „ „	= 1 p.p.m.[2] $CaCO_3$ (USA.)

Die Magnesia muß hierbei auf den Kalkwert umgerechnet werden:

$$MgO : CaO$$
$$40 : 56 = 1 : 1{,}4.$$

Mit Rücksicht auf die fortschreitende Wichtigkeit der Inanspruchnahme der Vorfluter durch Kali- und Ammoniaksodafabrikabwässer und die dadurch bewirkte gelegentliche Beeinflussung von Wassergewinnungsanlagen seien noch folgende weitere auch für die Wasserenthärtung in Frage kommende Umrechnungsarten mitgeteilt.

Einem deutschen Härtegrade = 10 mg CaO in einem Liter H_2O entsprechen:

von Ca	7,14	mg	von CO_2	7,85	mg
„ $CaCl_2$	19,79	„	„ N_2O_5	19,26	„
„ $CaCO_3$	17,85	„	„ SiO_2	10,75	„
„ $CaSO_4$	24,28	„	„ SO_3	14,28	„
„ Mg	4,34	„	„ SO_4	17,13	„
„ MgO	7,19	„	„ $BaCl_2$	37,14	„
„ $MgCO_3$	15,82	„	„ $BaCO_3$	35,20	„
„ $MgCl_2$	16,98	„	„ $Ba(OH)_2$	30,56	„
„ $MgSO_4$	21,47	„	„ Na_2CO_3	18,90	„
„ Cl	12,65	„	„ NaOH	14,27	„

[1] Unter Mineralsäuren versteht man solche, die keinen Kohlenstoff enthalten. — TILLMANS, J.: Die chemische Untersuchung von Wasser und Abwasser, S. 134. Halle a. d. S. 2. Aufl. 1932. S. 49 und Deutsche Normen 1936. Din 8103, 8104 und 8106.

[2] parts per million = mg/l.

Im allgemeinen überwiegen im Wasser die Kalksalze bei weitem die Magnesiasalze.

Wässer mit viel Härtebildnern nennt man hart und solche mit wenigen weich[1].

Nach den Feststellungen von H. DORNEDDEN über die Wasserversorgung der deutschen Gemeinden mit 15000 und mehr Einwohnern im Jahre 1928 [Z. Hyg. **25** (1931)] haben 14,6% der Orte ein zu weiches und 11,3% ein zu hartes Wasser.

Einen ungefähren Anhaltspunkt für die Bezeichnung der Härtestufen gibt folgende Einteilung:

Gesamthärtegrad (deutsche Grade) des Wassers	Benennung des Wassers
0— 4	sehr weich
4— 8	weich
8—12	mittelhart
12—18	etwas hart
18—30	hart
über 30	sehr hart

In gesundheitlicher Beziehung hat die Härte eines Wassers im allgemeinen nur untergeordnete Bedeutung. Die Landesanstalt kennt eine Reihe von Orten, deren Wässer sowohl sehr weich als auch sehr hart — bis zu 100 deutschen Graden und mehr — sind, worauf im nachstehenden noch näher eingegangen werden soll. Aus diesen Ortschaften sind durch den Genuß solch weicher und harter Wässer eigentliche Gesundheitsschädigungen bislang nicht bekannt geworden, wenn auch bei manchen besonders empfindlichen Menschen der Genuß von sehr harten Wässern gelegentlich, besonders im Anfang, Magen- und Darmstörungen erzeugen und auch beim Waschen die Haut etwas reizen soll.

Daß weiche und mineralstoffarme Wässer auf den Knochenbau des sich entwickelnden menschlichen Körpers nachteilig sein sollen, ist bislang unbewiesen. Es sei im übrigen daran erinnert, daß der Mensch besonders in Kuhmilch und Gemüsen weit mehr Kalk aufnimmt als durch Wasser.

Weiches Wasser ist insofern nicht angenehm, als es häufig einen faden und matten Geschmack hat.

Harte Wässer, besonders mit einem Gehalt an Kalziumbikarbonat[2] schmecken im allgemeinen gut, während solche mit einem

[1] Die Bezeichnung hartes oder weiches Wasser ist übrigens uralt, sie kommt bereits bei Hippokrates vor.

[2] Vgl. auch RUBNER: Die hygienische Beurteilung der anorganischen Bestandteile des Trink- und Nutzwassers. Vjschr. gerichtl. Med., III. F. **24**, Suppl.-H. 2, 80, 95 (1902); **61**, H. 2, 155 (1921). — Vgl. auch Wasser u. Abwasser **18**, H. 8, 254 (1923) und L. W. HAASE in Kali **21**, H. 4—9 (1927); ferner W. v. GONZENBACH u. H. F. KUISAL im Monatsbullet. d. Schweiz. Verein. v. Gas- u. Wasserfachm. **15**, Nr 2 (1935).

hohen Gehalt, besonders an Chloriden von etwa 250 l/mg Cl an, namentlich des Magnesiums, bittersalzig schmecken. Vgl. Abschnitt Geschmack.

Nach den Feststellungen des Preuß. Landesgesundheitsrates — vgl. Veröff. Med.verw. **38**, H. 1, 262 (1932) — sollte zur Vermeidung des störenden und die Appetitlichkeit beeinflussenden Salzgeschmakkes ein Trinkwasser im allgemeinen nicht mehr als 250 mg/l Chloride (Cl), und zwar nicht mehr als 168 mg/l $MgCl_2$, 500 mg/l $CaCl_2$ oder 400 mg/l NaCl aufweisen.

Im folgenden dürfte eine kleine Zusammenstellung der Ansichten einiger bekannter Wasserhygieniker über die gesundheitliche Bedeutung der Härte von Wert sein. So äußert sich Aug. Gärtner in seiner Hygiene des Wassers, S. 77 und 78, Braunschweig 1915, hierüber wie folgt: „Wir müssen konstatieren, daß Gesundheitsschädigungen durch harte Wässer nirgends in der Literatur in zweifelloser Weise nachgewiesen sind, und wir haben kein Recht, wegen ganz hypothetischer Gefahren harte Wässer nur wegen ihrer Härte zu verurteilen. Wir kennen ein Krankenhaus von etwa 300 Betten, wo die Patienten Jahre hindurch ein Wasser von 79 deutschen Härtegraden ohne Nachteil getrunken haben. Viele Ortschaften sind uns bekannt, wo das Grund- und Quellwasser 50 und mehr Härtegrade hat, wo aber all und jede Schädigung fehlt."

Hinsichtlich des Genusses von sehr weichem, Regen- und destilliertem Wasser nimmt Aug. Gärtner, Jena, folgenden Standpunkt ein: „Alle theoretischen Betrachtungen über die Schädlichkeit des weichen Wassers werden durch die praktischen Erfahrungen widerlegt. In weiten Gebieten der Urgesteine, des Buntsandsteins, der Porphyre, Porphyrite, Granite usw. beträgt die Härte des Wassers nur 1—2 deutsche Grade. Aber man kann die Bewohner des Schwarzwaldes, eines großen Teiles Thüringens, Schwedens und Norwegens nicht als degeneriert bezeichnen; sie haben einen genau so kräftigen Knochen- und Körperbau wie ihre harte Wässer trinkenden Stammesgenossen. In wieder anderen Gegenden sind die Menschen auf den Genuß von Regenwasser angewiesen. Auch diese Leute — es sei an die Marschbewohner Holsteins erinnert — gehören zu den kräftigsten Menschen. Als man auf den Seeschiffen das destillierte Wasser als Trinkwasser einführen wollte, wurden erst jahrelange Versuche an Galeerensträflingen gemacht, um zu sehen, ob das Destillat unschädlich sei. Niemand wird behaupten wollen, daß die Kost dieser Leute besonders üppig gewesen wäre, und doch sind gesundheitliche Schädigungen nicht aufgetreten. Nach ihnen haben Tausende und aber Tausende von Seeleuten jahraus jahrein destilliertes Wasser ohne jede gesundheitliche Beeinträchtigung genossen. Man darf also nicht sagen, daß weiche Wässer wegen ihres geringen Kalkgehaltes die Gesundheit beeinträchtigen."

Walther Kruse: Die hygienische Untersuchung und Beurteilung des Trinkwassers in Weyls Handbuch der Hygiene, 2. Aufl., I 1, 167, Leipzig 1919, vertritt folgenden Standpunkt: „Man hat den

Gipsgehalt oder überhaupt die zu große Härte mancher Trinkwässer als Ursache von Diarrhöen, besonders bei Neuankömmlingen, angeschuldigt; auch hier ist aber der Einwand möglich, daß nicht gelöste Stoffe, sondern lebende Keime im Wasser die eigentliche Ursache der Störungen seien. Alltäglich ist jedenfalls die Erfahrung, daß man sich sehr bald an ein neues Trinkwasser gewöhnt, wenn es auch noch so hart ist. So kennt man ja auch Beispiele, daß ganze Bevölkerungen Wässer von 40, ja 100 Härtegraden dauernd ohne Beeinträchtigung ihrer Gesundheit verbrauchen. Andererseits hat man oft von Gefahren gesprochen, die der Genuß von Regen- oder Schmelzwässern der Gletscher oder von destilliertem Wasser mit sich bringen. Man hat sie begründen wollen durch den Mangel an Mineralbestandteilen, der die tierischen Gewebe schädige. Ziemlich allgemein glaubt man jetzt, dergleichen Vorwürfe in das Gebiet der Vorurteile verweisen oder durch zufällige Eigenschaften, wie zu niedrige Temperatur der Gletscherbäche, die Magenverstimmung hervorrufen, erklären zu dürfen. Man weiß ja, wie lange das Wasser der Zisternen und das destillierte Wasser unserer Seeschiffe ohne jeden Schaden genossen werden kann." Auch GLÄSSNER, Wien, hält destilliertes Wasser nicht für gesundheitsschädlich, vgl. auch Ber. dtsch. pharmaz. Ges. **12**, H. 2, 100 (1902).

K. B. LEHMANN: Die Methoden der praktischen Hygiene. 2. Aufl., S. 241. Wiesbaden 1901, schreibt folgendes: „Ein sehr hartes Wasser (30—40 deutsche Härtegrade), wie wir es in Würzburg trinken, schmeckt dem Ungewöhnten im Anfang zuweilen nicht besonders, doch tritt rasch Gewöhnung ein. Von anfänglichen Störungen der Magen-Darm-Funktionen habe ich nicht viel in Erfahrung bringen können, und vereinzelte Angaben beweisen bekanntlich nichts. Die Stadt Schwäbisch-Hall trinkt zu Zeiten, wenn die Versorgung mit weichem Wasser (Rückstand etwa 400 lmg) nicht ausreicht, nach den in meinem Institut ausgeführten Analysen ein Wasser mit 2756 lmg Rückstand, 875 lmg CaO und 127 lmg MgO = 105 deutschen Härtegraden und 1146 lmg SO_3, ohne daß dadurch irgendwelche sicheren Störungen der Gesundheit beobachtet wären."

M. RUBNER sagt (Arb. Reichsgesdh.amt **25**, **333**. Berlin 1907) nachstehendes: „Es ist bekannt, daß natürliche Wässer von 50 und mehr deutschen Härtegraden von den daran gewöhnten Konsumenten ohne Nachteil genossen werden. Doch ist hier die Härte vorwiegend durch Kalksalze bedingt; anders stellt sich die Sache, wenn die Magnesiumsalze als härtegebende Bestandteile des Genußwassers im Übergewicht sind. Der Kalk ist ein unentbehrlicher Bestandteil unserer Ernährung, in weit geringerem Grade trifft dies für das Magnesium zu." Es sei daran erinnert, daß besonders Fische, Gemüse, Käse und Milch reich an Kalkverbindungen sind. Vgl. auch O. LOEW: Der Kalkbedarf von Mensch und Tier. 4. Aufl. Leipzig 1927; ferner W. HIS: Pharmaz. Ztg **71**, Nr 64 (1926) — Wasser u. Abwasser **20**, H. 5, 134 (1925); **24**, H. 5, 131 (1928); **32**, H. 4, 109 (1934) u. M. WINCKEL: Z. Volksernährg **8**, H. 1 (1933).

In seiner Schrift Über Arteriosklerose (4. Aufl. München 1925) sagt der Nauheimer Badearzt Dr. O. BURWINKEL: „Mit Unrecht wird der Kalkgehalt des Wassers als Ursache der Arteriosklerose beschuldigt. Die im Trinkwasser enthaltenen Salze sind vielmehr ein wichtiges Element für die Gesundheit.“ Kalkreiches Wasser für die Entstehung der Nierensteine verantwortlich zu machen, ist nach P. F. RICHTER, Berlin, nicht angängig.

Von weiteren Veröffentlichungen über diese Frage sei erwähnt: Im Kreise Peine hat der dortige Kreisarzt Dr. KARL OPITZ eingehende Erhebungen über Trinkwasserhärte und Volksgesundheit [vgl. Z. Med.beamte **30**, H. 17, 469 (1917)] angestellt und ist dabei u. a. zu dem Ergebnis gelangt, daß die dortige Bevölkerung unter einer reichlicheren Zufuhr von Kalk sich im allgemeinen kräftiger und gesünder entwickelt, als dies beim Genuß weichen Wassers der Fall ist. Ferner GÄRTNER jun.: Untersuchung über die Ursachen der Sterblichkeitsverschiedenheit in den Gemeinden Staßfurt und Leopoldshall, unter besonderer Berücksichtigung der Trinkwasserverhältnisse. Z. Hyg. **79**, 1 (1914). Nach den eingehenden Untersuchungen ist der hohe Gehalt der beiden Trinkwässer an Härtebildnern und Salzen, besonders an Chloriden, für den Gesundheitszustand und auch für die Sterblichkeit in den beiden Orten ohne Belang. — Beitrag zur Schädlichkeitsfrage kalzium- und magnesium- (endlaugen-) haltigen Trinkwassers. Ebenda **83**, 303 (1917). — PRECHT, H.: Die Untersuchungen des Trinkwassers von Leopoldshall und Bernburg. J. Gasbel. u. Wasserversorg. **62**, Nr 19, 241 (1919). — PUSCH, A.: Wasseruntersuchungen in Güsten, Ilberstedt, Rathmannsdorf und Neundorf. Z. angew. Chem. **30**, Nr 27, 93 (1917). — Selbst sehr harte Wässer sind nicht gesundheitsschädlich. In einem erstatteten Bericht der Landesanstalt für Wasserhygiene zu Berlin-Dahlem über die Wasserversorgung von Göllingen und Oldisleben (Mitt. Landesanst. Wasserhyg. Berl.-Dahlem **1919**, H. 25, 188) heißt es: „Nachweisliche Gesundheitsschädigungen durch den Genuß der sehr harten und salzreichen Göllinger und Oldislebener Trinkwässer konnten nicht festgestellt werden. Bei Menschen mit empfindlicher Haut soll allerdings das harte Wasser beim Waschen anfangs durch Bildung leichter Ausschläge etwas stören.“ — Über den günstigen Einfluß kalkreichen Trinkwassers auf den Zustand der Zähne vgl. noch die Arbeit von K. OPITZ in der Zahnärztl. Rdsch. **1919**, Nr 34, 343 und Dtsch. med. Wschr. **1920**, Nr 50; ferner G. PORT: Hygiene der Zähne und des Mundes im gesunden und kranken Zustande. 2. Aufl., S. 46. Stuttgart 1913: ferner Wasser u. Abwasser **23**, H. 7, 177 (1927). Allgemein nimmt man jetzt an, daß die Ursache schlechter Zähne durch den dauernden Genuß weichen Brotes bedingt ist. Das bequem zu zerkleinernde Weich- und Weißbrot verweichlicht die Zähne immer mehr. Nach den Feststellungen von R. BERG ist Weißbrot für die Erhaltung eines guten Gebisses ungünstig, dagegen ist grobes Vollkornbrot günstig — Zahnärztl. Mitt. **25**, Nr 20 (1934). — Nach den neuesten amerikanischen Feststellungen sollen Fluorverbindungen schon in Mengen unter 1 mg/l Fluor im Trinkwasser „gesprenkelte Zähne" hervorrufen. Vgl. KAJ. ROHOLM: Fluorschädigungen. Leipzig 1937, und E. ROST, Zur Toxikologie der Fluoride. Arch. Gewerbepath. **8**, H. 3, 257 (1937); ferner Gas- u. Wasserfach **1938**, 81. Jg., H. 10, 172.

Über die Beziehungen zwischen Trinkwasser und Kropf äußert sich W. v. GONZENBACH, Zürich (Gas- u. Wasserfach **1925**, H. 43), u. a. wie folgt: Wenn wir für den Kropf eine infektiöse Ursache suchen, so kann hierbei wohl das Wasser als Überträger mitwirken, ähnlich wie es z. B. bei Typhus eine verhängnisvolle Rolle spielen kann. Wenn wir aber dafür sorgen, daß das Wasser bakteriologisch dauernd einwandfrei ist, dann können wir auch hinsichtlich der Kropfgefährdung durch die Trinkwasserversorgung völlig beruhigt sein. Vgl. ferner Wasser u. Abwasser **17**, H. 8, 253 (1922); **18**, H. 1, 16 (1923); **19**, H. 9, 271 (1924); **22**, H. 8, 233 (1926); **23**, H. 5, 128 (1927); **25**. H. 3, 67 (1928); **26**, H. 4, 97, H. 8, 226 (1929); **29**, H. 3, 65 (1931) u. Pharmaz. Ztg **79**, Nr 20, 256 (1934); ferner Veröff. Med.verw. **23**, H. 6 (1927). Die volkstümliche Ansicht der Entstehung des Kropfes durch den Genuß sehr harten Wassers ist unzutreffend. Eine andere Möglichkeit läge vor bei dauerndem Genuß jodfreien Wassers. Ein etwaiger Mangel an Jod in manchen Lebensmitteln, z. B. auch im Wasser, kann jedoch gut durch Zuführung anderer, stärker jodhaltiger Nahrungsmittel, wie Seefische, Lebertran u. ä. ausgeglichen werden. In Kropfgegenden werden in neuerer Zeit, z. B. in Nordamerika, Schweiz, Danzig, Württemberg, Taunus, Schlesien usw., ganz kleine Jodgaben mit Erfolg gegen Kropf verwendet. Vgl. auch C. Oppenheimer: Gas- u. Wasserfach **70**, H. 45 (1927) und WAGNER-JAUREGG: ebenda **71**, H. 34 (1928); ferner REITH in Wasser u. Abwasser **32**, H. 3, 72 (1934). und E. HESSE: Veröff. Med.verw. **42**, H. 1, 10, Berlin 1934, und F. KLEIN, Öffentl. Gesundheitsdienst **1937**, 2. Jg., H. 2. Nach den neuesten Forschungen von WAGNER-JAUREGG — Gesdh.ing. **59**, 83 (1936) — scheint die eigentliche Ursache der Kropfentstehung in der Radioaktivität des Bodens zu liegen.

Für eine etwaige Abhängigkeit des Kretinismus, der Rachitis, von Steinkrankheiten u. a. von der chemischen Beschaffenheit, wie Salzgehalt oder Härtegrad des Trinkwassers, z. B. aus bestimmten geologischen Gesteinsschichten, hat man nach KRUSE, Leipzig, keine ausreichenden Beweise. Vgl. auch O. ULSAMER: Kl. Mitt. Landesanst. **9**, 75 (1933).

Für Wirtschaftszwecke, wie Kochen und Waschen, ferner für die meisten gewerblichen Betriebe sind weiche und salzarme Wässer den harten und salzreichen entschieden vorzuziehen.

Über den volkswirtschaftlichen Nutzen weichen Wassers vgl. bei E. NAUMANN im Jahrbuch „Vom Wasser" **11**, 187, Berlin 1937.

Auch für Brauzwecke ist weiches und möglichst eisenfreies Wasser nach H. LÜERS besonders geeignet [Z. angew. Chem. **50**, Nr 9 (1937)].

Es ist eine altbekannte Tatsache, daß Fleisch und Hülsenfrüchte in hartem Wasser schwer weich kochen, auch ihre Ausnutzung wird heruntergesetzt[1]. Bei verschiedenen Getränken, wie Kaffee, Tee[2], beeinträchtigt hohe, zumal durch Chlormagnesium bewirkte Härte, den Wohlgeschmack. Bei der Herstellung von Grog treten leicht Trübungen durch teilweises Ausscheiden der Härtebildner ein.

Kakao, mit weichem Wasser angerührt, ist angenehm seimig, während das mit hartem Wasser bereitete Getränk direkt Flocken bildet und das sonst fein verteilte Fett sich bald als Fetttropfen an der Oberfläche abscheidet. Das Getränk ist bei weitem nicht so wohlschmeckend wie mit weichem Wasser bereitetes. Ebenso werden Mehlsuppen (Hafer, Grünkernmehl) auch bei langem Kochen nicht „glatt", sondern bleiben flockig[3].

Zum Waschen ist hartes Wasser aus dem Grunde nicht recht brauchbar, weil die Kalk- und Magnesiasalze mit den Fettsäuren der Seife unlösliche Verbindungen liefern. Die Kalk-(Magnesia-) Seife setzt sich in der Wäsche fest und führt zum Verfilzen und somit auch zum vorzeitigen Verschleiß der Faser. Vgl. auch Wasser u. Abwasser **26**, H. 2, 41 (1929).

Die unlöslichen Kalk- und Magnesiaseifen können ferner die Poren der Haut verstopfen; deshalb ist hartes Wasser (nach H. PASCHKIS[4]) für die Hautpflege nur wenig geeignet, da es feine Haut, besonders die des Gesichts und der Hände, leicht rauh und spröde macht und reizt. Auch setzen sich diese unlöslichen Fettseifen in den Fasern der Gewebe fest, die dadurch an Weichheit und Biegsamkeit verlieren. Die Wäsche nimmt hierbei häufig auch noch einen unangenehmen Geruch an. 20 Härtegrade vernichten im Liter rechnerisch 2,4 g und somit im Kubikmeter 2,4 kg Seife. Hieraus kann man ungefähr den Seifenmehrverbrauch bei Verwendung eines harten Wassers einem weichen gegenüber berechnen[5]. Nach neueren Feststellungen von A. KOLB von der Permutit-A.-G. in Berlin verbrauchen 10 g Kalk 166 g Seife, also demnach ein Wasser von 18 deutschen Härtegraden je Kubikmeter 3 kg Seife. Vgl. auch H. HAUPT u. W. STEFFENS in Gas- u. Wasserfach **80**, H. 5 (1937).

---

[1] MÜLLER, A.: Weichwerden von Erbsen durch hartes Wasser. Z. Unters. Nahrgsmitt. usw. **58**, H. 5/6 (1929).

[2] GINZBURG, J.: Die Verwendung mit Permutit behandelten Wassers zum Genusse. Inaug.-Dissert. Königsberg i. Pr. 1913; ferner H. STOOFF: Mitt. Landesanst. Wasserhyg. Berl.-Dahlem **1917**, H. 22, 194.

[3] Vgl. ferner A. LOTTERMOSER: Beobachtungen über den Einfluß der Härte des Wassers auf die Beschaffenheit verschiedener Speisen. Z. f. Chem. d. Kolloide **9**, 144 (1911).

[4] PASCHKIS, H.: Kosmetik für Ärzte, S. 84. Wien 1893. — Für das Weichmachen des Wassers ist in diesem Falle Borax das Gegebene.

[5] Vgl. auch Wasser u. Abwasser **6**, 107 (1913). — GRÜNHUT, L.: Trinkwasser und Tafelwasser, S. 611. Leipzig 1920.

Über das Weichmachen des Wassers für den Hausgebrauch, z. B. beim Waschen mit Soda und Borax, vgl. die näheren Angaben in der Pharmaz. Ztg **74**, Nr 6, 96 (1929). Neuerdings verwendet man auch mit Erfolg Natriumphosphate, besonders $NaPO_3$, für Waschzwecke. Über Calgon (Hexametaphosphat) vgl. Gas- u. Wasserfach **79**, Nr 27 (1936) und Sonderheft Wäscherei- u. Plätterei-Ztg **1937**, H. 9 und G. Villwock: Die Hauswäscherei. Berlin 1932; ferner G. Hedrich in der Chem.-Ztg. **1937**, 61. Jg., Nr 80.

Über die Enthärtung von Wasser im großen in Amerika vgl. „Wasser u. Abwasser" **36**, H. 2, 43 (1938). In Deutschland wird eine Zentralenthärtung des Wassers bislang nur ganz vereinzelt ausgeführt, z. B. in Hettstedt (nach dem Permutitverfahren).

Bei Trinkwasserleitungen spielt besonders die vorübergehende (Karbonat- oder Kohlensäure-)Härte eines Wassers eine große Rolle. Für das Rohrmaterial sind am besten Wässer geeignet, die eine Karbonathärte von 6—9 deutschen Graden aufweisen.

Wässer mit hoher Karbonathärte scheiden, wie die Erfahrung lehrt, auch schon bei gewöhnlicher Temperatur mehr oder weniger Kalziumkarbonat ab, das die Leitungsröhren allmählich mit einer feinen Schicht überzieht — Kalksinterbildung. In eisernen Rohren bilden sich bei karbonatreichen Wässern unter Luftzutritt Kalkrostschutzschichten als festsitzende Wandbeläge mit Eisenoxydeinlagerungen. Vgl. auch G. Schikorr: Z. angew. Chem. **1931**, 40. Für Warmwasserversorgungsanlagen sind Wässer mit einer hohen Kohlensäurehärte — in der Regel etwa von 10 deutschen Graden an — insofern weniger geeignet, als bei ihnen die Sinterbildung weit schneller und weit stärker eintritt als bei Wasser von gewöhnlicher Temperatur. Die Folge davon ist, daß Warmwasserleitungen bei Speisung mit derartigen Wässern in verhältnismäßig kurzer Zeit durch starke Kalkablagerungen ihren Querschnitt erheblich verringern. Nähere Angaben über „Warmwasseranlagen für Wohnhäuser" s. bei P. Lachmann, 2. Aufl. Berlin 1930; vgl. ferner L. W. Haase: Theoretisches und Praktisches vom warmen Wasser. Gesdh.ing. **55**, H. 12 (1932) und H. Warschat: ebenda **1932**, H. 32.

Aus verunreinigten Bodenschichten herrührende Wässer haben vielfach eine hohe oder sehr hohe Härte, die meist durch die Chloride, Nitrate und auch Sulfate von Ca und Mg bedingt ist.

Für Kesselspeisezwecke sind harte Wässer ungeeignet; in erster Linie stören hierbei Kalziumsulfat und Chlormagnesium. Vgl. u. a. Wasser u. Abwasser **20**, H. 5, 142 (1925); **25**, H. 9, 270 (1929); **27**, H. 1, 13 (1930). Auch für Zellwolleherstellung ist weiches Wasser erforderlich.

Nachstehend seien noch einige Orte mit weichem bis hartem Trinkwasser namhaft gemacht. Die Angaben stammen aus der Zusammenstellung von K. Thumm: Die chemische Wasserstatistik der deutschen Gemeinden. Berlin 1929. (Diese Veröffentlichung kann durch die Preußische Landesanstalt für Wasser-, Boden- und Lufthygiene in Berlin-Dahlem bezogen werden.)

Die beigefügten Zahlen bedeuten die Gesamthärte in deutschen Graden:

Calbe a. S.	57,8	Witten-Ruhr	5,2
Würzburg	37,9	Bochum	5,0
Merseburg	33,9	Dessau	5,0
Reichenbach (Schles.)	29,2	Görlitz	5,0
Helmstedt	28,0	Remscheid (Talsperre)	2,5
Hameln	27,4	Chemnitz	2,0
Oschersleben	25,6	Solingen	1,9
Biebrich	24,0	Freiburg i. B.	1,8
Münster i.W.	23,2	Zittau	1,8
Rudolstadt	7,9	Wiesbaden	1,6
Bautzen	7,0	Siegen	1,2
Cassel	6,4	Wilhelmshaven	1,1
Dortmund	6,0	Heidelberg (Quellwasser)	0,8
Celle	6,0	Gotha	0,6
Saarbrücken	5,6	Friedrichsroda	0,5

Nach dieser Wasserstatistik fördern ein Wasser mit einer Härte von:

0 bis 10 d. G.	42%
10 „ 20 „ „	41%
20 „ 30 „ „	14%
über 30 „ „	3%

der deutschen Gemeinden.

Prüfung auf Härte.

Zur schnellen Gewinnung eines Einblicks, ob ein Wasser hart ist oder nicht, hat man bei der Prüfung auf Ammoniak mit Nesslers Reagens häufig schon eine recht gute Gelegenheit. Tritt, wie bereits beim Ammoniaknachweis erwähnt wurde, bei Zusatz von Nesslers Reagens — natürlich ohne Zufügen von Seignettesalzlösung — zu dem zu untersuchenden Wasser sogleich oder innerhalb 1—2 Minuten eine weißliche Trübung oder Flockenbildung ein, so sind in der Regel mehr als 18 Härtegrade vorhanden. Mit einer derartigen Untersuchung der Härte kann man sich in vielen Fällen an Ort und Stelle schon begnügen, zumal bei einiger Übung aus dem Grade der Trübung oder Flockenbildung auch ein gewisses Urteil über höhere vorkommende Härtegrade gebildet werden kann.

Ob ein Wasser hart oder weich ist, erkennt man auch schon häufig beim Händewaschen mit Seife. Bei hartem Wasser ist die Schaumbildung weit geringer als beim weichen.

Bestimmung der Härte.

Härtebestimmungen lassen sich an eingesandten Wasserproben, richtige Probeentnahme und guter Verschluß der Flaschen vorausgesetzt, ohne weiteres ausführen. Häufig ist es aber erwünscht, schon an Ort und Stelle schnell und ungefähr unterrichtet zu sein, ob ein Wasser hart oder weich ist. Besonders aus Ingenieurkreisen wurde ich mehrfach gebeten, ein einfaches und verhältnismäßig schnell auszuführendes Verfahren zur Bestimmung der Härte anzugeben. In der Praxis kommen für diese Zwecke verschiedene Verfahren in Betracht; vgl. u. a. J. LEICK: Z. analyt. Chem. **87**, H. 3 u. 4 (1932) und Das Wasser in der Industrie und im Haushalt. Dresden u. Leipzig 1935. S. 10; ferner T. WOHLFEIL u. W. GILGES im Arch. Hyg. **110**, Nr 2 (1933). CZENSNY und SPLITTGERBER verwenden das alte Seifenverfahren von BOUTRON-BOUDET. Ich empfehle nach der Vorschrift der Deutschen Reichsbahn-Gesellschaft zu arbeiten. (Anwendung von Kaliumpalmitatlösung nach C. BLACHER.) Die für die Härtebestimmung erforderlichen Lösungen sind zweckmäßig von einer der bekannten Firmen fertig zu beziehen. (Vgl. Dienstvorschrift für den Bau und die Überwachung von Bahnwasserwerken vom 1. Mai 1930.)

I. Bestimmung der Karbonathärte im Wasser.

1. Man fülle aus einem Meßkolben 100 ccm des Wassers in einen Erlenmeyer-Kolben,

2. gebe 2 Tropfen 0,1 proz. Methylorangelösung hinzu und

3. lasse unter Bewegung des Erlenmeyer-Kolbens aus der mit $^1/_{10}$-Normal-Salzsäure gefüllten Bürette vorsichtig so lange Säure zufließen (am Schluß tropfenweise), bis der Umschlag von Gelb in Bräunlichgelb eintritt.

4. Man lese die verbrauchten Kubikzentimeter Säure an der Bürette ab und vervielfache diese Zahl mit 2,8. Das Ergebnis zeigt die Karbonathärte des Wassers in deutschen Härtegraden an.

Bei scheinbar größerer Karbonathärte als Gesamthärte ist die Differenz durch einen Gehalt des Wassers an Alkalibikarbonat bedingt. Fast immer handelt es sich um Natriumbikarbonat. Ein d. Gr. scheinbarer Karbonathärte entspricht rund 30 mg/l $NaHCO_3$. Natriumbikarbonat findet man oft in Wässern der Nord- und Ostseeküste sowie im Rheinland, Braunschweig und in Sachsen. Mengen über 500 mg/l $NaHCO_3$ verleihen dem Wasser meist schon einen alkalischen, laugigen Geschmack. Solche Natronmengen können bereits durch Begießen auf grüne und wenig widerstandsfähige Pflanzen mehr oder weniger nachteilig wirken.

Bei hohem Gehalt eines Wassers an Eisenbikarbonat und bei Anwendung von 100 ccm Wasser sind je mg/l Fe 0,036 ccm von der $^1/_{10}$-Normal-Salzsäure abzuziehen.

II. Bestimmung der Gesamthärte im Wasser nach BLACHER.

1. Man fülle aus einem Meßkolben 100 ccm des Wassers in einen Erlenmeyer-Kolben,

2. gebe 2 Tropfen 0,1 proz. Methylorangelösung hinzu und

3. lasse unter Bewegung des Erlenmeyer-Kolbens aus der mit $^1/_{10}$-Normal-Salzsäure gefüllten Bürette vorsichtig so lange Säure hinzufließen (am Schluß tropfenweise), bis eine erdbeerrote Färbung entsteht. (Benutzt man das schon für die Bestimmung der Karbonat-

härte verwendete Wasser, so muß man noch einige Tropfen $^1/_{10}$-Normal-Salzsäure zugeben, bis die Färbung von Bräunlichgelb ins Erdbeerrot übergeht.)

4. Darauf erhitzt man und kocht etwa 5 Minuten lang zur Entfernung der frei gewordenen Kohlensäure,

5. kühlt ab, setzt 10—12 Tropfen einer 1proz. Phenolphthaleinlösung hinzu und

6. tropft so lange $^1/_{10}$-Normal-Kalilauge hinzu, bis die Färbung von Erdbeerrot über Bräunlichgelb in reines Gelb und dann wieder in Bräunlichgelb übergeht.

7. Erzeugt ein zu reichlicher Zusatz von Normal-Kalilauge einen Umschlag von Bräunlichgelb in Rot, so hebt man diese Färbung durch einen Tropfen $^1/_{10}$-Normal-Salzsäure wieder auf (Lösung wird bräunlichgelb).

8. Dann titriert man sofort mit der $^1/_{10}$-Normal-Palmitatlösung bis zum Auftreten von Violettrot.

9. Die verbrauchten Kubikzentimeter Palmitatlösung mit dem Faktor dieser Lösung vervielfacht, ergeben die Gesamthärte in deutschen Härtegraden. (Palmitatlösung, die genau $^1/_{10}$ normal ist, hat den Faktor 2,8.)

Vor dem Einfüllen der Palmitatlösung in die Bürette muß man sich überzeugen, daß sie keinen Bodensatz zeigt, sonst muß man ihn durch Eintauchen der Flasche in 30—40° C warmes Wasser auflösen. Die Lösung ist vor dem Titrieren wieder abzukühlen.

Herstellung der Kaliumpalmitatlösung für Härtebestimmungen nach C. Blacher. 1 ccm = 1° Härte. 4,6 g Palmitinsäure werden in einen Halbliterkolben eingewogen und mit 250 ccm 96proz. Alkohol sowie 150 ccm destilliertem Wasser übergossen. Darauf wird auf dem Wasserbade bis zur Lösung erwärmt, nachdem man vorher noch 0,05 g Phenolphthalein hinzugefügt hat. In einem Becherglase wägt man etwa 1,25 g festes Kaliumhydrat ab, das vorher mit Äther gewaschen wurde. Man löst in etwa 25 ccm 96proz. Alkohol und fügt nun von dieser Lösung soviel zu der im Halbliterkolben befindlichen Palmitinsäure hinzu, bis eben eine Rosafärbung auftritt. Nach dem Erkalten wird auf $^1/_2$ l mit Alkohol aufgefüllt und gemischt. Von dieser Lösung entspricht jedes Kubikzentimeter bei Verwendung von 100 ccm Wasser einem deutschen Härtegrade. Die genaue Einstellung der Lösung erfolgt mit klarem, gesättigtem Kalkwasser.

Unter der Alkalität (Ätz- und Karbonat-Alkalität) eines Wassers versteht man allgemein die Anzahl der verbrauchten Kubikzentimeter n/10-Säure für 1 l, ebenso unter dem Säurebindungsvermögen eines Wassers — besonders eines Oberflächenwassers — die Menge n/10-Säure zur Neutralisation für 1 l, ausgedrückt in Milligramm SO_3 im Liter nach C. Weigelt[1]. Über die Begriffsbestimmung der Alkalität sei verwiesen auf die Normblätter DIN 8103—8106.

[1] Weigelt, C.: Das Säurebindungsvermögen der Wässer. In H. Bunte: Das Wasser, S. 141, 1040, 1044. Braunschweig 1918; ferner R. Czensny: Mitt. Fischervereine **31**, Nr 18 (1927).

Nachweis und Bestimmung von freiem Chlor sowie Hypochloriten im Wasser.

Zur Entkeimung des Wassers wird in Deutschland jetzt fast ausschließlich Chlorung angewandt. In den meisten Fällen dient hierzu das Chlorgas (Bombenchlor), seltener Hypochlorite wie Chlorkalk, Caporit, Perchloron, Natriumhypochlorit, Elektrolytchlor und andere[1]. Zur Chlorung von Trinkwasser, und zwar bei nicht stark chlorbindenden Wässern genügen Mengen von 0,2—1,0 mg auf 1 l Wasser. Vgl. u. a. H. BRUNS in Gas- u. Wasserfach **1928**, H. 44 u. 47; **1929**, H. 26 u. 80, H. 38 (1937) sowie Z. Med.beamte **1929**, Nr 24; ferner Z. Hyg. **98**, 22 (1922) und G. W. SCHMIDT im Arch. f. Hyg. **101**, H. 5, 290 (1929) sowie H. PICK u. TH. GRUSCHKA in Gas- u. Wasserfach **79**, Nr 21 u. 22 (1936).

Eine Wahrnehmung des Geruches von freiem Chlor im Trinkwasser ist nach H. BRUNS schon bei Mengen von 0,2 mg/l ab möglich.

Über die Chlorung des Wassers, besonders in hygienischer Hinsicht, sei auf die vom Preuß. Landesgesundheitsrat aufgestellten Hygienischen Leitsätze für die Trinkwasserversorgung verwiesen. Veröff. Med.verw. **38**, H. 1 (1932).

Nachweis:

Zum Nachweise sehr geringer Mengen freien Chlors sowie der Hypochlorite im Wasser haben sich nach meinen Erfahrungen folgende Verfahren für die Praxis im allgemeinen bewährt: Vgl. auch K. H. TÄNZLER: Nachweis und Bestimmung von freiem Chlor im Trinkwasser. Gas- u. Wasserfach **81**, H. 2 (1938).

1. Nachweis mit Jodkaliumstärke.

Bereitung der Lösung: 10 g lösliche Stärke werden mit 50 ccm Wasser gleichmäßig gut verrieben. Nach einstündigem Stehen wird das Gemisch in etwa 900 ccm kochendes Wasser eingegossen und 10 Minuten lang im Sieden gehalten. Man läßt die Flüssigkeit nun etwas abkühlen und setzt darauf 10 g Kaliumjodid und zur besseren Haltbarmachung der Stärkelösung noch 0,3 g Quecksilberjodid hinzu. Nach dem Erkalten bringt man die Flüssigkeit auf 1 l, läßt 24 Stunden lang verschlossen und vor Licht geschützt stehen und filtriert sodann die Lösung. Diese ist in braunen Glasstöpselgefäßen aufbewahrt gut haltbar.

Zum Nachweise des aktiven Chlors — also des freien und gebundenen Chlors (Hypochlorite) — versetzt man 100 ccm des zu prüfenden Wassers nach Ansäuern, am besten mit Phosphorsäure, mit 3 ccm dieses Reagens. Sofort eintretende Blaufärbung des Wassers — Bildung von Jodstärke — zeigt die Gegenwart von wirksamem Chlor an. Empfindlichkeitsgrenze bis zu 0,1 mg im Liter, je nach der Beschaffenheit des gechlorten Wassers. Die Chlorreaktion

[1] Als geeignetes Material gegen Angriffe der Chlorlösung haben sich praktisch bewährt Glas und Hartgummi.

wird wesentlich beeinflußt durch einen hohen Gehalt des Wassers an organischen Stoffen.

Man vermeide bei dieser Prüfung den Zutritt des Sonnenlichtes, das hierbei störend wirkt.

Die vielfach für diese Zwecke verwendete Jodzinkstärkelösung des geltenden Deutschen Arzneibuches, 6. Ausgabe, S. 765, ist, wie besonders WEBER in Hannover festgestellt hat, zu jodid- und stärkeschwach und infolgedessen nicht so empfindlich. Empfindlichkeitsgrenze etwa 0,2 mg Cl oder HClO im Liter.

2. Nachweis mit o-Tolidin.

Bereitung der Lösung: 1 g reines, aus Alkohol umkristallisiertes o-Tolidin wird mit einer verdünnten Salzsäure, die 10% konzentrierte Salzsäure — $D = 1{,}19$ — im Liter enthält, zu 1 l Flüssigkeit gelöst. In braunen Glasstöpselgefäßen aufbewahrt ist die Lösung haltbar. Vgl. Wasser u. Abwasser **26**, H. 2, 42 (1929) u. **32**, H. 4, 101 (1934). Zum Chlornachweise setzt man zu 100 ccm des zu untersuchenden Wassers 1 ccm der Tolidinlösung und läßt die Flüssigkeit bis zu höchstens 5 Minuten stehen. Geringe Chlormengen geben eine gelbliche bis gelbe Färbung. Empfindlichkeitsgrenze hierbei bis zu 0,02 mg wirksamem Chlor im Liter.

Bei allen diesen Verfahren stört mehr oder weniger ein höherer Gehalt des Wassers an Eisen und Mangan. In der Praxis dürfte es aber nur selten vorkommen, daß das zu untersuchende Wasser verhältnismäßig viel Eisen und Mangan enthält, da man zur Chlorung von Wasser meist gefiltertes — also von Eisen und Mangan befreites — Wasser verwendet. Auch Oberflächenwasser weist für gewöhnlich nicht viel Eisen und Mangan auf, die in dieser Menge die Chlorreaktion stören.

Über den Chlornachweis mit Benzidin nach W. OLSZEWSKI, siehe weiter unten.

Über den etwaigen Nachweis von Hypochloriten neben freiem Chlor dient das verschiedene Verhalten dieser Verbindungen gegen metallisches Quecksilber nach den Angaben von BHADURI.

Über den gelegentlichen Nachweis von Chlorphenolen im Wasser vgl. die ausführlichen Angaben bei M. HORN in den Kl. Mitt. Landesanst. **5**, 52 (1929) und bei H. BACH in Wasser u. Gas **19**, Nr 16 (1929). An Ort und Stelle genügt es, in solchen Fällen das betreffende Wasser mit Natriumhydroxyd stark alkalisch zu machen, so daß keine Chlorphenolverluste beim Versand des Wassers entstehen können. Nachweis und Bestimmung der Phenole geschehen zweckmäßig kolorimetrisch nach dem Verfahren von FOLIN und DENIS oder SPLITTGERBER und NOLTE.

Zur Entchlorung von Wasser haben sich nach den Erfahrungen von H. BRUNS im allgemeinen folgende Mittel praktisch bewährt: Aktivkohle, Natriumsulfit, schweflige Säure und Thiosulfate. Vgl. auch L. W. HAASE: Kl. Mitt. d. Landesanst. **12**, Nr 9—13 (1936). — Über Betrachtungen zur Phenolbestimmung in Wasser und Abwasser vgl. die näheren Angaben bei MEINCK und HORN im Jahrbuch „Vom Wasser", 8, 116. Berlin 1934.

Quantitative Bestimmungen.

Zur Bestimmung des wirksamen Chlors entnimmt man das zu untersuchende Wasser am besten etwa 10—20 m hinter der Chlorzusatzstelle.

Bei Mengen bis zu 0,2 mg, unter Umständen auch bis zu 0,3 mg Chlor im Liter Wasser sind nach den Feststellungen von E. NEHRING die kolorimetrischen Verfahren am besten geeignet. Bei größeren Chlormengen kommt das übliche maßanalytische Verfahren — Titration mit $^{1}/_{100}$-Normal-Natriumthiosulfatlösung — in Betracht. Die Haltbarkeit dieser Thiosulfatlösung wird nach den Erfahrungen von J. M. KOLTHOFF durch Zugabe von 200 mg Soda zu 1 l wesentlich erhöht und nach L. W. WINKLER durch Zusatz von 0,1 g Merkurizyanid zu 1 l.

Von den kolorimetrischen Verfahren hat sich nach den Erfahrungen in der Landesanstalt in der Praxis am einfachsten und besten die Bestimmung mit o-Tolidin bislang bewährt.

Zur Ausführung der Chlorbestimmung verfährt man am besten nach den Angaben von J. RACE. Hierzu sind folgende Lösungen erforderlich: 1. Die bereits oben angegebene Tolidinlösung. 2. Eine Kupfersulfatlösung. Man löst 1,5 g kristallisiertes Kupfersulfat und 1 ccm konzentrierte Schwefelsäure in Wasser und verdünnt die Lösung auf 100 ccm. 3. Eine Kaliumbichromatlösung. Man löst 0,025 g Kaliumbichromat und 0,1 ccm konzentrierte Schwefelsäure in Wasser und verdünnt die Lösung auf 100 ccm. Beide Lösungen sind gut haltbar.

Zur Bestimmung stellt man sich eine Reihe von Vergleichslösungen mit Hilfe der Kupfersulfat- und Bichromatlösung her.

Es entsprechen:

Chlor im Liter	einer Mischung aus	
	Kupfersulfatlösung	Bichromatlösung
mg	ccm	ccm
0,03	0,0	3,2
0,04	0,0	4,3
0,05	0,4	5,5
0,06	0,8	6,6
0,07	1,2	7,5
0,08	1,5	8,7
0,09	1,7	9,0
0,10	1,8	10,0
0,20	1,9	20,0
0,30	1,9	30,0

Die aus vorstehender Tabelle ersichtlichen Kubikzentimeter Bichromat- und Kupfersulfatlösungen werden zur Herstellung der Vergleichsflüssigkeiten mit destilliertem Wasser auf 100 ccm aufgefüllt.

Nach Zugabe von 1 ccm der Tolidinlösung zu 100 ccm des zu untersuchenden gechlorten Wassers ist die Farbbestimmung mit der

Kupfersulfat- und Bichromatlösung nach Verlauf von spätestens 5 Minuten vorzunehmen, da sonst die Bestimmung leicht durch Nachfärbungen der Tolidinlösung ungenau werden kann.

In ganz ähnlicher Weise wie für die kolorimetrische Eisenbestimmung haben MEINCK-HORN auch einen Apparat zur Bestimmung des freien Chlors im Wasser mittels o-Tolidin zusammengestellt, der für viele Zwecke der Praxis ausreichende Ergebnisse liefert. (Lieferant: Firma Franz Bergmann u. Paul Altmann in Berlin NW 7. Nähere Beschreibung ist jedem Apparat beigegeben.)

Zur schnellen Bestimmung des Chlorüberschusses im gechlorten Wasser verwendet das Hygienische Universitäts-Institut in Berlin α-Naphtho-Flavon — sog. „Chlortest Kahlbaum“. Für diese Zwecke hat die Firma Bartsch, Quilitz & Co. A.-G. in Berlin NW 40 einen besonderen Chlortestkoffer mit allen erforderlichen Chemikalien und Gerätschaften in den Handel gebracht. Eine genaue Arbeitsvorschrift ist beigegeben.

Nachweis und Bestimmung des Chlors mit Benzidin.

In Dresden benutzt W. OLSZEWSKI zum Nachweis und zur Bestimmung des freien Chlors im Wasser das Benzidin. Zur Bereitung der Stammlösung werden 40 g Benzidin mit 40 g Wasser gut verrieben. Das Gemisch bringt man mit etwa 750 ccm Wasser in einen 1 l-Meßkolben, fügt 50 ccm konzentrierte Salzsäure ($D = 1{,}19$) hinzu, füllt bis zur Marke mit Wasser auf und schüttelt um. Die, falls erforderlich, filtrierte Lösung wird in einer dunklen Glasstöpselflasche aufbewahrt, worin sie haltbar ist. Die Lösung kann als $^1/_2$-Normal-Säure angesprochen werden.

Feststellung des Säuregrades. Da freies Chlor mit Benzidin besonders gut (bei kleinen Mengen — bis 0,02 mg Cl/l — unter Blaugrünfärbung) reagiert, wenn der Wasserstoffexponent des zu prüfenden Wassers $p_H = 5{,}8-5{,}9$ ist, werden 200 ccm mit 4 Tropfen einer 0,1 proz. alkoholischen Lösung von Methylrot versetzt und aus einer Bürette so lange 0,1-Normal-Salzsäure zugegeben, bis eine schwach beginnende Rotfärbung eintritt. Die gleiche Säuremenge wird zu einer gleich großen Wassermenge gegeben und von dieser Lösung der p_H-Wert bestimmt. Er muß ungefähr $p_H = 5{,}8$ sein. Wenn im Wasser sehr viel freie Kohlensäure gelöst ist, ist der p_H-Wert geringer, und es muß etwas weniger Säure genommen werden. Die angewandten Kubikzentimeter 0,1-Normal-Salzsäure entsprechen den für 1 l benötigten Kubikzentimeter $^1/_2$-Normal-Salzsäure.

Für jedes Wasser wird am besten etwas Chlorreagens in der Weise hergestellt, daß man von der Stammlösung 0,5—1 ccm nimmt und die darüber benötigte Säure in Form von $^1/_2$-Normal-Salzsäure hinzunimmt. Durch Zugabe von Wasser kann die Lösung so eingestellt werden, daß man zu 1 l Wasser entweder 5 oder 10 ccm Reagenzflüssigkeit hinzunimmt. Für die Praxis wird die Lösung zweckmäßig in eine Flasche mit Kippvorrichtung gegeben, so daß durch das Umkippen der Flasche 10 oder 5 ccm abgeteilt werden.

Nach neueren Untersuchungen von L. W. HAASE und G. GAD in unserer Preuß. Landesanstalt kann man das freie Chlor auch in folgender Weise bestimmen:

Man gibt 100 ccm Wasser in einen Kolorimeterzylinder und fügt unter jedesmaligem Umschwenken 1,0 ccm einer 5proz. Natriumpyrophosphatlösung und darauf 0,5 ccm einer Lösung von 0,5 g Dimethyl-p-phenylendiaminchlorhydrat in 125 ccm 13proz. Salzsäure hinzu.

Bei Anwesenheit von freiem Chlor entsteht eine Rotfärbung.

Nun läßt man zu 100 ccm, mit 3 Tropfen 25proz. Salzsäure angesäuertem destilliertem Wasser, das sich in einem zweiten gleichen Kolorimeterzylinder befindet, aus einer Bürette soviel von einer 0,00115proz. Methylrotlösung hinzutropfen, bis in beiden Zylindern Farbgleichheit erreicht ist. 1 ccm der Methylrotlösung entspricht 0,1 mg/l Cl. Die Empfindlichkeit beträgt bei Anwendung von 100 ccm Wasser 0,01 mg/l Cl.

Das einschlägige Schrifttum über Nachweis und Bestimmung des freien Chlors habe ich in den von der Landesanstalt herausgegebenen Kl. Mitt. **3**, Nr 4/8, 190 (1927) veröffentlicht. Ferner siehe M. MANTHEY-HORN: Wasseruntersuchungen in Badeanstalten und Freibädern. Dtsch. Arch. f. Leibesübungen **6**, H. 6 (1932) und Wasser u. Abwasser **27**, H. 3, 82 (1930).

Vorkommen und Nachweis von Arsen im Wasser.

Arsenverbindungen enthalten fast alle unsere Lebensmittel in sehr geringer Menge. Auch in Trinkwässern findet man das Arsen; so wies z. B. FRANZ HOFMANN im Leipziger Leitungswasser 0,1 mg Arsen im Liter nach, ohne daß durch den Genuß dieses Wassers irgendwelche Gesundheitsschädigungen bekanntgeworden sind. In einer Reihe von Mineralwässern kommt Arsen meistens in Mengen von 2—10 mg/kg vor. Die Dürkheimer Max-Quelle enthält sogar 14,3 mg/kg As = 19,5 mg As_2O_3 und die Arsen-Eisen-Quelle in Roncegno (Italien) 39,9 mg/kg As. Hier erklärt sich das Arsenvorkommen durch die geologische Beschaffenheit des Untergrundes und ist nicht etwa auf eine nachteilige äußere (künstliche) Beeinflussung des Trink- oder Mineralwassers durch arsenhaltige Zuflüsse zurückzuführen. Das Arsen ist in sehr kleinen Mengen auch in der Natur weitverbreitet, z. B. in der Ackerkrume, in zahlreichen Mineralien u. dgl. Vgl. bei K. A. HOFMANN: Lehrbuch d. anorgan. Chemie. 8. Aufl. Braunschweig 1934.

Über das Arsenvorkommen im menschlichen Körper vgl. die näheren Angaben bei L. SCHWARZ und W. DECKERT im Arch. f. Hyg. **106**, H. 6, 347 (1931); ferner L. VAN ITALLIE und Z. v. VÁMOSSY in Pharmaz. Monatshefte **13**, Nr 10 u. 11 (1932), ferner Pharmaz. Ztg **1924**, Nr 10, 87 u. Nr 30, 344. Nach E. LESCHKE — Die wichtigsten Vergiftungen. München 1933 — kann arsenige Säure in einer Gabe von 2 mg je Kilogramm Gewicht akut tödlich wirken, jedoch ist die persönliche Verträglichkeit sehr verschieden. — Der gasförmige Arsenwasserstoff ist die giftigste As-Verbindung. Selbst in der Verdünnung 1 : 20000 in der Luft ist er noch ein starkes Blutgift.

Durch Abstoßen arsenhaltiger Abwässer z. B. aus Färbereien, Gerbereien, ferner durch Auslaugung arsenhaltiger Schutthalden aus Hüttenbetrieben bei der Verarbeitung von Schwefelkiesen usw. gelangt das Arsen in die Vorfluter oder durch Versickerung von arsenhaltigem Oberflächenwasser unmittelbar in den Untergrund. Auf diese Weise kann auch das Grundwasser gelegentlich mehr oder weniger arsenhaltig werden. In der Nähe liegende Brunnen können dann leicht arsenhaltiges Trinkwasser liefern, und zwar in einer solchen Menge, die gesundheitsschädlich, ja sogar tödlich wirken kann. Verschiedene Vergiftungen, sogar Massenvergiftungen durch arsenhaltiges Trinkwasser sind in der Praxis einwandfrei festgestellt. Es sei hier z. B. nur an die Arsenvergiftungen durch Brunnenwässer bei Reichenstein i. Schl. hingewiesen (sog. „Reichensteinsche Krankheit"). Die Brunnenwässer wiesen teilweise einen sehr hohen Arsengehalt auf. Vgl. u. a. die näheren Angaben bei STARKENSTEIN, ROST u. POHL: Toxikologie. Berlin 1929 und bei J. KATHE: Das Arsenvorkommen bei Reichenstein und die sog. Reichensteiner Krankheit. Breslau 1937.

Es fragt sich nun, welche Mengen von Arsen in einem Trinkwasser noch als zulässig angesehen werden können, ohne Schädigungen der Gesundheit bei den Verbrauchern zu verursachen. Nach den bislang vorliegenden Erfahrungen dürften im allgemeinen bis zu 0,15 mg Arsen (As) oder 0,2 mg arsenige Säure (As_4O_6) im Liter Trinkwasser auch bei dauerndem Genuß noch nicht gesundheitlich schädigend wirken. Vgl. auch FÜHNER: Veröff. Med.verw. **38**, 1. H., 259. Berlin 1932. Die im geltenden Deutschen Arzneibuch — 6. Ausgabe — für Heilzwecke angegebene größte Einzelgabe für arsenige Säure beträgt im übrigen 5 mg und ihre größte Tagesgabe 15 mg (As_4O_6). Arsensäure (As_2O_5) ist dagegen nur etwa halb so giftig wie die arsenige Säure. Vgl. auch H. v. TAPPEINER: Lehrbuch der Arzneimittellehre. 14. Aufl. Leipzig 1920 und A. HEFFTER u. E. KEESER im Handbuch der experimentellen Pharmakologie. Berlin 1927.

Zur Prüfung auf Arsen sind zahlreiche Verfahren[1] bekannt, die teilweise gestatten, das Arsen in äußerst geringen Mengen nachzuweisen.

Für die Wasserpraxis dürfte sich zum einfachen und auch sicheren Nachweis kleinster Arsenmengen das Verfahren nach GUTZEIT in der Ausführungsform von G. LOCKEMANN und B. FR. v. BÜLOW eignen. Vgl. Z. anal. Chem. **94**, H. 9 u. 10, 322 (1933).

Zunächst ist mit dem auf Arsen zu untersuchenden Wasser eine Vorprüfung auszuführen, und zwar in folgender Weise:

Da bei der Prüfung Karbonate, Nitrate, Nitrite und Sulfide die Entwicklung von Arsenwasserstoff erschweren oder ganz verhindern

[1] Vgl. u. a. R. WINTERFELD, E. DÖRLE u. C. RAUCH: Beiträge zur Bestimmung kleiner Arsenmengen usw. im Arch. Pharmaz. Berlin **1935**, H. 8, 457; ferner Parmaz. Ztg **1933**, Nr 47, 615.

können, so müssen diese vorher aus dem Wasser entfernt werden. Die betreffende Wasserprobe ist zuvor durch Ansäuern mit Schwefelsäure solange gelinde zu erhitzen, bis alle Gase aus der Flüssigkeit bis auf den letzten Rest entfernt sind. Jetzt erst erfolgt die Prüfung auf Arsenverbindungen. Zu diesem Zweck werden etwa 50 ccm des in dieser Weise vorbehandelten Wassers in ein 100 ccm-Kölbchen gebracht. Der Säuregrad des Gemisches muß am besten etwa 15 bis 20% H_2SO_4 betragen. Man setzt nun auf den Glaskolben ein unten schräg abgeschliffenes ALLIHNsches Rohr ohne jegliche Füllung mit passenden Korkstopfen. Die obere Öffnung des ALLIHNschen Rohres wird mit einem Papierfilter bedeckt, dessen überstehender Rand unter gleichmäßiger Faltung nach unten gebogen und mit einem mehrfach herumgeschlungenen Gummiband zusammengehalten wird. Nachdem die runde obere Papierfläche mit 6—8 Tropfen Silbernitratlösung (66proz.) getränkt ist, bringt man mit Hilfe einer Pinzette 8 Stückchen verkupferten Zinks in den Kolben und setzt sogleich das fertig hergerichtete Rohr auf. Es ist darauf zu achten, daß das mit Silbernitrat befeuchtete Papier nicht mit der Hand berührt wird, weil dadurch schwarze Flecken entstehen. Auf Zusatz der Zinkstückchen tritt sogleich eine Gasentwicklung ein, die sich allmählich verstärkt oder, falls sie zu schwach bleibt, durch nachträglichen Zusatz einiger Tropfen konzentrierter Schwefelsäure weiter verstärkt werden kann. Bei Gegenwart von Arsen wird die mit Silbernitrat getränkte Stelle des Papieres, auf der Unterseite beginnend, mehr oder weniger zitronengelb gefärbt. Nachdem die Gasentwicklung 45 Minuten lang in Gang gewesen ist, nimmt man das Filtrierpapier herunter, um die entstandene Färbung auf der Unterseite zu betrachten. Aus der Stärke der Färbung hat man einen gewissen Maßstab, wieviel Arsen im Wasser vorhanden ist. Man kann diese Arsenprüfung auch zur kolorimetrischen Bestimmung ausbauen, indem man mit gleichartigen, stets frisch hergestellten Normalfärbungen von verschiedener Stärke (0,2, 0,5, 1,0, 3, 5, 10 und 15 mmg Arsen) vergleicht und danach den Arsengehalt schätzen kann (1 mmg = $^1/_{1000}$ mg).

Das verkupferte Zink stellt man zweckmäßigerweise in folgender Weise sich her: Stangenzink wird mit vernickelten Flachzangen in Stückchen von 5—10 mm in eine Porzellanschale gebrochen, dort mit 0,5proz. Kupfersulfatlösung übergossen, hin- und hergeschüttelt und dann mit destilliertem Wasser mehrfach abgespült.

Sollte man bei einer beendeten Prüfung nicht völlig sicher sein, ob der entstandene gelbe Fleck Arsensilber ist, so befeuchte man ihn mit nur 1 Tropfen Wasser; bei Arsensilber entsteht ein brauner Fleck in Größe des Wassertropfens, der sich sehr langsam ausbreitet, bei Schwefelsilber färbt sich die ganze Fläche sogleich grünlich.

Soll Arsen im Wasser an Ort und Stelle sogleich untersucht werden, wo ein Erhitzen über der Flamme schwer möglich ist, kann man sich auch in der Weise helfen, daß man die Untersuchungsprobe zunächst mit konzentrierter Schwefelsäure versetzt (20—25 ccm auf

100 ccm Wasser); durch die dabei entwickelte Wärme werden die störenden Gase, wie Kohlensäure usw., entfernt. Bevor man dabei nun die eigentliche Prüfung ausführt, muß man die Untersuchungslösung freilich erst ungefähr auf Zimmertemperatur abkühlen lassen.

Bei der Ausführung der Arsenprüfungen ist selbstverständlich großer Wert auf die Reinheit der verwandten Reagenzien zu legen, besonders natürlich auf ihre ausreichende Arsenfreiheit (blinder Versuch!).

Das einschlägige Schrifttum über Arsen ist von mir in den von der Landesanstalt herausgegebenen Kl. Mitt. **3**, Nr 4/8, **194** (1927) veröffentlicht. Vgl. ferner M. HORN: Über den Nachweis und die Bestimmung des Arsens in Z. Desinf. **23**, H. 9 (1931) und H. SCHRÖDER u. W. LÜHR in Z. Unters. Lebensmitt. **65**, H. 2 (1933) und H. FÜHNER in Ber. dtsch. pharmaz. Ges. **28**, H. 4, 221 (1918).

Über die Entfernung von Arsen aus Wasser (Entarsenung) haben H. STOOFF und L. W. HAASE Versuche angestellt. Vgl. Jahrbuch „Vom Wasser" **12**, Berlin 1938.

Hiernach wird das arsenhaltige Wasser, falls es von Natur nicht schon genügend eisenhaltig ist, mit etwas Eisenchlorid oder Sulfat versetzt, ausgiebig belüftet und nach Absetzenlassen von den sich bildenden Niederschlägen über alkalisches Filtermaterial, z. B. Magno-Verbund-Filtermaterial geleitet.

Physikalische Untersuchungsverfahren.

Von physikalischen Untersuchungsverfahren, die in den letzten Jahren zur schnellen Feststellung der Beschaffenheit der Wässer an Ort und Stelle praktische Anwendung gefunden haben, seien zwei kurz besprochen:

Im übrigen sei hier auf das Taschenbuch von P. WULFF: „Anwendung physikalischer Analysenverfahren in der Chemie", München 1936 und F. KOHLRAUSCH: Lehrbuch der praktischen Physik. 17. Aufl. Leipzig u. Berlin 1935, hingewiesen.

1. Bestimmung der elektrolytischen Leitfähigkeit natürlicher Wässer.

Unsere natürlichen Wässer sind sehr verdünnte Salzlösungen, in denen besonders Kalzium-, Magnesium- und Alkaliverbindungen vorherrschen. Das Vermögen der Salzlösungen, den elektrischen Strom zu leiten, ist abhängig einmal von der Art und dann von der Menge der gelösten Salze. Die Art der Salze tritt im vorliegenden Falle nur verhältnismäßig wenig in Erscheinung, weil nach F. KOHLRAUSCHs Beobachtungen für verdünnte Lösungen — etwa bis zu $^1/_{100}$ normal — das Leitvermögen der hier in Frage kommenden Salze ziemlich gleich ist; daher gibt für die natürlichen Wässer das Leitvermögen einen guten Maßstab für die Menge der im Wasser gelösten Salze. Nächst PLEISSNER hat sich R. WELDERT[1] in Gemeinschaft mit K. v. KARAFFA-KORBUTT eingehend mit der Anwendbarkeit dieses elektrischen Verfahrens beschäftigt. Auf Grund seiner Untersuchungen gelangt er u. a. zu folgendem Ergebnis:

Die Bestimmung der Menge der in natürlichen Wässern enthaltenen anorganischen Salze mit Hilfe der elektrischen Leitfähigkeit, welcher Wert bei reinen Wässern dem des Abdampfrückstandes sehr nahe kommen kann, liefert nach den angestellten Untersuchungen recht genaue Ergebnisse bei Verwendung eines geeigneten Faktors F. Dieser wurde bei den Versuchen zu 0,71—0,73 ermittelt. Bei Wässern mit einem Gehalt an anorganischen Salzen über 700 mg/l muß eine Verdünnung des Wassers durch destilliertes Wasser vorgenommen werden, wenn auf Genauigkeit der Zahlen Wert gelegt wird. Die wesentlichen Vorzüge dieses Verfahrens sind: rasche Ausführbarkeit, die erlaubt, viele Bestimmungen in kurzer Zeit und mit verhältnismäßig geringem Arbeitsaufwand zu erledigen, und die Möglichkeit, sich mit der Probeentnahme jeder Zustandsänderung des Wassers anzupassen und dem etwaigen Ursprung einer solchen durch entsprechende Auswahl der Stellen der Probeentnahme usw. sofort nachzugehen. Man wird so charakteristischere Bilder über den Zustand, z. B. der Vorflut, erhalten als mit Hilfe von Methoden, deren Ergebnisse erst im Laboratorium erhalten werden, also erst dann, wenn die Entnahme dieser oder jener Probe nicht mehr möglich ist, deren Untersuchung eine wünschenswerte Vervollständigung des Bildes der Untersuchungsergebnisse geliefert hätte.

Zur fortlaufenden und schnellen Prüfung auf eine gleichmäßige chemische Zusammensetzung des Wassers von zentralen Wasserversorgungsanlagen, Flüssen und Seen ist dieses physikalische Verfahren zu empfehlen, da auf Grund einer einzigen Leitfähigkeitsbestimmung eine annähernde Feststellung des Salzgehaltes eines Wassers leicht möglich ist.

Zum Nachweise von Flußversalzungen sowie überhaupt zur dauernden Überwachung des Wassers hat sich die Bestimmung des elektrischen Leitvermögens am besten mittels selbstregistrierender Apparate[2] (Gesellsch. f. Meßtechnik in Bochum) nach den Angaben von M. PLEISSNER in der Praxis bewährt.

In all diesen Fällen kann natürlich dieses Verfahren nicht die chemische, bakteriologische und biologische Untersuchung ersetzen,

---

[1] Über die Anwendbarkeit der Bestimmung des elektrischen Leitvermögens bei der Wasseruntersuchung. Mitt. Landesanst. Wasserhyg. Berl.-Dahlem **1914**, H. 18, 139; **1916**, H. 21, 63, 90 — Wasser u. Abwasser **21**, H. 5, 146 (1925); ferner H. FALKENHAGEN: Elektrolyte. Leipzig 1932.

[2] WAGNER, B.: Wasser u. Abwasser **7**, 326 (1913/14); **10**, 299 (1916). — PLEISSNER, M: Bericht über die Prüfung der im Flußgebiet eingebauten Registrierapparate für die elektrische Leitfähigkeit. Vjber. der Untersuchungsstelle Sondershausen über die Ergebnisse der amtlichen Wasserkontrolle im Wipper-, Unstrut- und Saalegebiet April, Mai, Juni 1914.. Herausgegeben von der Kali-Abwässer-Kommission. Sondershausen, den 15. Juli 1914. Nr 6.

sondern sie soll lediglich als ein Anzeichen dienen, ob und wo eine eingehendere Untersuchung nötig ist.

Ausführlichere Angaben über die Anwendung dieser Methode sind in den nachstehenden Veröffentlichungen enthalten:

LE BLANC, M.: Lehrbuch der Elektrochemie. 12. Aufl. Leipzig 1930.

BÖTTGER-JANDER: Physikalische Methoden der analytischen Chemie. Teil II. Leipzig 1933.

FLEISCHER, L.: Die Verwendbarkeit der elektrischen Leitfähigkeit für die Trinkwasseruntersuchung, besonders für die Härtebestimmung. Z. Hyg. **104**, H. 1 u. 2 (1925).

GRUBE, G.: Grundzüge der theoretischen und angewandten Elektrochemie. 2. Aufl. Dresden u. Leipzig 1930.

GRÜNHUT, L.: Die Bestimmung der elektrischen Leitfähigkeit. In seinem Buche Trinkwasser und Tafelwasser, S. 523. Leipzig 1920.

JANDER, G., u. O. PFUNDT: Die visuelle Leitfähigkeitstitration und ihre praktischen Anwendungen. 2. Aufl. Stuttgart 1934.

KOLTHOFF, J. M.: Bedeutung des elektrischen Leitvermögens für die Analyse von Trinkwasser. Wasser u. Abwasser **13**, H. 2, 46 (1918); **14**, H. 7, 212 (1920).

OSTWALD, W., u. R. LUTHER-DRUCKER: Hand- und Hilfsbuch zur Ausführung physiko-chemischer Messungen. 5. Aufl. Leipzig 1931.

PLEISSNER, M.: Über die Messung und Registrierung des elektrischen Leitvermögens von Wässern mit Hilfe von Gleichstrom. Arb. Reichsgesdh.amt **30**, 483 (1909) — Wasser u. Abwasser **2**, 249 (1910).

SANDERA, K.: Angewandte Konduktometrie in W. BÖTTGER. Leipzig 1936.

SPITTA, O., u. M. PLEISSNER: Neue Hilfsmittel für die hygienische Beurteilung und Kontrolle von Wässern. Arb. Reichsgesdh.amt **30**, 463 (1909).

THIEL, A.: Bestimmung der elektrolytischen Leitfähigkeit. Im Handbuch der Lebensmittelchemie. 2. Bd. von BÖMER, JUCKENACK u. TILLMANS. Berlin 1933.

WÖLLMER, W.: Bestimmung des Salzgehaltes natürlicher Wässer durch Messung ihrer elektrischen Leitfähigkeit. Chem.-Ztg **1918**, Nr 148, 601.

Für die Messung des elektrischen Leitvermögens von Wässern, Abwässern und Salzlösungen an Ort und Stelle hat die Firma Richard Bosse & Co. in Berlin SO 36 nach den Angaben von M. PLEISSNER einen handlichen, tragbaren Apparat erbaut, der von dort mit allem Zubehör bezogen werden kann. Eine ausführliche Gebrauchsanweisung wird jedem Apparat beigelegt. In der Landesanstalt für Wasser-, Boden- und Lufthygiene wird der PLEISSNERsche Apparat seit längerer Zeit mit Erfolg angewandt.

In dem Sammelblatt Wasser u. Abwasser hat PLEISSNER[1] diesen Apparat an der Hand von Abbildungen eingehend beschrieben und auch praktische Beispiele für die Berechnung des Widerstandes und des spezifischen Leitvermögens mitgeteilt. Ferner sind in der genannten Arbeit zur Erleichterung der Rechnungen zwei ausführliche Tabellen beigefügt.

---

[1] **2**, 249 (1910).

2. Das Wasser-Interferometer, ein optisches Meßinstrument.

Ein optisches Verfahren zur schnellen Unterrichtung über den Gehalt eines Wassers an echt und kolloid gelösten Stoffen benutzt man im Wasser-Interferometer von F. Löwe, das von der Firma Carl Zeiss in Jena gebaut wird. Während durch die Leitfähigkeitsbestimmungen lediglich der Gehalt eines Wassers an Elektrolyten ermittelt wird, kann mit dem Interferometer auch noch der Gehalt des Wassers an kolloiden Verbindungen festgestellt werden. Über die praktische Anwendung der Interferometrie für die Wasseruntersuchung vgl. die näheren Angaben bei E. Naumann im Jahrbuch „Vom Wasser", **3**, 131. Berlin 1929.

Die Bestimmung im Wasser-Interferometer ist eine Differenzmessung, die durch den Unterschied der Lichtbrechung der untersuchten Wasserprobe und des Vergleichswassers hervorgerufen wird. Über Bau und praktische Anwendung des Wasser-Interferometers sei noch auf nachstehende Veröffentlichungen hingewiesen:

Berl, E., u. L. Ranis: Die Anwendung der Interferometrie in Wissenschaft und Technik. Berlin 1928.

Löwe, F.: Optische Messungen des Chemikers und des Mediziners. 2. Aufl. Dresden u. Leipzig 1933 und in Berl-Lunge: Chem.-techn. Untersuchungsmethoden. Bd. 1. 8. Aufl. Berlin 1931.

Olszewski, W.: Praktische Erfahrungen im Wasserwerkslaboratorium. Gas- u. Wasserfach **65**, H. 35 (1922).

Prée, W.: Anwendungsmöglichkeiten des Zeissschen Flüssigkeits-Interferometers bei Trinkwasseruntersuchungen. Dissertation. Techn. Hochschule Dresden 1931.

Wulff, P.: Anwendung physikalischer Analysenverfahren in der Chemie. Das Interferometer. München 1936.

Radioaktivität[1].

Neuere Untersuchungen haben ergeben, daß fast alle Grund- und Quellwässer mehr oder weniger radioaktiv sind. Die Radioaktivität eines Wassers wird im wesentlichen durch den Gehalt an gasförmigen Emanationen (meistens des Radiums, mitunter des Thoriums, selten des Aktiniums) bedingt, neben denen auch geringe Mengen von radioaktiven Salzen zugegen sein können. Die Emanationen sind in Wasser löslich und lassen sich durch genügendes Schütteln, Quirlen oder Kochen daraus entfernen. Die Bestimmung der Radioaktivität kommt für gewöhnlich bei Trink- und Wirtschaftswässern[2] nicht in Betracht, während sie bei Mineralwässern meist von Bedeutung ist.

---

[1] Dieser Abschnitt ist gemeinsam mit meinem Kollegen Prof. Dr. H. Stooff bearbeitet worden.

[2] Hendrich, F.: Chemie und chemische Technologie radioaktiver Stoffe, S. 86. Berlin 1918; ferner Wasser u. Abwasser **17**, H. 1, 24—26 (1922); **18**, H. 6, 181 (1923); **20**, H. 3, 96 (1925); **21**, H. 6, 174 (1926). — Bunte, H.: Das Wasser, S. 260. Braunschweig 1918. — Gotschlich, E.: Handbuch der hygienischen Untersuchungsmethoden. Jena 1926.

Radioaktive Stoffe (Uran, Thorium) erzeugen beim freiwilligen gesetzmäßigen Zerfall ihrer Atomkerne gasförmige Produkte (Emanationen), die ziemlich rasch in neue feste Körper (radioaktive Niederschläge) übergehen und dabei α-Strahlen (Heliumatome) aussenden. Durch diese Strahlen werden die in der Umgebung befindliche Luft bzw. die in letzterer enthaltenen Gase (Sauerstoff, Stickstoff usw.) ionisiert, d. h. elektrisch leitend gemacht. Der Grad dieser Ableitung ist ein Maß für die Menge der ionisierten Gasmoleküle und somit auch für die Menge der sie hervorbringenden Emanationen. Die erhöhte elektrische Leitfähigkeit der Luft wird durch ein Elektroskop nachgewiesen, dessen Metallblättchen oder Quarzfäden bei zugeführter elektrischer Ladung (z. B. durch ein Trockenelement) auseinanderspreizen, bei Entladung durch die entstandenen Gasionen innerhalb einer bestimmten Zeit zusammenfallen. Hierauf beruhen die zur Prüfung und Bestimmung der Radioaktivität eines Wassers benutzten Apparate von C. Engler und H. Sieveking, H. Mache und St. Meyer, H. W. Schmidt, H. Greinacher, Th. Wulf, A. Becker u. a., bei denen die gelösten Emanationen durch die oben erwähnten Maßnahmen aus dem Wasser entfernt und dann nach Vermischung mit einer bekannten Raummenge Luft in einem metallischen Behälter („Ionisierungskammer") mit Zerstreuungskörper, der am Elektroskop befestigt wird, eingeschlossen werden.

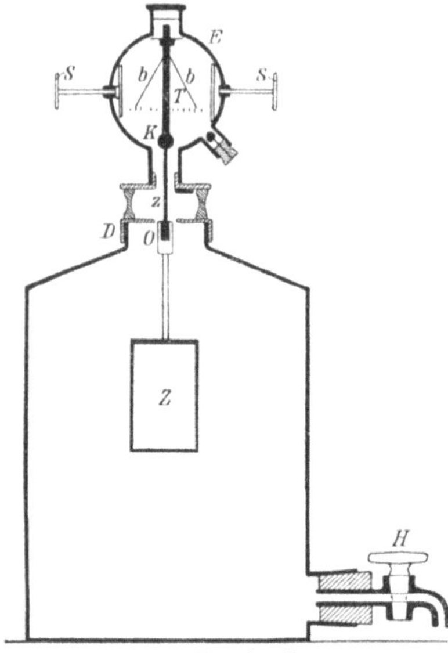

Abb. 40. Fontaktoskop.
bb=Aluminiumblättchen, D=oberer Stopfen, E=Elektroskop, H=Hahn, SS=Schutzbalken, T=Metallstiel, zZ=Zerstreuungszylinder.

Für Untersuchung an Ort und Stelle ist besonders das handliche, bequem mitzuführende Fontaktoskop von C. Engler und H. Sieveking geeignet, das von der Firma Günther & Tegetmeyer in Braunschweig zu beziehen ist.

Für die Beurteilung, welche der genannten Emanationen vorliegt, ist die Kenntnis ihrer Halbwertszeit wichtig, d. h. der Zeit, bis das im Zerfall begriffene Element zur Hälfte in das nächste übergegangen ist; sie beträgt für Radium-Emanation 3,85 Tage, für Thorium-Emanation 54,5, für Aktinium-Emanation 3,92 Sekunden.

Die Radioaktivität der Quellwässer wurde früher nur durch Mache-Einheiten (M.E.) = 10^3 elektrostatische Einheiten ausgedrückt. Neuerdings wird als Maßeinheit das Eman = 0,275 M.E. = 10^{-10} Curie im Liter empfohlen; 1 Curie ist die Emanationsmenge, die mit 1 g reinem Radium im radioaktiven Gleichgewicht steht. Den Messungen sollen Normallösungen (Radiumsalzlösungen mit bekanntem Emanationsgehalt) zugrunde gelegt werden. Man ist übereingekommen, den Gehalt an Emanation im Liter im Augenblick der Wasserentnahme als die Stärke der Quelle zu bezeichnen und die nach dem Austreiben der Emanationen erhaltenen Messungsergebnisse auf diesen Zeitpunkt zurückzurechnen. Nachstehend sei der Gehalt einiger Mineralwässer an Radium-Emanation mitgeteilt:

	M.E.
Kreuznach, verschiedene Solquellen (Porphyr)	24—171
Baden-Baden, Büttquelle (Porphyr)	126
Wildbad Gastein, Hauptquelle (Gneis)	166
Landeck i. Schl., Georgenquelle (Gneis, Basalt)	206
Joachimsthal i. Tschech., Wernerschacht (Quellfassung)	600
Brambach, Wettinquelle (Granit)	2400
Oberschlema, verschiedene Eisenquellen (Granit)	bis 13500

Die neue Thermal-Solquelle in Heidelberg zeigt als einzige Quelle Deutschlands neben Radium-Emanation (3,8 M.E.) nennenswerte Mengen gelöster Radiumsalze (entsprechend $14{,}1 \times 10^{-7}$ mg/l Ra). Die Sedimente (Absätze) vieler Quellen enthalten Radium- und Thoriumsalze in deutlich nachweisbaren Beträgen. Hiernach sollte man Emanations- und Radiumsalzquellen unterscheiden.

Die Entdeckung der Radioaktivität hat nur für wenige Heilquellen die gehoffte Erklärung ihrer therapeutischen Wirkung („Brunnengeist") gebracht, da die Mehrzahl derselben einen Radium-(Emanations-) Gehalt von unter 3—4 M.E. aufweist. Selbst bei den stark radioaktiven Quellen bildet diese Eigenschaft nur einen der die Gesamtwirkung ausmachenden Faktoren. Vgl. P. Lazarus: Das Wesen und die Wirkungsmöglichkeiten der Radiumbäder. Med. Welt **1933**, 17.

Solche Quellen werden zu Trink-, Bade- und Inhalationskuren benutzt. Für Trinkkuren kommen nur die stärksten Quellen in Betracht, weil dabei nach den bisherigen Ergebnissen der Radiumtherapie dem Körper täglich mindestens 1000—10000 M.E. zugeführt werden müssen. Bei Bade- und Inhalationskuren dagegen haben geringere Mengen — etwa 25—50 M.E. je Liter Wasser — schon gute Wirkungen ausgeübt. Diese Mengen sollten deshalb nach Aschoff einer Abgrenzung spezieller „Radiumquellen" zugrunde gelegt werden, was nicht ausschließt, daß auch geringere Mengen in Verbindung mit den übrigen Bestandteilen die Heilwirkung einer Quelle hervorrufen können. Über Radioaktivität und Kropf vgl. K. Wolf: Arch. f. Hyg. **104**, 2 (1930).

Bekanntere Werke über Radioaktivität.

Aschoff, K.: Die Radioaktivität der deutschen Heilquellen. München 1925.

Becker, A.: Physik der radioaktiven Meßmethoden, in H. Meyer: Lehrbuch der Strahlentherapie **1**. Berlin u. Wien 1925.

CENTNERSZWER, M.: Das Radium und die Radioaktivität. 2. Aufl. Leipzig und Berlin 1921.
DIETRICH u. KAMINER: Handbuch der Balneologie, medizinischen Klimatologie und Balneographie. Leipzig 1919.
EHRENBERG, R., u. W. BÖTTGER: Physikalische Methoden der analytischen Chemie. Leipzig 1933.
FAJANS, K.: Radioaktivität und die neueste Entwicklung der Lehre von den chemischen Elementen. 4. Aufl. Braunschweig 1930.
FERNAU, A.: Physik und Chemie des Radium und Mesothor. 2. Aufl. Wien 1926.
FRESENIUS, L.: Bestimmung der Radioaktivität der Mineralwässer. Z. Kurortwiss. **2**, Nr. 5 (1932).
GEIGER, H., u. W. MAKOWER: Meßmethoden auf dem Gebiet der Radioaktivität. Leipzig 1920.
GOCKEL, A.: Die Radioaktivität von Boden und Quellen. Braunschweig 1914.
GUDZENT, F.: Grundriß zum Studium der Radiumtherapie. 1919 und Radiumtherapie bei inneren Krankheiten. Dtsch. med. Wschr. **59**, Nr 13 (1933).
GRÜNHUT, L.: Untersuchung von Mineralwasser, in J. KÖNIG: Chemie der menschlichen Nahrungs- und Genußmittel. 4. Aufl., **3**. Berlin 1921.
HENRICH, F.: Chemie und chemische Technologie radioaktiver Stoffe. Berlin 1918.
HEVESY, G. VON, u. F. PANETH: Lehrbuch der Radioaktivität. 2. Aufl. Leipzig 1931.
Jahrbuch der Radioaktivität und Elektronik. Leipzig: S. Hirzel; ferner Radium-Therapie. Berlin.
KÄDING, H.: Neue Anwendungen der Radioaktivität. Arch. Pharmaz. u. Ber. dtsch. pharmaz. Ges. **1934**, H. 1.
KIONKA, H.: Untersuchung und Wertbestimmung von Mineralwässern und Mineralquellen. In Abderhaldens Handbuch der biologischen Arbeitsmethoden IV **8**, H. 8. Berlin u. Wien 1928.
KOHLRAUSCH, K. W. F.: Radioaktivität. Leipzig 1928.
LUDEWIG, P.: Radioaktivität. Berlin u. Leipzig 1921.
MARX, E.: Handbuch der Radiologie. Leipzig 1925.
MEYER, R. J.: Edelgase. In Gmelins Handbuch der anorganischen Chemie. 8. Aufl., **1**. Berlin 1926.
MEYER, ST., u. E. R. v. SCHWEIDLER: Radioaktivität. 2. Aufl. Leipzig u. Berlin 1927.
SOMMER, E.: Emanation und Emanationstherapie. 2. Aufl. München 1925. Z. Bäderkde. Bäder- u. Verkehrsverlag in Berlin SW 11.

Muster für die Untersuchung von Grund- und Oberflächenwasser.

Werden nach Beendigung der Voruntersuchungen an der Entnahmestelle Wasserproben einem Laboratorium zur weiteren Prüfung übersandt, so ist es häufig wünschenswert, sogleich noch Angaben über die Art und Ausdehnung der Untersuchung auf diese oder jene Bestandteile bei den einzelnen Proben zu machen. In den beifolgenden Mustern sind einige Beispiele für die Untersuchung von Trink- und Brauchwasser sowie Kesselspeise- und Oberflächenwasser aufgeführt.

Wie die einzelnen Muster erkennen lassen, stellen diese verschiedene Grade der geringeren oder weitgehenderen Untersuchung eines Wassers dar; sie sollen lediglich Anhaltspunkte geben für den Umfang einer Wasseruntersuchung für verschiedene Zwecke der Benutzung. Eine einfache Übertragung auf alle in Betracht kommenden Fälle darf natürlich nicht stattfinden. Es muß in der Praxis jedes Schematisieren möglichst vermieden werden[1]. Die angegebenen Muster sollen, wie gesagt, nur Anhaltspunkte bieten für den besonderen Fall im einzelnen.

A. Wasser für Trink- und Brauchzwecke.

1. Prüfung auf Brauchbarkeit als Trink- und Wirtschaftswasser bei Einzelbrunnen — zur Untersuchung erforderliche Menge 1 l — (äußere Beschaffenheit, Reaktion, Salpetersäure, salpetrige Säure, Ammoniak, Chloride, Eisen, Kaliumpermanganatverbrauch, Gesamthärte, mikroskopisch-biologischer Befund).

2. Prüfung auf Brauchbarkeit zur Speisung kleinerer zentraler Wasserversorgungsanlagen für Gemeinden usw. — zur Untersuchung erforderliche Menge 2 l — (äußere Beschaffenheit, Reaktion, Gesamtmenge der suspendierten Stoffe, Salpetersäure, salpetrige Säure, Ammoniak, Chloride, Eisen, Mangan, Kaliumpermanganatverbrauch, Gesamthärte, Karbonat- und bleibende Härte, freie Kohlensäure, Schwefelwasserstoff, mikroskopisch-biologischer Befund).

3. Prüfung auf Brauchbarkeit zur Speisung größerer zentraler Wasserversorgungsanlagen mit besonderer Berücksichtigung der Verwendung für technische Zwecke — zur Untersuchung erforderliche Menge 2 l — (äußere Beschaffenheit, Reaktion, Gesamtmenge der suspendierten Stoffe, Salpetersäure, salpetrige Säure, Ammoniak, Chloride, Eisen, Mangan, Kaliumpermanganatverbrauch, Kalk, Magnesia, Gesamthärte, Karbonat- und bleibende Härte, freie Kohlensäure, Schwefelwasserstoff, mikroskopisch-biologischer Befund).

4. Ausführliche Wasseruntersuchung — zur Untersuchung erforderliche Menge 3 l — (äußere Beschaffenheit, Reaktion, Alkalität, Gesamtmenge der suspendierten Stoffe, Salpetersäure, salpetrige Säure, Ammoniak, Chloride, Eisen, Mangan, Kaliumpermanganatverbrauch, Kalk, Magnesia, Gesamthärte, Karbonat- und bleibende Härte, Schwefelsäure, Gesamtmenge des Abdampfrückstandes, sein Glührückstand bzw. Glühverlust, freie Kohlensäure, Schwefelwasserstoff, mikroskopisch-biologischer Befund).

5. Prüfung auf Brauchbarkeit als Kesselspeisewasser — zur Untersuchung erforderliche Menge 2 l — (äußere Beschaffenheit, Reaktion, Salpetersäure, Chloride, Kaliumpermanganatverbrauch, Kalk, Magnesia, Gesamthärte, Karbonat- und bleibende Härte, Gesamtmenge des Abdampfrückstandes, Kieselsäure, Schwefelsäure, Öle und Luftsauerstoff.

[1] WERVEKE, L. VAN: Gegen die schematische Wasseranalyse. Internat. Z. Wasserversorg. 4, Nr 20/21, 112 (1917).

B. Oberflächenwasser (Feststellung des Reinheitsgrades von Flüssen usw.), je nach dem besonderen Zweck der Untersuchung:

1. Einfachere Untersuchung — zur Untersuchung erforderliche Menge 1,5 l — (äußere Beschaffenheit, Reaktion, Salpetersäure, salpetrige Säure, Ammoniak, Chloride, Kaliumpermanganatverbrauch, Schwefelwasserstoff, mikroskopisch-biologischer Befund).

2. Ausführlichere Untersuchung — zur Untersuchung erforderliche Menge 2 l — (äußere Beschaffenheit, Reaktion, Gesamtmenge der suspendierten Stoffe, ihr Glühverlust bzw. Glührückstand, Salpetersäure, salpetrige Säure, Ammoniak, Chloride, Kaliumpermanganatverbrauch, Gesamt- und Karbonathärte, Sauerstoff und Sauerstoffzehrung, Schwefelwasserstoff, mikroskopisch-biologischer Befund).

3. Umfangreiche Untersuchung zur Feststellung auch technischer Verunreinigungen — zur Untersuchung erforderliche Menge 3 l — (äußere Beschaffenheit, Reaktion, Gesamtmenge der suspendierten Stoffe, ihr Glührückstand bzw. Glühverlust, Gesamtmenge des Abdampfrückstandes, sein Glührückstand bzw. Glühverlust, Salpetersäure, salpetrige Säure, Ammoniak, Chloride, Kaliumpermanganatverbrauch, Kalk, Magnesia, Schwefelsäure, Säurebindungsvermögen, Sauerstoff und Sauerstoffzehrung, u. U. auch biochemischer Sauerstoffbedarf, Schwefelwasserstoff und Phenole.

Über die durchschnittliche chemische Zusammensetzung von Grund- und Oberflächenwasser.

Im nachstehenden seien noch einige Angaben über die durchschnittliche chemische Zusammensetzung von Grund- und Oberflächenwasser[1] gemacht. Einleitend muß jedoch gleich bemerkt werden, daß ich diesen Abschnitt auf besonderen, von verschiedenen Seiten geäußerten Wunsch verfaßt habe. Ich bin mir bewußt, daß diese Aufgabe allgemein nicht oder mindestens schwer zu lösen ist. Die mitgeteilten Zahlen sind von mir auf Grund langjähriger Erfahrungen sowie unter weitgehender Berücksichtigung des mir zur Verfügung stehenden Schrifttums zusammengestellt.

I. Trink- und Wirtschaftswasser.

Früher war es allgemein üblich, sog. „Grenzzahlen“ für den Gehalt eines guten Trink- und Wirtschaftswassers aufzustellen. Dies ist jedoch nicht angängig.

Grenzwerte für Wässer in dem Sinne, daß daraus im einzelnen Falle auf die hygienische Zulässigkeit oder Unzulässigkeit eines Wassers geschlossen werden könnte, gibt es nicht. Es kommt in jedem Fall auf die Verhält-

[1] Vgl. auch A. Reich: Das Wasser **16**, Nr 22, 261 (1920).

nisse in ihrer Gesamtheit an. Ein bestimmter Wert, der in dem einen Falle nach der gesamten Sachlage für eine Verunreinigung spricht, kann in einem anderen Falle ganz unverdächtig sein.

Man kennt viele Wässer mit hohem Gehalt an Chloriden, Kalk- und Magnesiaverbindungen, organischen Stoffen usw., die hygienisch durchaus einwandfrei sind. Man vergleiche z. B. nur einmal die Tabellen von H. BUNTE[1] und J. KÖNIG[2] über die chemische Zusammensetzung des Leitungswassers der größten deutschen Städte. Aus dieser Zusammenstellung ist deutlich ersichtlich, daß genaue Grenzwerte für Wasser sich nicht geben lassen. J. KÖNIG[3] sagt hierüber in treffender Weise: „Die Trinkwasserfrage will, wie die der Flußverunreinigung, örtlich geprüft sein. Für die Brunnenwässer eines Ortes kann als Regel gelten, daß der durchschnittliche Gehalt desselben den durchschnittlichen Gehalt des natürlichen, nicht verunreinigten Wassers derselben Gegend und derselben Bodenformation nicht wesentlich überschreiten darf."

Immerhin erscheint es wünschenswert, gewisse Anhaltspunkte für die chemische Zusammensetzung gewöhnlicher Trink- und Wirtschaftswässer mitzuteilen, die lediglich als Vergleichswerte dienen sollen. Auf Grund der vielen Wasseruntersuchungen, die im Laufe der Jahre in der Landesanstalt ausgeführt wurden, bin ich zu nachstehenden Ergebnissen[4] — Durchschnittswerten — gelangt. Vgl. auch K. THUMM: Die chemische Wasserstatistik der deutschen Gemeinden und ihre Ergebnisse. Gas- u. Wasserfach **69**, H. 36 (1926); **72**, H. 15ff. (1929), der auf Grund eingehender Erhebungen praktisch zu dem gleichen Ergebnis kommt.

Zusammensetzung unserer deutschen Trinkwässer, im allgemeinen nicht überschrittene „Grenzzahlen"!

In „guten" Wässern sind meist enthalten, ausgedrückt in Litermilligramm — lmg:

Abdampfrückstand:	unter 500
Nitrate (Salpetersäure) (N_2O_5):	„ 10
Nitrite (salpetrige Säure) (N_2O_3):	fehlt.

Anmerkung: Das aus einer Enteisenungsanlage austretende oder in zinkhaltigem Leitungsmaterial gestandene Wasser enthält anfangs mitunter geringe Mengen von N_2O_3, die durch Oxydation aus dem NH_3 oder durch Reduktion aus N_2O_5 entstanden sind.

---

[1] Chemische Beschaffenheit des Wassers deutscher Städte. J. Gasbel. u. Wasserversorg. **58**, Nr 7, 76 (1915).

[2] Chemie der menschlichen Nahrungs- und Genußmittel. 4. Aufl., **2**, 1404. Berlin 1904.

[3] Die Verunreinigung der Gewässer. 2. Aufl., **1**, 56. Berlin 1899.

[4] KLUT, H.: Wie muß gutes Trink- und Brauchwasser beschaffen sein? Wasser u. Gas **10**, Nr 3, 81 (1919) — Kl. Mitt. Landesanst. **3**, Nr 9/11 (1927) und Arch. Pharmaz. **1932**, H. 9.

Ammoniak (NH_3): Spuren. In eisenhaltigen Grundwässern sowie in Moorwässern oft bis zu 2 mg NH_3 im Liter und auch bisweilen noch mehr.

Chloride (Chlor) (Cl)	unter	30
Sulfate (Schwefelsäure) (SO_3).	„	60
Kaliumpermanganatverbrauch	„	12
jedoch in Moorwässern (meist nicht gerade als „gute" Wässer zu bezeichnen) oft erheblich mehr.		
Gesamthärte (deutsche Grade)	„	15°

Reaktion gegen Lackmuspapier und Rosolsäurelösung: schwach bis deutlich alkalisch.

p_H größer als 7,0.

Phosphorsäure (P_2O_5) fehlt, höchstens Spuren. Größere Mengen — schon einige mg/l — deuten fast immer auf Verunreinigungen des Wassers hin.

Kaliverbindungen fehlen meist. Die Anwesenheit größerer Mengen — etwa über 4 mg K_2O in 1 l — läßt sehr häufig auf nachteilige äußere Beeinflussungen des Wassers schließen. In normalen Fischgewässern beträgt der durchschnittliche Kaligehalt 3—4 lmg K_2O nach CZENSNY.

II. Kesselspeisewasser.

Die Beschaffenheit des Kesselspeisewassers und Kesselwassers muß in erster Linie den jeweiligen Betriebsverhältnissen, besonders der Kesselbauart und der Heizflächenbelastung angepaßt sein. Ganz allgemein kann man etwa folgendes sagen: Der Gehalt an ungelösten Stoffen im Wasser darf nur gering sein. Anwesenheit von geringen Mengen ungelöster Stoffe vertragen nur Kessel mittleren Druckes — unter 20 atü — und geringer Belastung — unter 30 kg/m²h, da sonst Schäumen und Spucken erfolgt. Die Reaktion des Wassers soll nie sauer, sondern stets alkalisch sein, so daß die Natronzahl oder Alkalitätszahl, ausgedrückt als NaOH, bei Hochdruckkesseln — etwa über 45 atü — rund 50 mg/l und bei Mitteldruckkesseln rund 400 mg/l beträgt. Der Gehalt an gelösten oder gasförmigen Bestandteilen soll möglichst niedrig sein, so daß der Salzgehalt des Kesselwassers nicht über 5000 mg/l ansteigt. Der Luftsauerstoffgehalt darf bei nicht versteinten Kesseln und bei Natronzahlen bis zu 400 mg/l höchstens 0,5 mg/l O_2 betragen, und bei niedrigeren Natronzahlen und bei höherem Betriebsdruck entsprechend geringer sein nach A. SPLITTGERBER. Das Wasser muß ferner praktisch öl- und fettfrei sein. Der Gehalt des Wassers an Härtebildnern, Kieselsäure und Nitraten soll niedrig sein. Auch die Menge der organischen Stoffe im Wasser, ausgedrückt durch den Kaliumpermanganatverbrauch, soll unter 30 mg/l liegen. Schwefelwasserstoff und Sulfide müssen ganz fehlen.

Nachstehende Tabelle gibt ungefähre Anhaltspunkte an über die

Höchst-Salzgehalte des Kesselwassers.

Niederdruckkessel	2,0°	Bé
Steilrohrkessel	0,5÷1,0°	„
Höchstdruck- und Höchleistungs-Wasserrohrkessel	0,3°	„

Schriftennachweis.

HAEDER-STEIN-THOELZ: Die Dampfkessel. 8. Aufl. Berlin 1934.

HAUPT, H.: Kesselspeisewasser und seine Aufbereitung. Chem.-Ztg **58**, 417—420, Nr 41 (1934).

Kesselbetrieb. Sammlung von Betriebserfahrungen. Hrsg. v. d. Vereinigung der Großkesselbesitzer. Berlin 1931 und Deutsche Normen 1936. DIN 8101 und 8102.

SCHMIDT, R.: Die Härte des Wassers, ihre Bedeutung und Entfernung, mit besonderer Berücksichtigung des Kesselspeisewassers. „Kleine Mitteilungen." Hrsg. v. d. Pr. Landesanstalt f. Wasser-, Boden- u. Lufthygiene **11**, Nr 1—8, 8 (1935); **12**, Nr 1/4 (1936).

SCHULZ, M.: Bahnwasserwerke. Gesdh.ing. **1933**, Nr 29.

SPLITTGERBER, A.: Kesselspeisewasserpflege. Leipzig 1937.

STUMPER, R.: Speisewasser und Speisewasserpflege im neuzeitlichen Dampfkraftbetrieb. Berlin 1931 und Die physikalische Chemie der Kesselsteinbildung und ihre Verhütung. 2. Aufl. Stuttgart 1933.

Eignung von Speisewasseraufbereitungsanlagen im Dampfkesselbetrieb. Herausgegeb. v. d. Arbeitsgemeinschaft Deutscher Kraft- u. Wärme-Ingenieure (ADK.) d. VDI. Berlin 1937.

Neuerdings wird zur Verhinderung fester Ablagerungen (Wasserstein und Kesselstein) in Rohrleitungen, Boilern, Kesseln u. dgl., die sich bereits in der Kälte oder aber beim Erwärmen des Wassers ausscheiden, das „Tonisatorverfahren" empfohlen. Zur Erreichung dieses Zweckes wird das Wasser vor Eintritt in das Rohrnetz tonisiert, indem nach den Patentausführungen elektrische Energien dem Wasser durch elektrische Entladungen übertragen werden, die beim Schütteln von den mit einer geringen Menge von Quecksilber und Neongas unter geringem Druck gefüllter Glasbojen ausgehen. Größere Erfahrungen aus der Praxis über dieses Verfahren liegen bislang noch nicht vor. Vgl. K. HOFER, Über das Tonisatorverfahren. Würzburg 1938.

III. Kühlwasser.

Wasser für Kühlzwecke soll möglichst mineralstoffarm, ferner frei von Säuren, wie z. B. Mineralsäuren, aggressiver Kohlensäure und Schwefelwasserstoff sowie Ölen sein. Der p_H-Wert des Wassers soll nicht unter 7,2 liegen. Gehalt des Wassers an Eisenverbindungen möglichst nicht über 1 mg/l Fe. Ein hoher Gehalt kann leicht allmähliches Verschlammen der Pumpen und Rohrleitungen bedingen. Wasser mit hoher Karbonathärte bildet Ablagerungen von kohlensaurem Kalk. Ein hoher Gehalt an Chloriden, Nitraten und Sulfaten im Wasser wirkt besonders in der Wärme und bei Gegenwart von viel Luftsauerstoff metallangreifend. In biologischer Hinsicht muß das Wasser frei von Algen- und Pilzflocken und ähnlichen Beimengungen sein, um ein Verschlammen der Leitungen zu verhüten.

IV. Fluß-, Seewasser usw.

Es ist meines Erachtens nicht leicht, nähere Anhaltspunkte für den Begriff „Verunreinigung der Gewässer" zu geben. Die chemische Zusammensetzung der deutschen Flüsse ist sehr verschieden (vgl. u. a.

H. BUNTE: Das Wasser. Braunschweig 1918). Bestimmte Grenzzahlen lassen sich schon aus diesem Grunde bei Oberflächenwasser schwer aufstellen. Flußverunreinigungen können z. B. Schlammbankbildungen und sekundäre Verunreinigung der fließenden Welle durch faulenden Flußschlamm (Faulgas) hervorrufen. Ganz allgemein läßt sich etwa folgendes sagen:

Das in einen Fluß oder See einzuleitende Abwasser muß von einer solchen Beschaffenheit sein, daß es im Vorfluter keine Mißstände verursacht. Es muß deshalb von gelösten und ungelösten Stoffen so weit befreit sein, daß eine Schädigung der im Wasser lebenden Pflanzen und Tiere sowie eine Beeinträchtigung des Gemeingebrauches am Wasserlaufe vermieden wird. Der Wärmegrad des einzuleitenden Abwassers sollte im allgemeinen nicht über 30° C sein — in Sonderfällen sind auch höhere Temperaturen zulässig — und keine nennenswerte Erhöhung der Temperatur im Vorfluter — etwa über 3° C — hervorrufen.

Nach meinen langjährigen in der Landesanstalt gesammelten Erfahrungen kann man etwa folgende Richtlinien empfehlen:

Nach allgemeinen Grundsätzen soll fließendes Wasser 50 m von der Einlaufstelle eines Abwassers, stehendes 100 m von dieser entfernt in physikalisch-chemischer Hinsicht folgende Beschaffenheit aufweisen:

Es darf nur so viel färbende Bestandteile enthalten, daß das Wasser in 10 cm hoher Schicht in einem weißen Gefäße höchstens eine schwach gelbliche Färbung zeigt.

Organischer Stickstoff soll möglichst in einer Menge von nicht mehr als 2 mg/l nachzuweisen sein.

Der p_H-Wert soll weder nach der sauren noch nach der alkalischen Seite eine stärkere Verschiebung erleiden. In Oberflächengewässern liegt der p_H-Wert in der Regel um 7,0. Gelegentlich kommen auch Werte über 7 vor.

Der Sauerstoffgehalt des Wassers sollte mit Rücksicht auf die Erhaltung der natürlichen Selbstreinigungskraft möglichst nicht unter 3 mg/l betragen und durch Zehrungsvorgänge nicht vollständig verbraucht werden.

Von Arsenverbindungen sollten nicht über 0,15 mg/l As im Wasser vorhanden sein,

von Bleiverbindungen nicht über 0,3 mg/l Pb,

von Kupferverbindungen unter 1 mg/l Cu

und von Phenolen höchstens 0,3 mg/l, wobei sich die Anforderungen an den Reinheitsgrad des Wassers hinsichtlich seines Phenolgehaltes nach der wasserwirtschaftlichen Bedeutung des Gewässers richten.

Völlige Abwesenheit von freiem Chlor, Schwefelwasserstoff und Ölen ist erwünscht.

Die Frage der Flußreinhaltung (Wassergütewirtschaft) kann nur im Rahmen einer Planwirtschaft (Flußwasseruntersuchungsämter u. a.) gelöst werden.

In einem vom biologischen Standpunkte aus nicht zu beanstandendem Oberflächenwasser sollten alle Polysaprobien, z. B. Schwefelbakterien, Abwasserpilze, Flagellaten und Ziliaten, das Rädertier Rotifer, Tubifiziden, bestimmte Chironomidenlarven und auch Asellus höchstens in geringer Menge vorkommen, und auch unbelebte Sink- und Schwebestoffe, z. B. Zellstoff- und andere Fasern, sollten fehlen oder nur ganz vereinzelt vorkommen.

Was die Schädigung des Pflanzenwuchses durch Einwirkung salzhaltiger Wässer betrifft, so sei hier besonders auf die Forschungen von R. KOLKWITZ (vgl. SORAUERS Handbuch der Pflanzenkrankheiten **1**, 313. Berlin 1934) hingewiesen. Hiernach pflegen Fluß- und Grundwässer mit einem Gehalt an Chloriden von 350—500 mg/l Cl und gleichzeitig nicht zu hohem, zur Zeit noch nicht anzugebenden Sulfatgehalt indifferentes Verhalten zu zeigen, außer wenn empfindliche Zierpflanzen damit begossen werden. Die überwiegende Mehrzahl der höheren Pflanzen, wie Bäume, Weidenbüsche, Wiesengräser, wird im allgemeinen unmittelbar nicht geschädigt, weder wenn die Gewächse in solchen Wässern wurzeln, noch wenn sie während des Winters von ihnen überflutet werden.

Im übrigen wird man zweckmäßig den zulässigen Grad der Beeinflussung eines Oberflächenwassers durch zugeführte Abwässer nach den in den einzelnen Fällen vorliegenden besonderen Verhältnissen, nach dem Umfange des Gemeinverbrauches am Wasserlauf und den durch die Benutzungsart des Wassers gebotenen Anforderungen zu entscheiden haben.

Schriftennachweis über Verunreinigungen der Gewässer.

ABEL u. HEILMANN: Die Reinhaltung der Flüsse unter Berücksichtigung der wirtschaftlichen Belange der Anlieger. Mitt. d. Wasserwirtschaftl. Verbandes f. Thüringen, e. V., in Weimar. März 1930.

BEGER-NOLTE-SPLITTGERBER: Untersuchungen des Wassers. Berlin u. Wien 1931.

GROTE, A.: Die Binnengewässer. Der Sauerstoffhaushalt der Seen. Bd. 14. Stuttgart 1934.

HALBFASS, W.: Grundzüge einer vergleichenden Seenkunde. 1923.

HELFER, H.: Das Saprobiensystem. Kl. Mitt. d. Preuß. Landesanst. **7**, Nr 5 bis 8 (1931).

— Unbelebte Sink- und Schwebestoffe des Wassers. Ebenda **11**, Nr 5—8 (1935).

— Die Vorfluter. In: BRIX, IMHOFF u. WELDERT: Die Stadtentwässerung in Deutschland. Bd. 2. Jena 1934.

IMHOFF, K.: Taschenbuch der Stadtentwässerung. 7. Aufl. München u. Berlin 1936 und Deutsche Wasserwirtschaft 1936, H. 7.

MACHATSCHEK, F.: Physiogeographie des Süßwassers. Leipzig u. Berlin 1919.

MAHR, G.: Die zulässige Belastung eines Gewässers durch Abwasser. Abwasserfachgruppe der deutschen Gesellschaft für Bauwesen, e. V. H. 1, S. 24. München u. Berlin 1933. Ferner: Gesdh.ing. **56**, Nr 42 (1933); ferner Flüsse und Seen als Kläranlagen in: BRIX, IMHOFF u. WELDERT: Die Stadtentwässerung in Deutschland. Bd. 2. Jena 1934.

MÜHLENBACH, V.: Die Bedeutung der FROBOESEschen Chlorzahl bei Flußwasseruntersuchungen. Gesdh.ing. **1935**, Nr 20.

SPITTA, O.: Zur Entwicklung der Lehre von der Selbstreinigung der Gewässer. Gesdh.ing. **59**, Nr 23 (1936).

Erl. d. Pr. Min. f. Ladw. Domän. u. Forst. v. 1. X. 1930 betr. Reinhaltung der Gewässer. Ferner: Reinigung von Zuckerfabrikabwässern. Einleitung in die Gewässer. Reichs-Verkehrs-Blatt. Ausgabe A: Reichswasserstraßen Nr. 11. Berlin, 13. Mai 1937. — RdErl. vom 21. 4. 1937.

THIENEMANN, A.: Die Binnengewässer Mitteleuropas. Bd. I der Sammlung „Die Binnengewässer". Stuttgart 1924ff.

WELDERT, R.: Die Planbewirtschaftung der Selbstreinigung der Flüsse in: BRIX, IMHOFF u. WELDERT: Die Stadtentwässerung in Deutschland. Bd. 2. Jena 1934.

WELDERT, R., u. KOHLSCHÜTTER: Die Verunreinigung der deutschen Wasserläufe, der Vierjahresplan und die Flußwasseruntersuchungsämter. Deutsche Landeskultur-Ztg. **1938**, 7. Jg., H. 1.

Hinsichtlich der hygienischen Beurteilung von Oberflächenwasser für Badezwecke sei folgendes mitgeteilt:

Badewasser darf zu gesundheitlichen Bedenken keinen Anlaß geben; es darf also keine Bestandteile enthalten, durch die der Gesundheit von Menschen und Tieren Gefahr drohen. In erster Linie kommen hier in Frage die Erreger solcher übertragbarer Krankheiten, die durch das Baden in verseuchtem Wasser gelegentlich hervorgerufen werden können, wie Typhus, Paratyphus, Ruhr und die WEILsche Krankheit (fieberhafte Gelbsucht), gelegentlich auch Milzbrand. Einen brauchbaren Maßstab für die Beurteilung, ob ein Wasser in seuchenhygienischer Hinsicht zum Baden geeignet ist, stellt der Gehalt des Wassers an Kolibakterien (Bacterium coli commune) dar, die in menschlichen und tierischen Darmausscheidungen (Fäkalstoffen) gewöhnlich in großer Menge enthalten sind. Nach unserem heutigen Standpunkt kann man für gewöhnlich annehmen (BÜRGER und NEHRING), daß erst ein Wasser, das noch in 1 ccm mehr als 100 oder gar 1000 Kolikeime aufweist, als so weitgehend mit Fäkalstoffen verschmutzt zu bezeichnen ist, daß das Baden in einem solchen Wasser stets recht erhebliche seuchenhygienische Bedenken auslösen muß. Außerdem darf ein gutes Badewasser durch tierische Schmarotzer, besonders deren Eier, z. B. von Eingeweidewürmern (Platt- und Rundwürmern) sowie durch Öl, Staub und Ruß nicht störend verunreinigt sein. Flußbadeanstalten sollten deshalb nicht in der Nähe des Einlaufes einer Kanalisation in einen Vorfluter namentlich nicht allzu nahe unterhalb der Abwassereinleitungsstelle errichtet werden. — Weiterhin soll Badewasser möglichst klar und nahezu geruchlos, ferner nicht zu hart und mineralstoffreich sowie arm an Eisen- und Manganverbindungen sein. Durch viel organische Stoffe gelb gefärbtes Wasser wird meist zumal in weißen Wannen und auch bei der Badewäsche als nicht angenehm empfunden. Daß Badewasser frei von schädlich wirkenden Stoffen (Giften) sein muß, darf als selbstverständlich vorausgesetzt werden.

Badewasser, Schrifttum.

BEGER, HANS: Zur Frage der Übertragung von Krankheiten durch Hallenschwimmbadwasser. Kl. Mitt. Landesanst. Wasser- usw. Berl.-Dahlem **11**, Nr 1/4 (1935).

BRUNS, H.: Die Verwendung offener Binnengewässer zu Badezwecken. Veröff. dtsch. Ges. Volksbäder **10**, H. 1 (1932).

— mit TÄNZLER: Zur hygienischen Beurteilung von Hallenschwimmbadwässern. Jb. vom Wasser **11**, 96 (1936).

BÜRGER, B.: Hallenschwimmbäder und Volksgesundheit. In CARL SAMTLEBEN: Deutsche Hallenschwimmbäder. Berlin 1936.

HILGERMANN, R., H. KLUGE u. E. ZIMMERMANN: Vergleichende Untersuchungen des Wassers von offenen Badeanstalten in fließenden und stehenden Gewässern mit dem Beckenwasser der Hallenschwimmbäder. Gesdh.ing. **57**, Nr 27 (1934).

HOFFMANN, S.: Zur Beurteilung der bakteriologischen Beschaffenheit von Badewässern künstlich erstellter Freibäder. Arch. f. Hyg. **118**, H. 3 (1937).

KREBS, W., u. SCHULZTE: Die Hygiene des Badens und das deutsche Badewesen der Gegenwart in WEYLS Handbuch der Hygiene **5**, 3. Abt. 2. Aufl. Leipzig 1918.

LINK, E.: Winke für den Bau und Betrieb von Sommerschwimmbädern. Die Landgemeinde (WGZ.) **1937**, 149.

NEHRING, E.: Grundlegende hygienische Gesichtspunkte über die Benutzung der öffentlichen Gewässer zu Badezwecken. Dtsch. Arch. Leibesüb. **5**, Nr 14 (1931).

OLSZEWSKI, W.: Badewasserreinigung. Gesdh.ing. **1928**, H. 30.

V. Fischgewässer[1].

Für die Fische ist die Beschaffenheit des Wassers von besonderer Bedeutung. In dieser Hinsicht sind bestimmte Anforderungen zu stellen.

Im allgemeinen lieben Fische ein helles und klares Wasser, doch ziehen manche trüberes Wasser vor, z. B. der Zander, und viele Arten gedeihen ebenso in klarem wie trübem Wasser. Empfindlich gegen häufig vorkommende Wassertrübungen ist die Forelle, sie verschwindet allmählich aus Gewässern, die wiederholt und häufig getrübt werden.

Die Fische stellen an den Sauerstoffgehalt des Wassers recht verschiedene Ansprüche. Wir haben Fische, z. B. die Forellen, welche mindestens 5,0 mg Sauerstoff im Liter Wasser haben wollen, gewöhnlich aber 10—12 mg/l beanspruchen, andere Fische begnügen sich mit bedeutend weniger, z. B. die Karauschen (gewöhnlich etwa 6 mg/l, unterste Grenze etwa 0,7 mg/l). Man muß aber nicht meinen, daß der Fisch mit derjenigen Sauerstoffmenge zufrieden ist, bei der er noch aushalten kann, ohne zu sterben. Unsere Fische wandern vielmehr, wenn sie dazu in der Lage sind, aus, wenn der Gehalt des Sauerstoffes auf 3—4 mg sinkt. Der Zander stirbt bereits bei 2,0 mg. Von den Weißfischen verhalten sich die einzelnen Arten

[1] Dieser Abschnitt ist von dem Fischereibiologen der Landesanstalt, Herrn Prof. Dr. H. HELFER, durchgesehen, wofür ich ihm zu Dank verpflichtet bin.

recht verschieden, die Plötze z. B. ist sehr empfindlich gegen Sauerstoffmangel, der Ukelei weniger, und die Karausche hält unter Umständen noch bei 0,75—0,5 mg aus. Teichfische vertragen einen viel größeren Sauerstoffmangel als Wildfische. Erklärlich ist dies, weil die Teichfische von Jugend auf an sauerstoffärmeres Wasser gewöhnt sind. Versuche in dieser Richtung mit Teichfischen sind daher ganz wertlos. Neben Sauerstoffmangel (Schwefelwasserstoffentwicklung durch Fäulnisvorgänge) ist freie Kohlensäure im Wasser für Fische besonders gefährlich. Über die Rolle des Sauerstoffs in Fischwässern vgl. die näheren Angaben in den Mitt. Fischereivereine **33**, Nr 2 (1929).

Ein Fischwasser darf nicht sauer reagieren; schon eine geringe Menge Säure kann das Fischleben unmöglich machen, vgl. u. a. E. Walter: Fischerei-Ztg **1931**, Nr 8 u. 9. Zu starke Alkalität ist aber auch schädlich. Nach den Feststellungen von Bandt (Z. Fischerei **1936**, 359) sterben bei Temperaturen von 12—18° C:

	bei einem p_H-Wert von
Forelle	9,2
Plötze	10,4
Hecht	10,7
Karpfen und Schleie	10,8

Manche Abwässer, welche das Leben der Fische selbst in keiner Weise beeinträchtigen, können doch der Fischerei ganz ungeheuren Schaden zufügen, indem sie den Fischen einen unangenehmen Geschmack verleihen und sie dadurch ungenießbar machen. Das gilt z. B. von phenol- und teerstoffhaltigen Abwässern und petroleumähnlichen in Vorfluter gelangenden Stoffen.

Im allgemeinen schaden die organischen Bestandteile der Abwässer der Fischerei erheblich mehr als die anorganischen, weil sie durch ihre mit Hilfe von Bakterien verursachte Zersetzung den Sauerstoff des Wassers verbrauchen, während letztere durch Verdünnung im Vorfluter gewöhnlich mehr oder weniger unschädlich werden.

Die organischen Abwässer können auch nebenher Schaden anrichten durch das von ihnen meistens hervorgerufene Pilzwachstum, wodurch die sauerstoffspendenden niederen Pflanzen, namentlich Fadenalgen und Diatomeen, überwuchert und vernichtet werden und die Nahrung der Fische beeinträchtigt wird, außerdem die Fische selbst nach dem Ablösen und Absinken der Pilzflocken, z. B. vor einem Wehr, durch Zersetzungserscheinungen (Sauerstoffschwund) in große Gefahr geraten. Fischereibetriebsschädigungen durch Verpilzen der Geräte und durch das in neuerer Zeit verstärkte Auftreten der chinesischen Wollhandkrabbe (vgl. Peters und Panning: Die chinesische Wollhandkrabbe in Deutschland. Leipzig 1933) seien hier noch erwähnt.

Bei der Wirkung der Abwässer ist nicht nur ihre chemische Beschaffenheit von Bedeutung, sondern es kommt ebensosehr auf die physikalischen Verhältnisse des die Abwässer aufnehmenden Vorfluters an, ja diese sind bisweilen ausschlaggebend dafür, ob ein

Abwasser schädlich wirkt oder nicht. Auch die meteorologischen Bedingungen üben einen Einfluß aus, z. B. werden in vielen Seen die organischen Abwässer erst dann schädlich, wenn der Frost das Wasser durch eine Eisdecke von der Luft abschließt und so die Aufnahme von Sauerstoff aus der Luft seitens des Wassers behindert.

Anorganische Abwässer wirken immer am stärksten dicht am Einflusse in den Vorfluter und verlieren ihre schädliche Wirkung mit der Entfernung und Verdünnung. Organische Abwässer entwickeln in Flüssen dagegen ihre schädliche Wirkung meist erst in größeren Entfernungen von ihrem Einlauf. Stauung des Wassers verstärkt die Wirkung der organischen Abwässer; ausgenommen sind meist Drainwässer-Fischteiche. In Seen eingeleitete organische Abwässer sinken rasch ab und bewirken dann meist in der Tiefe fischereischädliche Zustände.

Besonders gefährlich werden der Fischerei Abwasserwellen, d. h. größere Mengen von Abwässern, die auf einmal abgelassen werden.

Die Wirkung der Abwässer auf die Fischerei ist nicht nach einzelnen Abwasserproben zu beurteilen, sondern die Beschaffenheit der Vorfluter ist meist ausschlaggebend, da ein und dasselbe Abwasser ganz verschieden auf die Fischerei wirken kann, je nach der Beschaffenheit des Vorfluters: Der Wasserführung und Strömungsgeschwindigkeit bei Flußläufen, Größe und Tiefe bei Seen werden Art und Grad der Verdünnung entsprechen, die das Abwasser erfährt.

Welchen Einfluß die in den Gewässern enthaltenen verschiedenen chemischen Verbindungen auf die Fische ausüben, ist uns bisher noch vielfach unbekannt. Wir wissen wohl, daß ein zu großer Mangel an Eisen und Kalk auf die Gewässer insofern ungünstig einwirkt, als sich dann wenige niedere Algen und wenige niedere, den Fischen als Nahrung dienende Tiere entwickeln; umgekehrt aber wird ein zu großer Gehalt an Eisen und Kalk der Fischerei gleichfalls schädlich, da die Entwicklung der niederen Tierwelt stark herabgedrückt wird. Ein zu hoher Eisengehalt im Wasser ist ferner schädlich für die Entwicklung der Fischeier und der Brut und kann durch seinen starken Sauerstoffverbrauch (bei der Oxydation der Oxydulsalze in Oxydsalze), besonders bei starkem Gehalt an organischen Stoffen, mögen dieselben von einem reichen Pflanzenleben oder von Abwässern herstammen, zum Verderben des Wassers und daher zum Aussticken der Fische führen. Auch die in Industriegebieten z. B. vielfach anzutreffenden, auf Abwässer zurückzuführenden Ablagerungen von ausgefälltem Eisenhydroxyd wirken sterilisierend und verhindern die Entwicklung von Pflanzen und Tieren, und die Abwanderung der Fische wird veranlaßt.

Was den Gehalt an Kochsalz anbelangt, so hindert ein hoher Gehalt (0,8 %) die Entwicklung der Eier des Lachses und der Forelle, und hierauf ist es wohl auch zurückzuführen, daß die Lachse und Meerforellen zum Laichen (Ablage der Eier) aus dem Meere in die Süßwasserströme und -flüsse aufsteigen. Im allgemeinen zeigen sich die Fische in bezug auf die salzige Beschaffenheit des Wassers außerordentlich anpassungsfähig, was wohl am besten dadurch gekennzeichnet wird, daß nicht nur die eigentlichen Wanderfische wie Lachse, Aale, Meerstinte u. a. ohne Schaden aus dem Meerwasser in das Süßwasser und umgekehrt übertreten, sondern daß auch unsere eigentlichen Süßwasserfische wie Hecht, Barsch, Kaulbarsch, Plötze, Stichlinge usw. es ohne weiteres vertragen, wenn sie z. B. aus dem Süßwasser in die Ostsee gelangen, ja, wie es scheint, sich sogar durch einen plötzlichen Wechsel in dieser Beziehung gar nicht beeinträchtigt fühlen, denn z. B. in gewissen Teilen der Ostsee (Rügen, Küste Mecklenburgs) haben sich diese Fische direkt angesiedelt. Andere Fische hingegen wie Zander, Bleie, Schleie, Karauschen usw. vertragen wohl auch diesen Wechsel, suchen ihn aber, soweit sie können, zu vermeiden, d. h. immer das Süßwasser wieder zu gewinnen.

Alle diese Beobachtungen beruhen bisher nur auf praktischen Erfahrungen; planmäßige Arbeiten darüber, welche Gewichtsmengen von den im freien Wasser vorkommenden Stoffen von den Fischen gut oder schlecht vertragen werden, besitzen wir u. a. in der Toxikologie der Fische von P. Steinmann (Handbuch der Binnenfischerei Mitteleuropas von Demoll u. Maier. **6.** Stuttgart 1928).

Über die Schädlichkeitsgrenzen einiger prakisch wichtiger Giftstoffe für Fische finden sich bei H. Helfer [Kl. Mitt. d. Landesanst. **12**, Nr 1—4 (1936)] nähere Angaben. Dieser Arbeit seien einige Zahlenwerte entnommen:

	mg/l
Aluminiumsulfat	1000,—
Freies Ammoniak	1,25
Freie Buttersäure	100,—
Freies Chlor	0,12
Chlorkalium	5000,—
Chlorkalzium	3333,—
Chlormagnesium	1000,—
Chlornatrium	10000,—
Zyankalium	2,—
Freie Essigsäure	50,—
Freies Kalkhydrat	20,—
Kupfersulfat	0,10
Freie Milchsäure	50,—
Naphthalin	1,43
Freie Oxalsäure	20,—
Rübensaponin	2,—
Freie Salzsäure	50,—
Freie Schwefelsäure	50,—
Freie schweflige Säure	0,50

Über die Giftigkeit einiger Schwermetallsalze für Fische vgl. die Arbeit von Ebeling in der Z. Fischerei **26**, H. 1 (1928).

Nach B. Hofer[1] sind Belastungen fließender Wässer mit Abwässern der Chlorkaliumfabriken, durch die die Härte bis 50 deutsche

[1] Einwirkung der Flußverunreinigung auf die Fischerei. Arb. Reichsgesdh.amt **25**, 407. Berlin 1907; ferner Hämpel: Wasser u. Abwasser **11**, H. 12, 369 (1917); **16**, H. 3, 77 (1921).

Grade und der Gehalt an Chlormagnesium bis 0,047 % ansteigt, für die Tier- und Pflanzenwelt nicht schädlich[1].

Nach WUNDSCH wäre als Grenzzahl für den Chloridgehalt eines Fischwassers etwa 3000 mg/l Cl anzusehen.

Über freies aktives Chlor im Wasser und seine Wirkung auf Fische und andere Wasserorganismen vgl. die Arbeiten von EBELING und SCHRÄDER in der Z. Fischerei **27**, H. 3 u. 4 (1929).

Über Phenolschäden in Gewässern („Karbol-Lachse") vgl. die näheren Angaben bei H. H. WUNDSCH: Mitt. d. Fischereivereine **3**, Nr 10 (1933) (Westausgabe).

Über die Schädlichkeitsgrenze von Schwefelwasserstoff für Fische vgl. W. STROEDE in Z. Fischerei **31**, H. 2 (1933).

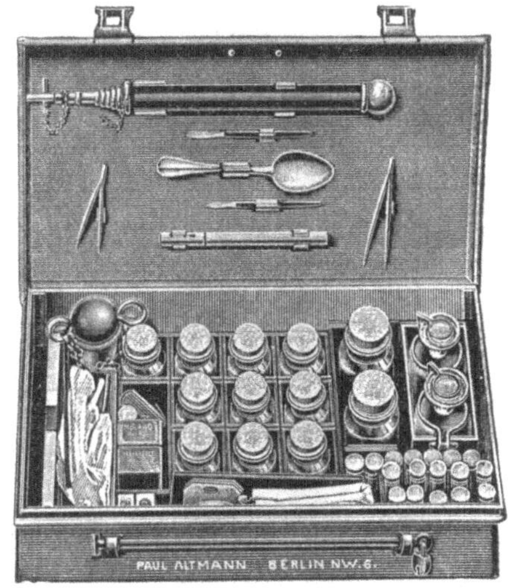

Abb. 41. Kasten für die biologische Wasseruntersuchung nach H. HELFER.

An Ort und Stelle bedient sich der Fischereibiologe zweckmäßigerweise des in Abb. 41 wiedergegebenen Reisekastens, der alles Notwendige für Untersuchung von Fischgewässern (Plankton, Ufer, Grund, Sauerstoff, Reaktion u. a.) enthält. Vgl. hierzu Kl. Mitt. d. Landesanst. **7**, 70ff. (1931).

Nachstehend noch einiges Schrifttum über Fischgewässer:

v. DEM BORNE, M.: Das Wasser für Fischerei und Fischzucht. 2. Aufl. von W. HALBFASS. Neudamm 1914.

CZENSNY, R.: Die Chemie der Gewässer und ihre Beziehungen zu fischereilichen Fragen. Der Biologe **2**, H. 8 (1933).

DEMOLL, R., u. H. N. MAIER: Handbuch der Binnenfischerei Mitteleuropas. Stuttgart 1924ff. Hierin enthalten auch:

PLEHN, M.: Praktikum der Fischkrankheiten.

WEIGELT, C.: Vorschriften für die Entnahme und Untersuchung von Abwässern und Fischwässern. Berlin 1900.

WUNDSCH, H. H.: Der Fluß als Lebensraum für die Fischwelt. Kl. Mitt. d. Landesanst. **5**, Nr 1/4 (1929). Der See als Lebensraum für die Fischwelt. Ebenda **9**, Nr 1—6 (1933). Vergiftete Fische. Ebenda **11**, 113 (1935). Ferner: Die Arbeitsmethoden der Fischereibiologie. Aus ABDERHALDEN: Handbuch der biologischen Arbeitsmethoden, Berlin 1927, und Die Reinhaltung unserer Fischgewässer. In: DEMOLL-MAIER (s. o.) 1926.

Illustriertes Fischerei-Lexikon, Neudamm 1936.

[1] Vgl. auch die Veröffentlichungen Zur Frage der Beseitigung der Kaliabwässer. Mitt. Landesanst. Wasserhyg. Berl.-Dahlem **1917**ff. Ferner P. SCHIEMENZ: Z. Fischerei **30**, H. 1 (1932).

VI. Schweres Wasser.

Anschließend hieran seien noch einige kurze Angaben über das vor einigen Jahren entdeckte „Schwere Wasser" gemacht. Es hat die wissenschaftliche Bezeichnung Deuteriumoxyd (D_2O) und enthält ein schweres Wasserstoffatom (D = Isotop, H^2 = Deuterium) mit dem Atomgewicht 2 vgl. BRANDT, Chem.-Ztg **60**, Nr 28 (1936) und RIESENFELD, E. H., u. T. L. CHANG, Die Umschau **1936**, 40. Jg., H. 32.

Unser gewöhnliches natürliches Wasser enthält stets geringe Mengen von Deuteriumoxyd (etwa 0,02%). Sein spezifisches Gewicht beträgt 1,11 kg/dm³, sein Siedepunkt 101,42° und sein Gefrierpunkt 3,8°.

Nach unseren bisherigen Erfahrungen hat das schwere Wasser in der genannten Verdünnung keine physiologische Wirkung. Es gilt auch nicht als giftig, und sein Geschmack ähnelt dem des gewöhnlichen Wassers. Auch für technische Zwecke ist es bislang ohne praktische Bedeutung geblieben.

Über angreifende Wässer sowie über Rohrmaterial, Mörtel und Boden in ihrem gegenseitigen Verhalten.

Diese Frage hat in den letzten Jahrzehnten eine erhöhte praktische Bedeutung erlangt, da man allgemein erkannt hat, welche nachteiligen Eigenschaften manche Wässer und Bodenarten gegenüber den verschiedenen Metallen und Baustoffen besitzen. Von mehreren Seiten wurde ich gebeten, in meinem Buche dieser Frage einen besonderen Abschnitt zu widmen, und zwar wären nicht nur der Innenangriff durch das eingeschlossene Leitungswasser, sondern gleichzeitig auch der Außenangriff durch die einzelnen Bodenarten, Mörtel und Wasser zu berücksichtigen mit anschließenden kurzen Angaben über geeignete Schutzmaßnahmen.

Über die gesamte Frage ist in den letzten Jahren überaus viel gearbeitet worden; es sei hier im Rahmen des Leitfadens einiges für die Praxis wertvolles Schrifttum nachstehend mitgeteilt:

ABWESER, C.: Korrosionen und sonstige Zerstörungen von Rohrmaterial des Tiefbaues. Korrosion u. Metallschutz **11**, Nr 3 (1935); **12**, Nr. 4 (1936).
BÜRGEL, H.: Deutsche Austausch-Werkstoffe. Berlin 1937.
CLODIUS, S.: Die Heimstoffe im Wasserleitungsbau. Gas- u. Wasserfach **78**, H. 31, 32, 52 (1935); **80**, H. 37 (1937).
FREYTAG, H.: Die Werkstoffe. Berlin 1932.
HAASE, L. W.: Trinkwasseraufbereitung mit dem Ziele der Werkstofferhaltung und der Verwendung einheimischer Rohstoffe. Jb. Vom Wasser **10**, 155. Berlin 1935.
— Über künstliche und natürliche Schutzschichtbildung in Wasserleitungsröhren. Gas- u. Wasserfach **74**, H. 24 (1931).
— Beziehungen zwischen Wasseraufbereitung und einheimischen Werkstoffen. Kl. Mitt. Landesanst. Berlin-Dahlem **12**, Nr 14/15, 414 (1936).
— Die Aufgaben der Kaltwasseraufbereitung im Rahmen des Vierjahresplanes. Kl. Mitt. Landesanst. Berlin-Dahlem **13**, Nr 1/5, 6 (1937).
HEBBERLING, H.: Das Wichtigste vom Korrosionsschutz. München 1936.

Hütte, Taschenbuch der Stoffkunde. 2. Aufl. Berlin 1937. Abschnitt W. WIEDERHOLT: Korrosionsschutz.
Jahrbuch „Vom Wasser". Herausgegeben v. d. Fachgruppe für Wasserchemie des Vereins deutscher Chemiker seit 1927. Verlag Chemie, Berlin.
KLUT, H.: Über die aggressiven Wässer und ihre Bedeutung für die Wasserhygiene. Med. Klin. **1918**, Nr 17—19.
— Eisen- und manganauflösende Leitungswässer. Gas- u. Wasserfach **69**, H. 22 u. 40 (1926).
— Metalle und mörtelangreifende Wässer. Korrosion u. Metallschutz **3**, H. 5 (1927).
KRÄNZLEIN, GG., u. R. LEPSIUS: Kunststoff-Wegweiser. Berlin 1937.
MENGERINGHAUSEN, M., VDI.: Heimische Werkstoffe für Warmwasserbereiter. Berlin 1937.
NAUMANN, E.: Wassereigenschaften, ihre zerstörenden Wirkungen und deren Bekämpfung bei Wasserversorgungs- und Heizungsanlagen. Deutsche Hallenschwimmbäder. Herausgeg. v. Verein deutscher Heizungsing., Bezirk Berlin, E. V. Berlin 1936, und Gas- u. Wasserfach **79**, Nr 37 (1936).
POLLITT, ALLAN A.: Die Ursachen und die Bekämpfung der Korrosion. Braunschweig 1926.
RABALD, E.: Werkstoffe und Korrosion. Berlin 1931. Fortsetzung in Dechema-Werkstoffblätter. Verlag Chemie. Berlin.
RINGEL, A.: Die Vergänglichkeit von Erdinstallation. Der städt. Tiefbau **23**, H. 7 (1932).
RODIEK, H.: Neue Baustoffe für Hauswasserleitungen. Gas- u. Wasserfach **80**, H. 6 (1937).
WECKWERTH, F.: Erfahrungen mit Austauschstoffen für Hausinnenleitungen. Gas- u. Wasserfach **80**, H. 44 (1937).
WIEGAND, G.: Beispiele von Korrosionen an metallischen Werkstoffen im Betriebe der Wasserwerke. Gas- u. Wasserfach **79**, Nr 13 (1936).
Zeitschrift „Korrosion und Metallschutz".
Zur Chemie neuzeitlicher Kunststoffe, und zur Entwicklung der Chemie der Hochpolymeren. Verlag Chemie, Berlin 1937.

Wässer für Trink- und Brauchzwecke haben, wie eingangs erwähnt, nicht selten die Eigenschaft, Metalle und Mörtel anzugreifen. So hat man bei verschiedenen Wasserwerken, wie z. B. in Breslau, Dessau, Frankfurt (Main), Jauer, Wiesbaden, Wilhelmshaven, beobachtet, daß allmählich durch das Leitungswasser nicht nur das Rohrnetz, sondern auch das Material der Aufspeicherungsbehälter angegriffen wurde. Auch das Undichtwerden von Leitungen ist oft auf die chemische Beschaffenheit des Wassers zurückzuführen. Bei Sammelbehältern kann unter Umständen durch die zerstörenden Eigenschaften des Wassers das ganze Mauerwerk gefährdet werden wie z. B. in Frankfurt a. M. Ebenso sind durch schädliche äußere Einflüsse im Laufe der Jahre zahlreiche Zerstörungen von Metall- und Zementbetonröhren, von Betonmauerwerk und Mörtelstoffen bekanntgeworden.

Sauerstoff. Im allgemeinen läßt sich sagen, daß alle weichen, lufthaltigen Wässer sowie solche mit geringer Karbonathärte (Kohlensäurehärte) — etwa unter 6 deutschen Graden — mehr oder weniger beton- und metallangreifende Eigenschaften besitzen. Allerdings ist auch bei solchen Wässern in der Regel Sauerstoffreichtum besser als

Sauerstoffmangel. Man kann bei mineralstoffarmen Wässern geradezu von einem Salzhunger sprechen.

Je höher der Luftsauerstoff des Wassers, um so stärker ist auch meist seine angreifende Wirkung auf das Leitungsmaterial. Mit Luft gesättigtes destilliertes oder auch Regenwasser wirkt daher auf viele Metalle besonders angreifend. Vgl. auch Wasser u. Abwasser **21**, H. 10, 306 (1926) und E. FRISTER im Techn. Gemeindebl. **32**, 156ff. (1929).

Bei weichen Wässern können schon 4 mg Sauerstoff in 1 l auf das Rohrmaterial nachteilig wirken, während bei Wässern mit höherer Karbonathärte in der Regel unter 9 mg Sauerstoff in 1 l noch nicht stören.

Über die Löslichkeit von Luftsauerstoff in Wasser siehe dort.

Mit steigendem Wärmegrad des Wassers nimmt auch die Oxydationswirkung des Sauerstoffs zu, wie die Erfahrungen bei Warmwasserversorgungs- und Dampfkesselanlagen lehren. Bei Leitungswässern ist jedoch in der Praxis damit zu rechnen, daß sie durch das Fördern in das Verteilungsnetz unter erhöhtem Druck oder beim Durchlaufen durch Behälter mit offenem luftberührtem Wasserspiegel mehr oder weniger sauerstoffhaltig werden, wenn sie nicht an und für sich schon durch vorherige Behandlung, z. B. durch Belüftung und Filterung, bei ihrer Enteisenung mit Luft gesättigt sind. Auch durch Leerlaufen von Leitungen gelangt Luft in die Röhren und somit später in das Wasser.

Im Anschluß hieran sei noch kurz erwähnt, daß in Endsträngen von Wasserleitungsnetzen nicht selten bei längerem Verweilen des Wassers im Rohre durch biologische Vorgänge (Tätigkeit von Kleinlebewesen) der gelöste Luftsauerstoff allmählich verbraucht wird. Das Leitungswasser wird somit sauerstofffrei, wodurch leicht Eisenauflösung aus der eisernen Leitung neben schlechtem Geruch und Geschmack des Wassers entstehen kann.

Haben Wässer infolge ihrer chemischen Beschaffenheit die Fähigkeit, allmählich auf der Innenwandung der Leitungen einen feinen Wandbelag von Kalziumkarbonat, wie z. B. in Berlin, Charlottenburg, Danzig, Flensburg, Tilsit usw., zu bilden, so kann alsdann das durchfließende lufthaltige Wasser auf das Rohrmaterial keinen nachteiligen Einfluß mehr ausüben. Gewöhnlich beobachtet man diese Eigenschaft bei Wässern mit höherer Karbonathärte — etwa von 6 deutschen Graden aufwärts. Über biologische und eisenockerhaltige Schutzbeläge vgl. Abschnitt „Blei“.

Bei weichen und karbonatarmen Leitungswässern haben sich gegen die angreifende Wirkung des Luftsauerstoffes in der Praxis gut asphaltierte oder bituminierte Eisenrohre, die sich aber in kleinen Dimensionen, unter 50 mm l. W., nur schwer einwandfrei herstellen lassen, allgemein bewährt.

Über die Entfernung des Sauerstoffes aus dem Wasser vgl. die Angaben unter „Wasserbehandlung“.

Kohlensäure. Alle in der Natur vorkommenden Wässer enthalten mehr oder weniger freie Kohlensäure gelöst. Sehr reich an Kohlensäure sind insbesondere die als Säuerlinge oder Sauerbrunnen bezeichneten Mineralwässer. In den gewöhnlichen natürlichen Wässern beträgt der Gehalt an freier Kohlensäure meist unter 50 mg CO_2 in 1 l, aber auch Mengen über 100 mg CO_2 in 1 l findet man mitunter, während Mineralwässer nicht selten weit über 1000 mg in 1 l enthalten.

Mit zunehmendem Gehalt an Karbonaten, in erster Linie an solchen, welche die vorübergehende oder Karbonathärte bedingen, steigt auch die Menge der freien Kohlensäure regelmäßig im Wasser an, wie die praktische Erfahrung lehrt. Schon längst wußte man,

Kohlensäuretabelle[1].

Gebundene CO_2 (die Hälfte der Bikarbonat-CO_2) und zugehörige freie CO_2. mg im Liter.

Gebundene CO_2	Freie CO_2		Gebundene CO_2	Freie CO_2		Gebundene CO_2	Freie CO_2	
	gefunden (TILLMANS und HEUBLEIN)	berechnet (AUERBACH)		gefunden (TILLMANS und HEUBLEIN)	berechnet (AUERBACH)		gefunden (TILLMANS und HEUBLEIN)	berechnet (AUERBACH)
5	0	0,003	75	9,25	10,7	140	76,4	70
—	—	—	77,5	10,4	—	142,5	80,5	—
15	0,25	0,08	80	11,5	13,0	145	85	77
17,5	0,4	—	82,5	12,8	—	147,5	89,1	—
20	0,5	0,2	85	14,1	15,6	150	93,5	86
22,5	0,6	—	87,5	15,6	—	152,5	98	—
25	0,75	0,4	90	17,2	18,5	155	103	95
27,5	0,9	—	92,5	19	—	157,5	107,5	—
30	1,0	0,7	95	20,75	21,7	160	112,5	104
32,5	1,2	—	97,5	22,75	—	162,5	117,5	—
35	1,4	1,1	100	25	25,4	165	122,5	114
37,5	1,6	—	102,5	27,3	—	167,5	127,6	—
40	1,75	1,6	105	29,5	29,5	170	132,9	125
42,5	2,1	—	107,5	32,3	—	172,5	138	—
45	2,4	2,3	110	35	34	175	143,8	136
47,5	2,7	—	112,5	37,8	—	177,5	149,1	—
50	3,0	3,2	115	40,75	39	180	154,5	148
52,5	3,5	—	117,5	43,8	—	182,5	160	—
55	3,9	4,2	120	47	44	185	165,5	161
57,5	4,25	—	122,5	50,2	—	187,5	171	—
60	4,8	5,5	125	54	50	190	176,6	175
62,5	5,25	—	127,5	57,4	—	192,5	182,3	—
65	6,0	7,0	130	61	56	195	188	189
67,5	6,75	—	132,5	64,7	—	197,5	194	—
70	7,5	8,7	135	68,5	63	200	199,5	203
72,5	8,3	—	137,5	72,3	—	—	—	—

[1] Vgl. ferner J. M. KOLTHOFF u. J. TILLMANS: Z. Unters. Nahrgsmitt. usw. **41**, 97; **42**, 98 (1921); **43**, H. 5, 184 (1922); ferner LEHMANN u. REUSS: ebenda **45**, 227 (1923).

daß das Kalziummonokarbonat in kohlensäurehaltigem Wasser unter Bildung von Bikarbonat verhältnismäßig leicht löslich ist. J. TILLMANS[1] hat durch eingehende Untersuchungen genau festgestellt, welche Mengen von freier Kohlensäure zur Auflösung von kohlensaurem Kalk in destilliertem Wasser erforderlich sind. Seine Untersuchungsergebnisse stimmen auch mit den von F. AUERBACH gefundenen Zahlen, die von diesem aus den Gesetzen des chemischen Gleichgewichtes ermittelt wurden, gut überein. Im vorstehenden sind die von den genannten Forschern gefundenen Kohlensäurewerte (Milligramm im Liter) mitgeteilt, die sich auf die im kohlensauren Kalk gebundene Kohlensäure beziehen. Nebenbei sei bemerkt, daß 100 Teile $CaCO_3$ 44 Teile gebundene CO_2 enthalten. 5 mg gebundene CO_2 sind demnach enthalten in $\frac{5 \cdot 100}{44} = 11{,}36$ mg $CaCO_3$.

1 deutscher Grad Karbonathärte entspricht 7,857 mg gebundener Kohlensäure.

Konstitution: Die freie Kohlensäure ist im Wasser zum größten Teil gasförmig, also als Kohlendioxyd gelöst; hierauf beruht ihre recht schwache Säurenatur im Vergleich zu den Mineralsäuren. Neuere Untersuchungen von A. THIEL und R. STROHECKER haben ergeben, daß bei 4° C in einer wässerigen Lösung von 0,35 mg CO_2 in 1 l Wasser nur 0,7 % als hydratisierte Kohlensäure (H_2CO_3) vorhanden sind, während mehr als 99 % als freies Anhydrid (CO_2) darin enthalten und infolgedessen als Säure nicht wirksam sind. Hierdurch erklärt es sich auch, daß die Neutralisation einer wässerigen Kohlendioxydlösung durch Alkali, das mit Phenolphthalein gerötet ist, einige Zeit braucht, weil sich immer erst H_2CO_3 aus Wasser und Kohlendioxyd bilden muß.

Löslichkeit: Kohlendioxyd ist in Wasser leicht löslich. 1 l Wasser löst bei Atmosphärendruck und 0° rund 3,6 g und bei 20° rund 1,8 g CO_2, oder rund 1800 ccm bzw. rund 900 ccm CO_2. Vgl. auch die näheren Angaben hierüber unter Abschnitt „Kohlensäure".

Hygienische Bedeutung: Der Gehalt eines Trinkwassers an freier Kohlensäure hat gesundheitlich keine nachteilige Bedeutung; im Gegenteil verleiht ein hoher CO_2-Gehalt einem Wasser einen angenehmen, erfrischenden Geschmack. Vorausgesetzt ist hierbei, daß auch die Temperatur des Wassers niedrig ist, am besten unter 12° C, denn nur ein kühles Wasser wirkt erfrischend. Mengen unter 100 mg Kohlensäure in 1 l, wie sie die meisten natürlichen Wässer gelöst enthalten, schmeckt man aber nach unseren Wahrnehmungen noch nicht. Mit Recht sagt W. KRUSE[2], daß die noch weitver-

[1] TILLMANS, J.: Die chemische Untersuchung von Wasser und Abwasser. 2. Aufl. S. 79. Halle a. d. S. 1932 — SCHIKORR, G.: Z. angew. Chem. **44**, 2 (1931). — REUTHER, A.: Gesdh.ing. **54**, H. 11 (1931). — MAYER, O.: Z. Unters. Lebensmitt. **62**, H. 1/2, 271 (1931). — STROHECKER, R.: Z. analyt. Chem. **107**, H. 9 u. 10 (1936).

[2] KRUSE, W.: Die hygienische Untersuchung und Beurteilung des Trinkwassers. In Weyls Handbuch der Hygiene. 2. Aufl., **1**, 247. Leipzig 1919.

breitete Annahme, gut schmeckendes Wasser müsse Luft oder Kohlensäure enthalten, als irrig zu bezeichnen ist. In den üblichen Mengen wird weder Luft noch Kohlensäure geschmeckt, in erster Linie ist es der niedrige Wärmegrad des Wassers, der seine erfrischende Wirkung ausübt.

Technische Bedeutung: Für Wasserversorgungsanlagen spielt der Gehalt eines Wassers an freier Kohlensäure eine bedeutende Rolle. Trotz ihrer nur schwachen Säurenatur wirkt sie auf verschiedene Metalle, wie z. B. Blei, Eisen, Kupfer, Zink, ferner auch auf Mörtel nachteilig, d. h. auflösend ein. Selbst geringe Mengen freier Kohlensäure — schon einige Milligramm CO_2 in 1 l — können metallangreifend wirken bei weichen und karbonatarmen Wässern.

Besitzt ein Leitungswasser die Eigenschaft, mit der Zeit an der Innenwandung der Röhren einen feinen Belag von kohlensaurem Kalk zu erzeugen, so schützt dieser Überzug das Metallrohr in praktisch ausreichendem Maße vor der Einwirkung der freien Kohlensäure. Nach meinen bisherigen Erfahrungen haben in der Regel Wässer mit einer Karbonathärte von etwa 6 deutschen Graden aufwärts die Eigenschaft, einen ausreichenden Schutzbelag zu bilden. Zuweilen wird ein derartiger Rohrwandüberzug auch durch andere im Leitungswasser enthaltene Bestandteile, z. B. durch viel organische Stoffe, Eisenocker, ferner auch auf biologischem Wege, z. B. durch Gallertbakterien hervorgerufen.

Über die Einwirkung kohlensäurehaltigen Wassers auf die für Leitungszwecke hauptsächlich verwendeten Metalle sowie auf Mörtel (Beton) sei kurz folgendes mitgeteilt, wobei zugleich auf die gegenwärtig bestehenden Verwendungsverbote für unedle Metalle [Gas- u. Wasserfach **79**, Nr 46 (1936)] hingewiesen wird. Weitere Angaben sind von der Überwachungsstelle für unedle Metalle in Berlin-Wilmersdorf zu erhalten.

Blei. Blei wird von Kohlensäure nur bei Gegenwart von Sauerstoff[1] im Wasser angegriffen. Luftfreies, kohlensäurehaltiges Wasser löst also Blei nicht auf.

Nebenbei sei erwähnt, daß auch lufthaltiges und kohlensäurefreies Wasser, je weicher und karbonatärmer es ist, um so stärker bleiauflösende Eigenschaften hat. Aus diesem Grunde haben mit Luft gesättigtes destilliertes Wasser und Regenwasser wegen des Fehlens an schützenden Karbonaten ein besonders hohes Bleiauflösungsvermögen.

Eisen. In kohlensäurehaltigem Wasser löst sich Eisen bei Abwesenheit von Sauerstoff unter Bildung von Ferrobikarbonat auf. Diese Eisenverbindung ist bei Luftzutritt nicht beständig; sie zerfällt hierbei unter CO_2-Abspaltung in Ferrihydroxyd, das sich im Wasser als Eisenocker ausscheidet.

---

[1] Vgl. u. a. Wasser u. Abwasser **16**, H. 3, 85 (1921) — Pharmaz. Ztg **1921**, Nr 63, 664. — K. A. Hofmann: Lehrbuch der Anorganischen Chemie. 8. Aufl. Braunschweig 1934.

Vielfach besteht noch die Ansicht, daß lufthaltiges, aber kohlensäurefreies Wasser Eisen nicht angreift. Diese Auffassung ist, wie auch die praktische Erfahrung lehrt, nicht zutreffend. Neuere Arbeiten, besonders von O. BAUER und O. VOGEL aus dem Materialprüfungsamt in Berlin-Dahlem haben gezeigt, daß in lufthaltigem, destilliertem Wasser Eisen sogar stark rostet. Nebenbei sei erwähnt, daß, je alkalischer ein Wasser reagiert, um so weniger eine Oxydation des Eisens eintritt. In praktischer Beziehung ist es von Nachteil, daß das auf den eisernen Röhren entstandene Ferrihydroxyd (Rost) keine zusammenhängende Schicht bildet und deshalb das Leitungsmaterial nicht gegen weitere Angriffe schützen kann. In sauerstoff- und kohlensäurefreiem Wasser ist dagegen Eisen unveränderlich.

Steht an sich eisen- und luftfreies oder luftarmes Wasser, das selbst nur geringe Mengen von freier Kohlensäure gelöst enthält, in eisernen Leitungen ohne genügenden Schutzbelag, z. B. von kohlensaurem Kalk, oder ohne sorgfältig aufgetragenen Schutzanstrich, z. B. von Asphalt oder Bitumen, so löst es aus den Röhren bei längerem Stillstand in der Leitung, z. B. über Nacht, Eisen auf. Man spricht dann von einer Vereisenung des Wassers oder auch von Rohreisen im Gegensatz zum Grundwassereisen. Solches Wasser hat dann die gleichen störenden Eigenschaften wie das aus dem Erdboden kommende Grundwasser. Es fließt also klar und farblos aus der Leitung aus und trübt sich bei Luftzutritt unter Eisenockerausscheidung. Wir haben wiederholt Fälle von Vereisenung solcher Leitungswässer beobachtet. Ferner sind uns auch im Laufe der Jahre mehrere Fälle in der Praxis bekannt geworden, in denen gut enteisentes, aber kohlensäurehaltiges und luftarmes oder sauerstofffreies Wasser aus der Rohrleitung namentlich an Endsträngen Eisen in nicht unerheblicher Menge — mehrere Milligramm und mehr in 1 l — auflöste und so zu einer Wiedervereisenung des Wassers führte, welche die bekannten Störungen beim Gebrauch derartigen Wassers verursachte. Vgl. auch H. LÜHRIG in Gas- u. Wasserfach **70**, H. 17 (1927).

Aus diesen Darlegungen ergibt sich die praktische Folgerung, daß es notwendig ist, daß Leitungswasser stets genügend Luftsauerstoff enthält. Erfahrungsgemäß kann der Luftsauerstoffgehalt des Leitungswassers um so größer sein, je höher die Karbonathärte ist. Zahlreiche Wasserwerke enteisenen ihr Wasser durch starke Belüftung, z. B. durch Regnung oder Rieselung. Solche nicht selten auf diese Weise künstlich mit Luftsauerstoff gesättigten Leitungswässer — bis über 10 mg in 1 l Sauerstoff — greifen ihres hohen Karbonatgehaltes wegen die Eisenrohre nicht oder kaum an, wie das z. B. bei den Wasserversorgungsanlagen von Berlin, Charlottenburg, Flensburg, Tilsit der Fall ist. Derartige Wässer erzeugen auch allmählich an der Innenwand der Leitungen einen feinen, kristallinischen Schutzbelag unter Bildung von Kalziumkarbonat, so daß das durchfließende Wasser die metallische Rohrwand, die außerdem fast immer einen Asphaltanstrich hat, kaum noch berührt. Hat die im Wasser vorhandene freie Kohlensäure Eisen aus der Leitung aufgelöst, so wird das entstandene Ferribikarbonat bei Zutritt von Luftsauerstoff sogleich in Ferrihydroxyd übergeführt, das sich als Eisenocker in feiner Form aus dem Wasser abscheidet und die Innenwandung des Rohrmaterials allmählich bedeckt. Solcher Eisenockerbelag kann gelegentlich auch einen gewissen Schutz gewähren. Bei kräftiger Spülung des Rohrnetzes wird dieser Schutzbelag dann aber meistens wieder entfernt, und nach völliger Entfernung des aus Eisenocker bestehenden Wandbelages kann alsdann wieder von neuem ein Angriff zustande kommen. Der Eisenockerüberzug an den Rohrwandungen haftet, wie die Praxis lehrt, im Gegensatz zu dem aus kohlensaurem Kalk gebildeten Schutzbelag nicht besonders fest an den Rohrwandungen. Über Schutzschichtbildungen durch Wasserleitungswasser in Leitungsrohren vgl. die Arbeiten von J. TILLMANS und seinen Mitarbeitern in Gas- u. Wasserfach **72**, H. 3, 4 u. 28 (1929) und L. W. HAASE: ebenda **74**, H. 24 (1931).

Verschiedentlich haben wir feststellen können, daß fein verteiltes Eisenhydroxyd führendes Leitungswasser an der Innenwandung von Bleileitungen mit der Zeit einen schützenden Eisenockerüberzug erzeugte, so daß lufthaltiges weiches und auch kohlensäurehaltiges Wasser aus solcher Leitung kein Blei aufnahm. Ein derartiger Fall ist besonders vor einiger Zeit[1] bei der Naunhofer Wasserleitung (bei Leipzig) bekannt geworden. Als dort durch kräftige Rohrspülung der aus Eisenocker bestehende Wandbelag entfernt wurde, nahm das weiche lufthaltige Trinkwasser Blei in gesundheitsschädigender Menge aus der Leitung auf.

Kupfer. Blankes Kupfer wird von allen im Wasser gewöhnlich vorkommenden Bestandteilen wenig oder gar nicht angegriffen. In Gegenwart von Sauerstoff tritt Bildung von Kupferoxyd oder eine Schutzschichtbildung aus praktisch unlöslichen Kupferverbindungen ein, in Abwesenheit von Sauerstoff ist Kupfer praktisch unangreifbar. Aus diesem Grunde verwendet man dieses Metall gern als Brunnenrohrmaterial für das in der Regel sauerstofffreie Grundwasser[2].

Zink. Nach meinen bisherigen Erfahrungen scheint sich das Zink ziemlich ähnlich dem Eisen zu verhalten. Es wird ebenfalls von kohlensäurehaltigem Wasser bei Fehlen und bei Anwesenheit von Luftsauerstoff aufgelöst. Nach seiner Stellung in der Spannungsreihe der Metalle wird Zink weit eher angegriffen als Eisen. Verzinkte (galvanisierte) Eisenrohre rosten daher auch an Stellen, wo der Zinküberzug mangelhaft ist, zunächst nicht so stark wie unverzinktes Eisen. Wegen der rostschützenden Wirkung des Zinks sei

---

[1] Bleihaltiges Leitungswasser der Stadtgemeinde Naunhof bei Leipzig. J. Gasbel. u. Wasserversorg. **1920**, 375 — Wasser u. Abwasser **16**, H. 3, 85—86 (1921).

[2] Ausführliche Angaben s. L. W. HAASE: Metallwirtschaft **9**, H. 24—26; ferner bei ERNST SCHMIDT: Ausführliches Lehrbuch der pharm. Chemie. 6. Aufl. Bd. 1. S. 1126. Braunschweig 1919.

besonders auf die neueren Arbeiten von O. Bauer und O. Vogel in den Mitt. Mat.prüfgsamt Berl.-Dahlem **1918**, H. 3 u. 4 hingewiesen.

Zinn. Zinn wird von kohlensäure- und sauerstoffhaltigem Wasser kaum angegriffen. Auch wegen seiner sonstigen Beständigkeit ist es für Wasserleitungen in dieser Hinsicht gut geeignet, meist ist aber Zinn bleihaltig. 1 % Blei ist die gesetzlich zulässige Grenze, die aber oft aus technischen Gründen überschritten wird. Blei ist unedler als Zinn und geht deshalb zuerst in Lösung. Es gelten also in gewissem Sinne für Zinnrohre die gleichen Bedenken wie für Bleirohre (siehe dort).

Mörtelangriff. Der im abgebundenen Mörtel enthaltene kohlensaure Kalk wird, wie bereits einleitend bemerkt, durch die freie Kohlensäure des Wassers in Kalziumbikarbonat übergeführt, das verhältnismäßig leicht löslich ist. Der Grad der Löslichkeit von Kalziumkarbonat — Magnesiumkarbonat, das vielfach auch in geringer Menge im Mörtel zugegen ist, verhält sich ähnlich — ist einmal abhängig von der Menge der im Wasser vorhandenen freien Kohlensäure sowie zweitens von den bereits im Wasser gelösten Bikarbonaten. Wie Tillmans und Heublein durch eingehende Versuche nachgewiesen haben, kann Kalziumbikarbonat im Wasser nur beständig sein, wenn gleichzeitig eine im Verhältnis zu dem Bikarbonatgehalte schnell ansteigende Menge freier Kohlensäure zugegen ist. Wird diese Kohlensäuremenge dem Wasser in irgendeiner Weise genommen, so ist das Bikarbonat nicht mehr beständig, es spaltet sich in freie Kohlensäure und Kalziummonokarbonat. Hierauf beruht in erster Linie der schützende Überzug an kohlensaurem Kalk — Kalksinterbildung — an der Innenwandung von Leitungsröhren, wie schon oben auseinandergesetzt ist. In der auf S. 151 veröffentlichten Tabelle sind die von Tillmans gefundenen Zahlen angegeben, welche die wachsenden Mengen von freier Kohlensäure zeigen, die bei zunehmendem Gehalt an Kalziumbikarbonat zur Lösung erforderlich sind. Ist in einem Wasser gerade nur so viel freie Kohlensäure vorhanden, als zur Erhaltung des chemischen Gleichgewichts für das Bikarbonat notwendig ist, so kann natürlich diese Kohlensäuremenge weiteres Kalziumkarbonat nicht mehr auflösen. Kohlensauren Kalk enthaltender Mörtel, z. B. in Sammelbrunnen, Sammelbehältern, Gebäudemauerwerk, wird daher von derartigen kohlensäurehaltigen Wässern nicht angegriffen. Jeder Überschuß an freier Kohlensäure im Wasser, also die Kohlensäuremenge, die über die zur Lösungshaltung der im Wasser bereits vorhandenen Bikarbonate erforderliche Menge hinausgeht, wirkt jedoch lösend auf kohlensauren Kalk ein. Von einem Wasser, das mit Mörtel in Berührung kommt, wie das wohl bei fast allen Wasserversorgungsanlagen der Fall ist, muß zur Verhütung von Angriffen und wegen der hierdurch unter Umständen bedingten, nicht unbedenklichen Gefährdung des Mauerwerks verlangt werden, daß es keine kohlensauren Kalk auflösende freie Kohlensäure mehr enthält; oder, wie sich Tillmans ausdrückt, das Wasser muß frei von „aggressiver Kohlensäure“ sein.

An Hand der oben veröffentlichten Kohlensäuretabelle kann man theoretisch bei jedem Wasser den Gehalt an angreifender Kohlensäure gegen kohlensauren Kalk ablesen.

Bei Benutzung dieser Tabelle darf man nicht so vorgehen, daß man einfach die zu der ermittelten gebundenen Kohlensäure zugehörige freie von der gefundenen freien abzieht und nun den Rest als angriffsfähig ansieht. Das ist aus dem Grunde falsch, da ja bei einem Angriff von freier Kohlensäure auf kohlensauren Kalk die gebundene Kohlensäure eine Erhöhung erfährt. Man muß sich dazu also vergegenwärtigen, daß beim Angriff auf Kalziumkarbonat die gebundene Kohlensäure um so viel zunimmt, wie die freie abnimmt. Das Gleichgewicht ist erreicht, wenn die Zunahme der gebundenen Kohlensäure — vermehrt um die zu dieser neugebundenen gehörigen freien — wieder dem Gesamtgehalte an ursprünglich vorhandener freier Kohlensäure entspricht. Die Zunahme an gebundener Kohlensäure gibt alsdann die aggressive Kohlensäure des betreffenden Wassers an.

Tillmans gibt hierzu ein praktisches Beispiel. Ein Wasser enthält im Liter 80 mg gebundene und 50 mg freie Kohlensäure. Man hat dann, um die aggressive Kohlensäure zu finden, in der Reihe für gebundene Kohlensäure so viel weiter zu gehen, bis man an einen Punkt gelangt, bei dem die Zunahme der gebundenen Kohlensäure, von 80 an gerechnet, vermehrt um die zu dieser gebundenen gehörigen freien Kohlensäure, die Zahl 50 ergibt. Im obigen Beispiel hätte man also bis zu 102,5 in der Reihe für gebundene Kohlensäure vorzurücken; die Zunahme von 80 an beträgt hier 22,5; die zugehörige ist bei 102,5 = 27,3; 22,5 + 27,3 ergibt 49,8, also praktisch 50. Die aggressive Kohlensäure dieses Wassers, das 80 mg gebundene und 50 mg freie Kohlensäure enthält, betrüge demnach 22,5 mg im Liter.

Genauer kann man die angreifende Kohlensäure aus einer Kurve entnehmen. Auerbach hat gezeigt, daß man mit Hilfe dieser Kurve jedesmal durch eine einfache Konstruktion die aggressive Kohlensäure bestimmen kann. Diese zum genauen Ablesen geeignete Kurve — auf Millimeterpapier hergestellt und mit Gebrauchsanweisung versehen — ist u. a. auch durch das Hygienische Institut der Universität Frankfurt a. M. käuflich zu beziehen.

Kohlensäuretabelle nach Tillmans, in der für die Wasserpraxis erweiterten Form von Gärtner und Gotschlich.

Zur Vereinfachung der Ermittlung des Gehaltes eines Wassers an zugehöriger Kohlensäure haben Aug. Gärtner in Jena und E. Gotschlich in Gießen die nachstehende Kohlensäuretabelle von J. Tillmans in Frankfurt a. M. in verbesserter Form aufgestellt, aus der sich mittels der Karbonathärte und der gebundenen sowie der freien Kohlensäure leicht die Menge der aggressiven, d. h. der marmorauflösenden Kohlensäure ersehen läßt.

Die umstehenden Versuche sind mit Lösungen von Karbonaten des Kalziums in destilliertem Wasser angestellt worden.

I = Karbonathärte in deutschen Graden, II = gebundene Kohlensäure in Milligrammlitern, III = freie zugehörige Kohlensäure in Milligrammlitern.

I	II	III	I	II	III	I	II	III
0,64	5,06	0	9,55	75	9,25	17,5	137,5	72,3
1,91	15,00	0,25	9,86	77,5	10,4	17,82	140	76,4
2,23	17,5	0,4	10,18	80	11,5	18,14	142,5	80,5
2,55	20	0,5	10,5	82,5	12,8	18.46	145	85
2,86	22,5	0,6	10,82	85	14,1	18,77	147,5	89,1
3,18	25	0,75	11,14	87,5	15,6	19,09	150	93,5
3,5	27,5	0,9	11,45	90	17,2	19,41	152,5	98
3,82	30	1,0	11,77	92,5	19	19,73	155	103
4,14	32,5	1,2	12,09	95	20,75	20,05	157,5	107,5
4,45	35	1,4	12,41	97,5	22,75	20,36	160	112,5
4,77	37,5	1.6	12,73	100	25	20,68	162,5	117,5
5,09	40	1,75	13,05	102,5	27,3	21	165	122,5
5,41	42,5	2,1	13,36	105	29,5	21,32	167,5	127,6
5,73	45	2,4	13,68	107,5	32,3	21,64	170	132,9
6,05	47,5	2,7	14	110	35	21,95	172,5	138
6,37	50	3,0	14,32	112,5	37,8	22,27	175	143,8
6,68	52,5	3,5	14,64	115	40,75	22,59	177,5	149,1
7	55	3,9	14,96	117,5	43,8	22,91	180	154,5
7,32	57,5	4,25	15,27	120	47	23,23	182,5	160
7,64	60	4,8	15,59	122,5	50,2	23,55	185	165,5
7,95	62,5	5,25	15,91	125	54	23,86	187,5	171
8,28	65	6,0	16,23	127,5	57,4	24,18	190	176,6
8,59	67,5	6,75	16,55	130	61	24,5	192,5	182,3
8,91	70	7,5	16,86	132,5	64,7	24,82	195	188
9,23	72,5	8,3	17,18	135	68,5	25,45	200	199,5

Etwas anders liegen die Verhältnisse bei den gewöhnlichen Trinkwässern, in denen noch eine Reihe anderer Bestandteile, wie Eisen-, Mangan-, Magnesiaverbindungen, organische Stoffe, Alkalien, Chloride, Sulfate, Nitrate usw. zugegen sind. So z. B. erfordern Magnesium- und Natriumbikarbonat keine zugehörige Kohlensäure. Kalziumsulfat und Chlormagnesium beeinflussen das Kohlensäuregleichgewicht nicht unerheblich. Abweichungen von den ermittelten Zahlenwerten sind deshalb bei den natürlich vorkommenden Wässern nicht selten. Bei den zahlreichen Wasseruntersuchungen in unserer Anstalt sind auch in der Tat nicht selten Abweichungen von obigen Werten gefunden worden, die ohne Zweifel auf die verschiedene chemische Zusammensetzung der Wässer zurückzuführen sind. Vgl. auch A. Emunds in der Chem.-Ztg. **58**, Nr 32, 328 (1934).

Bestimmung der mörtelangreifenden „aggressiven" Kohlensäure. Diese geschieht am besten durch den von C. Heyer, Dessau, vorgeschlagenen Marmorversuch, aus dem ersichtlich ist, ob und wieviel kohlensauren Kalk ein Wasser aufzulösen imstande ist. Die Menge von Kalziumkarbonat, die hierbei vom Wasser aufgelöst wird, gibt man zweckmäßig als Milligramm $CaCO_3$ im Liter an. Nachstehend die Beschreibung dieses leicht auszuführenden Versuches: Man füllt eine Flasche von 300—500 ccm Inhalt möglichst ohne Gasverluste bis zum Halse mit dem zu untersuchenden Wasser an, fügt 1—2 g mittelfein gepulverten Marmor hinzu, mischt gut und läßt es 2—3 Tage unter öfterem Umschütteln verschlossen stehen. Man filtriert alsdann 100 ccm ab und bestimmt darin die — etwaige — Karbonatzunahme maßanalytisch mit n/10 HCl und Methylorange als Indikator. Jeder Kubikzentimeter n/10-Säure Mehrverbrauch gegenüber dem ursprünglichen Wasser zeigt 5 mg $CaCO_3$ an. Der Marmorversuch[1] sollte bei Wässern, die für Zentralversorgungen in Frage kommen, stets vorgenommen werden.

Untersuchungen von H. Noll (Z. angew. Chem. **1920**, Nr 58, 182) haben folgendes ergeben: Die Bestimmung der angreifenden Kohlensäure in eisenbikarbonathaltigen Wässern kann sowohl nach Tillmans' wie nach Heyers Angaben nur dann zu richtigen Ergebnissen führen, wenn die nötigen Verbesserungen für Eisen bei der Berechnung der freien und gebundenen Kohlensäure angewandt werden; und zwar müssen für jedes Milligramm Fe_2O_3 = 1,1 mg CO_2 in Abzug gebracht werden.

Bei eisenfreien Wässern sind die nach Noll durch den Marmorversuch ermittelten Werte am zuverlässigsten, besonders wenn sich außer Kalziumbikarbonat größere Mengen an Magnesium- oder Natriumbikarbonat im Wasser befinden.

Der Marmorversuch gibt im übrigen für die Praxis genügende Auskunft über den Gehalt eines Wassers an aggressiver Kohlensäure. Da Marmor an sich in kohlensäurefreiem Wasser schon etwas löslich ist, so sind bei dem angestellten Versuch aufgelöste Mengen bis zu etwa 13 mg/l $CaCO_3$ im allgemeinen für die Praxis noch belanglos. Vgl. die Wasserlöslichkeitstabelle am Schluß des Buches und K. Schilling in Gas- u. Wasserfach **79**, Nr 29 (1936). Es sei im übrigen noch darauf hingewiesen, daß ein hoher Gehalt des Wassers an Chloriden die Löslichkeit von kohlensaurem Kalk (Marmor) im Wasser etwas begünstigt.

Über Schutzmaßnahmen sowie über die Entfernung der freien Kohlensäure aus dem Wasser vgl. unter Wasserbehandlung.

Saure Wässer. Alle sauer reagierenden Wässer — p_H unter 7 — haben metall- und mörtelangreifende Eigenschaften. Die saure Reaktion der Wässer ist meist durch die Anwesenheit von freier Kohlensäure bedingt, über die bereits oben alles Nähere gesagt ist. Da die Kohlensäure nur eine schwache Säure ist, lassen sich im allgemeinen erst größere Mengen von ihr im Wasser durch Alizarin, Rosolsäure und Lackmus nachweisen. Ist ihre Menge so groß, daß sie auf diese Indikatoren reagiert, so haben solche Leitungswässer fast ausnahmslos aggressive Eigenschaften. Zuweilen wird die saure Reaktion auch durch die Gegenwart freier Mineralsäure im Wasser, wie Salpetersäure oder Schwefelsäure, hervorgerufen. Letztere hat man namentlich in einigen Grundwässern Schlesiens beobachtet.

[1] Vgl. auch J. M. Kolthoff u. J. Tillmans: Z. Unters. Nahrgsmitt. usw. **21**, 104, 107; **42**, 100 (1921), und F. C. Gaisser im Jahrbuch „Vom Wasser" **7**, 114, Berlin 1933.

Auch organische Säuren, die in Wässern mit hohem Gehalt an organischen Substanzen (Huminstoffen), in sog. Moorwässern, mitunter enthalten sind, greifen das Material der Leitungen und der Dampfkessel an. In gesundheitlicher Hinsicht sind die Huminstoffe an sich belanglos (AUG. GÄRTNER, M. RUBNER).

Freie Kieselsäure findet man besonders in weichen Wässern öfters in größerer Menge, bis zu 40 mg SiO_2 im Liter und mehr; sie stört besonders bei der Verwendung des Wassers zu Kesselspeisezwecken.

Gesundheitlich hat selbst ein hoher Kieselsäuregehalt eines Trinkwassers keine Bedeutung (R. KOBERT und E. STARKENSTEIN).

Über Entsäuerung des Wassers sowie über Schutzmaßnahmen bei Angriff von außen vgl. unter Wasserbehandlung.

Schwefelwasserstoff und Sulfide. Alle Wässer, die Schwefelwasserstoff oder Sulfide — Vorkommen besonders in Thermalwässern — in größerer Menge enthalten, wirken zerstörend auf das Leitungsmaterial. Schwefelwasserstoff besitzt die Eigenschaft einer schwachen Säure, als deren salzartige Verbindungen die Sulfhydrate und Sulfide anzusehen sind. Die meisten Metalle sowie auch Mörtel und Beton werden von Schwefelwasserstoff und seinen Verbindungen angegriffen. Auch schwefelhaltige Kohle ist sehr angreifend gegen Metalle und Mörtel. Es sei im Anschluß daran erinnert, daß in eisenhaltigen Grundwässern Schwefelwasserstoff in sehr geringer Menge — unter 1 mg/l H_2S — häufig anzutreffen ist, der aber durch Belüftung des Wassers schnell beseitigt wird. Über seine gelegentlich schädliche Wirkung bei Brunnenanlagen vgl. die näheren Angaben bei H. BERGER: Gewerbliche Unfälle und Erkrankungen durch chemische Wirkungen, H. 3. Leipzig 1936 und G. WIEGAND in Gas- u. Wasserfach **79**, Nr 13 (1936). — Schwefelwasserstoff hat, auf Luft bezogen, ein spezifisches Gewicht von 1,178, und 100 Teile Wasser von 15° C lösen 3,23 Raumteile Schwefelwasserstoff.

Chloride. Ein hoher Gehalt eines Wassers an Chloriden begünstigt im allgemeinen den Angriff auf Metalle.

Je weicher und karbonatarmer ein Wasser ist, um so mehr macht sich der Einfluß der Chloride bemerkbar. Bei solchen Wässern können schon 100 mg Cl in 1 l Eisenangriffe bedingen, wie Fälle aus der Praxis zeigen.

Bei höherer Temperatur des Wassers, wie solche z. B. in Dampfkesseln herrscht, wird die Angriffswirkung der Chloride, zumal bei Gegenwart von Magnesiumverbindungen und Nitraten, noch verstärkt. Unterstützend wirkt hierbei auch der höhere Druck, unter dem das Wasser in den Kesseln steht.

Freies Chlor. Zur Entkeimung von Trinkwasser wird jetzt allgemein die Chlorung angewandt. In konzentrierter Form greift natürlich Chlor die Metalle stark an. Bei den in der Praxis hierzu erforderlichen sehr geringen Chlormengen — meist unter 1 mg/l Cl — sind aber Metallangriffe nicht zu befürchten. Bei sehr weichen und mineralstoffarmen Wässern könnte allerdings unter Umständen eine nachteilige Einwirkung auf das Leitungsmaterial durch dieses Oxydationsmittel hervorgerufen werden. Vgl. auch ORNSTEIN in: Vom Wasser 4, 104. Berlin 1930.

Nitrate. Ein hoher Gehalt an Nitraten — unter Umständen schon 50 mg N_2O_5 in 1 l Wasser — kann besonders bei Wässern mit geringer Karbonathärte Metallangriffe im Leitungsnetz hervorrufen. In hygienischer Hinsicht ist von Bedeutung, daß nitratreiche Wässer bleiauflösende Eigenschaften besitzen. Dampfkessel werden durch nitrathaltiges Wasser sehr angegriffen. In gleicher Weise wie Nitrate können auch Nitrite, besonders für Bleirohre, von Nachteil sein.

Sulfate. Ein hoher Gipsgehalt des Wassers ist besonders für Kesselspeisezwecke schädlich. Kalziumsulfat im Wasser erzeugt einen festen Kesselstein. Gips gilt allgemein als der gefährlichste Kesselsteinbildner, der schwer zu entfernen ist und der nur eine geringe Wärmeleitungsfähigkeit besitzt.

Sehr hoher Sulfatgehalt — im allgemeinen über 300 mg/l SO_3 — eines Wassers ist auch für Mörtelmaterial schädlich. Bildung des sog. „Zementbazillus".

Öle und Fette[1]**.** Öle und Fette im Wasser greifen schon in geringer Menge Beton und Metalle an infolge Spaltung in freie Fettsäuren. Bei Warmwasserversorgungszwecken ist besonders darauf zu achten, daß das Wasser möglichst frei von Öl und Fett ist. Bei Kesselspeisewässern sollen schon Mengen von 5—10 mg Öl oder Fett im Liter Anfressungen der Kesselwandungen hervorrufen können.

Auch die nicht verseifbaren Mineralöle sollen nach den mir aus der Praxis gemachten Mitteilungen für Speisezwecke insofern nachteilig sein, als sie den Kesselstein für Wasser undurchlässig machen, wodurch die Kesselwandung leicht bis zum Erglühen überhitzt werden kann.

Elektrische (vagabundierende) Ströme. Elektrische (umherirrende) Ströme, auch Irr- oder Streuströme genannt, greifen das Leitungsmaterial nicht selten stark[2] an, wie die Erfahrungen namentlich bei den Wasserversorgungsanlagen im Landkreise Aachen und im Kreise Helbra-Mansfeld gezeigt haben. Auch in der Stadt Gablonz a. N. wurden durch die Einwirkung elektrischer Ströme auf Wasserleitungsrohre schwere elektrolytische Zerstörungen des Rohrmaterials beobachtet. Die Entstehung der Erdströme wurde in letzterem Falle der elektrischen Straßenbahn zugeschrieben. Auf Beton- und Eisenbetonkörper scheinen elektrische Ströme im allgemeinen nicht besonders einzuwirken. Nach B. PFEIFFER, Leipzig,

[1] Einwirkung von Öl auf Beton. Zement **1920**, Nr 26, 328 — Wasser u. Abwasser **16**, H. 4, 120 (1921).

[2] Vgl. auch LASCHE: Mitt. d. Vereinig. d. Elektrizitätswerke **1920**, Nr 273, 229 — Wasser u. Abwasser **17**, H. 10, 315 (1922); **19**, H. 8, 241 (1924): ferner F. BESIG: Elektro-J. **1926**, H. 11 — Gas- u. Wasserfach **70**, H. 9 (1927). — HAEHNEL, O.: Korrosion u. Metallschutz **3**, H. 7 (1927). — BECK, W.: Z. angew. Chem. **1928**, 1361.

ist das Eternitrohr gegen elektrische Ströme unempfindlich, vgl. Gas- u. Wasserfach **76**, Nr 30 (1933) und G. TRAUB im Techn. Gemeindebl. **1933**, Nr 14. Über die Messung von Irrströmen vgl. BÖNINGER im Gas- u. Wasserfach **79**, Nr 1 (1936).

Im Anschluß hieran sei erwähnt, daß der Deutsche Verein von Gas- und Wasserfachmännern E. V. in Berlin W 30 u. a. nachstehende Veröffentlichungen auf diesem Gebiete herausgegeben hat, die auch näher die Frage der Schutzmaßregeln behandeln und auf die empfehlend hingewiesen sei:

Vorschriften zum Schutze der Gas- und Wasserröhren gegen schädliche Einwirkungen der Ströme elektrischer Gleichstrombahnen, die die Schienen als Leiter benutzen, nebst Erläuterungen.

Richtlinien für die Benutzung von Wasserleitungsrohren als Erder in elektrischen Starkstromanlagen. Vgl. auch Gas- u. Wasserfach **74**, Nr 18 (1931) und **79**, Nr 13 (1936). — Vgl. ferner Wasser u. Abwasser **24**, H. 8, 237 (1928); ferner G. BÖNINGER: Gas- u. Wasserfach **80**, H. 31 (1937).

Erdströme und Rohrleitungen. Von Dipl.-Ing. FR. BESIG in Berlin-Frohnau. Vgl. auch BESIGs weitere Veröffentlichungen hierüber in Korrosion u. Metallschutz **5**, H. 5 (1929) und Gas- u. Wasserfach **73**, H. 16 u. 17 (1930); **1911**, 541; **1913**, Nr 3—6, **1933**, Nr 8, 52 und **1934**, Nr 3.

Über die Bestimmungen über den Anschluß von Blitzableitungen an Gas- und Wasserleitungsrohren vgl. die näheren Angaben bei A. VIOLET und G. BÖNINGER im Gas- u. Wasserfach **80**, H. 35 (1937); ferner „Blitzschutz“, herausgegeben v. Ausschuß für Blitzableiterbau (A. BB). 4. Aufl. Berlin 1937.

Im einzelnen sei über das bei Wasserversorgungsanlagen hauptsächlich verwendete Material noch kurz folgendes gesagt:

Betonangriff. Bei Wasserfassungsanlagen, Filterbecken und Wasserbehältern überhaupt werden hydraulische Mörtel benutzt, die mit Portlandzement, Eisenportlandzement, Hüttenzement oder Tonerdezement oder auch mit hydraulischem Kalk hergestellt sind. Untersuchungen über Angriffe und Zerstörungen dieser Baustoffe sind in großer Zahl ausgeführt worden. Alle diese Mörtel sowie deren Mischungen sind mehr oder weniger chemischen Einflüssen ausgesetzt.

Chemische Eigenschaften: Die Angriffe durch Grund-, Sicker- oder Abwässer und auch ungeeigneten Boden können unter Umständen, wie die Erfahrungen mit Beton in Hochmooren und im Meerwasser ergeben haben, einen solchen Grad annehmen, daß die Standsicherheit der betr. Bauwerke gefährdet ist. Große Strömungsgeschwindigkeiten des Wassers beschleunigen besonders die Zerstörung des Betons. Mörtel wird angegriffen von Wasser oder Boden mit saurer Reaktion gegen Kongopapier, Metylorange und Rosolsäure. Desgleichen schädigen Ammoniumsalze und Schwefelwasserstoff als Gas sowie Fette und Öle außer Mineralfetten. Alkalikarbonate im Wasser stören dagegen nicht. Aggressive (marmorauflösende) Kohlensäure im Wasser ist für Mörtel schädlich, besonders nachteilig wirkt auf Mörtel ein hoher Gehalt eines Wassers an Sulfaten und Magnesiaverbindungen — von etwa 300 mg/l SO_3

und von 300 mg/l MgO aufwärts. Die zerstörende Wirkung der schwefelsauren Salze auf Mörtel ist darauf zurückzuführen, daß die Schwefelsäure dieser Salze mit dem Kalk und dem Kalziumaluminat des Zementes zu einer mit viel Wasser auskristallisierenden Doppelverbindung dem Kalziumsulfoaluminat, zusammentritt. Die große Raumbeanspruchung dieser Verbindung bedingt das Gipstreiben, da ihr sehr starker Kristallisationsdruck das Mörtelgefüge mit überaus starker Gewalt sprengt. Das Kalziumsulfoaluminat führt vielfach in der Praxis die unzweckmäßige Bezeichnung „Zementbazillus". — Mineralstoffarme, weiche und besonders sehr karbonatarme Wässer sind ungemein schädlich, zumal bei fließenden Wässern. Zementmörtel kann außerdem durch Meerwasser sowie auch durch verwesende stickstoffhaltige Stoffe wie Dünger, Jauche, häusliche Abwässer, Bildung von Auswitterungen zerstört werden; dagegen spielt die chemische Beschaffenheit des zum Anmachen dienenden Wassers, des „Anmachewassers", kaum eine Rolle; nur Zucker im Anmachewasser schon in kleinsten Mengen verhindert die Erhärtung.

Bei Schutzmaßnahmen zur Verhinderung von chemischen Betonangriffen ist stets folgerichtig zu verfahren. Nicht nur der Baugrund, sondern auch das Grundwasser an der Baustelle sind zuvor daraufhin zu untersuchen, ob sie betonangreifende Stoffe enthalten. Außerdem wäre noch zu prüfen, ob nicht noch nachträglich durch Auslaugung schädlicher Stoffe z. B. aus Feuerungsrückständen, Schutthalden, Moorboden, durch Auslaugung noch Mörtelzerstörungen erfolgen können.

In den Fällen, wo es möglich ist, sollte man angriffsfähige Wässer, z. B. durch Fernhalten, Absenken des umgebenden Grundwassers, durch gute Drainage usw. unschädlich machen. In anderen Fällen ist ein geeigneter Schutz der Mörtelflächen, z. B. durch Vorlage einer Lehmschicht, durch Bekleidung mit Schamotteziegeln oder hartgebrannten, säurefesten Klinkern, Asphaltteerung der Betonoberfläche u. dgl. anzuordnen. Durch Verwendung eines dichten, fetten Betons wird die Widerstandsfähigkeit des Bauwerkes wesentlich erhöht. Ferner ist bei sulfathaltigen Wässern zum Schutze der Bauwerke die Verwendung von Erzzement, Portlandzement mit Traßzusatz, Hüttenzement oder Tonerdezement (Schmelzzement) zu empfehlen. Bei betonschädlichem Boden ist auch eine 30—50 cm starke Sandbettung nach vorherigem geeignetem Schutzanstrich des Betons oft anzuraten. Es sei hier auf die Richtlinien für Bodenuntersuchungen hingewiesen, die von der Deutschen Gesellschaft für Bauwesen e. V., Berlin, im Jahre 1935 herausgegeben sind und auf die Bestimmungen des Deutschen Ausschusses für Eisenbeton 1932.

Schrifttum.

Burchartz, H.: Der Beton. Im Handbuch für Eisenbetonbau. 4. Aufl. Berlin 1928.

Dorsch, K. E.: Chemie der Zemente. Berlin 1932.

Graf, O., u. H. Goebel: Schutz der Bauwerke gegen chemische und physikalische Angriffe. Berlin 1930.

GRÜN, R.: Beton und Zement. 2. Aufl. Berlin 1936 — Der Beton. 2. Aufl. Berlin 1937.
KLEINLOGEL, A.: Einflüsse auf Beton. 3. Aufl. Berlin 1930.
KRAWINKEL u. KRÜGER: Beton oder Steinzeugrohre. H. 1 der Schriftenreihe der Deutschen Gesellschaft für Bauwesen, e. V. München u. Berlin 1933.
Richtlinien für die Ausführung von Bauwerken aus Beton in Moor und Moorwässern und ähnlich zusammengesetzten Wässern. Aufgestellt vom Moorausschuß Berlin im November 1930. (Verlag Julius Springer.)
RODT, V.: Der Bautenschutz **7**, H. 7 (1936) — Der Einfluß verschiedener Stoffe des Bodens und des Wassers auf Beton. Zement **3**, Nr 41 (1914).
Stoff-Hütte. 2. Aufl. Berlin 1937.

Metallangriff. Unter Metallangriff oder Korrosion der Metalle versteht man allgemein die durch unbeabsichtigten, von der Oberfläche ausgehenden chemischen oder elektrochemischen Angriff hervorgerufene Veränderung eines Werkstoffes. Als Erosion bezeichnet man den Verschleiß, der einen mechanischen, von der Oberfläche her einsetzenden Angriff darstellt (E. RABALD). Nachstehend sei das in der Wasserwerkspraxis besonders in Betracht kommende Leitungsmaterial besprochen. Das einschlägige Schrifttum hierüber findet sich an den eingangs genannten Stellen und hauptsächlich in folgenden Zeitschriften und Handbüchern:

Das Gas- und Wasserfach (GWF),

Gesundheits-Ingenieur,

Zeitschrift des Vereins deutscher Ingenieure (VDI),

Korrosion und Metallschutz, und Berichte über die Korrosionstagungen. VDI-Verlag G. m. b. H. in Berlin.

Technisches Gemeindeblatt.

„Vom Wasser“, Jahrbuch für Wasserchemie und Wasserreinigungstechnik seit 1927, herausgegeben von der Fachgruppe für Wasserchemie des Vereins deutscher Chemiker, E. V. Verlag Chemie, Berlin.

Kleine Mitteilungen. Herausgegeben von der Preuß. Landesanstalt für Wasser-, Boden- und Lufthygiene in Berlin-Dahlem, seit 1924.

Sammelblatt Wasser und Abwasser.

Ferner seien noch folgende Werke genannt:

HINZMANN, R.: Nichteisenmetalle. Berlin 1931 und 1934.

MANN, V.: Rohre. München u. Berlin 1928.

SAUERWALD, A.: Lehrbuch der Metallkunde. Berlin 1929.

TAMMANN, G.: Lehrbuch der Metallkunde. Leipzig 1932.

Hütte, Taschenbuch der Stoffhütte. 2. Aufl. Berlin 1937.

Chemiker-Taschenbuch. Herausgegeben von J. KOPPEL. 58. Aufl. Berlin 1937.

Aluminium. Aluminium wird bei Wasserversorgungsanlagen bislang nur vereinzelt angewandt. In seinen chemischen Eigenschaften besitzt das Aluminium gewisse Vorzüge; so wird es von Schwefelwasserstoff, Sulfiden, freier Kohlensäure, Phosphorsäure und Phosphaten, verdünnten organischen Säuren, wie z. B. Fettsäuren, Milchsäure und Weinsäure, nicht angegriffen. Von freier Salpetersäure, ebenso von freier Schwefelsäure oberhalb bestimmter Konzentrationen wird das Aluminium bei gewöhnlicher Temperatur ebenfalls nicht oder kaum angegriffen. Dagegen wird es von verdünnter Salzsäure, von Laugen sowie von Kochsalzlösungen und Meerwasser verhältnismäßig stark beeinflußt; Aluminiumröhren werden hierbei leicht zerstört. In Verbindung mit Kupfer oder kupferhaltigen Legierungen wird Aluminium angegriffen. Gegen alkalisch reagierende Stoffe, namentlich Soda, besitzt das Aluminium nur geringe Widerstandskraft; daher empfiehlt es sich für die Praxis, Aluminium nicht mit dem stark alkalisch reagierenden Kalkmörtel in unmittelbare Berührung zu bringen. Aluminiumröhren wären daher von außen in solchem Falle in geeigneter Weise zu schützen, z. B. durch asphaltierte Juteumwicklung. Aluminium ist chemischen Einwirkungen gegenüber um so widerstandsfähiger, je reiner es ist. Am reinsten ist Original-Hüttenaluminium. Vgl. P. MELCHIOR: Aluminium und Leichtlegierungen. Berlin 1929; ferner Hauszeitschr. d. V. A. W. und der Erftwerk AG., H. 9/11, 1931.

Aluminium wird von Wasser bei gewöhnlicher Temperatur nur oberflächlich in geringem Grade unter Bildung von Aluminiumhydroxyd[1] angegriffen. Das Metall überzieht sich hierbei mit einem feinen Hydroxydhäutchen, das es vor weiteren Angriffen schützt, sog. „Schutzhäutchen“. Auskunft: Aluminium-Zentrale G. m. b. H. in Berlin W 9; Aluminium-Taschenbuch der Gesellschaft. 8. Aufl. 1937. Vgl. ferner L. W. HAASE: Gas- u. Wasserfach **75**, Nr 20 (1932) und H. BOHNER in Korrosion u. Metallschutz **9**, H. 4 u. 5 (1933) und L. JABLONSKI: ebenda **2**, H. 9 (1926).

Gesundheitlich haben die Mengen von Aluminium, die gelegentlich aus den Leitungen aufgenommen werden können und somit in das Trinkwasser gelangen, keine Bedeutung; ebenso auch die Mengen nicht, die bei der Klärung von Trinkwasser durch Aluminiumsulfat, z. B. in Bremen, Lippstadt, Neiße usw., noch im Reinwasser enthalten sind. Es sei im übrigen daran erinnert, daß Aluminium ja auch therapeutisch, z. B. bei Hyperazidität des Magens u. ä. mit gutem Erfolge verwandt wird. Vgl. auch Reichsgesdh.bl. **5**, Nr 41, 803 (1930) und K. B. LEHMANN: Münch. med. Wschr. **76**, Nr 42 (1929) und Arch. f. Hyg. **102**, 349 (1929); **106**, 345 (1931); ferner Wasser u. Abwasser **29**, H. 7, 194 (1932) und H. ZELLNER: Chem.-Ztg **57**, Nr 20 (1933) und Z. Unters. Lebensmitt. **67**, H. 6, 654—655 (1934) und J. WÜHRER: Arch. f. Hyg. **112**, H. 4, 215 (1934) und Chem.-Ztg **60**, Nr 10, 108 (1936).

Blei. Bei Wasserversorgungsanlagen wird Bleirohr seiner leichten Formgebung und Anpassung wegen viel verwandt. Seine Verlegung ist einfach und bequem, da Blei schmiegsam ist und sich leicht biegen und löten läßt und in zusammenhängenden Stücken bis zu 30 m geliefert werden kann. Von Nachteil ist aber, daß Bleirohr bei hohen Drucken nicht genügend widerstandsfähig ist.

[1] Vgl. u. a. A. v. ZEERLEDER: Technologie des Aluminiums und seiner Legierungen. Leipzig 1934. — V. FUSS: Metallographie des Aluminiums und seiner Legierungen. 1934. — G. SACHS: Duralumin-Metallwirtschaft **14**, Nr 35 (1935). — G. WIEGAND: Gas- u. Wasserfach **79**, Nr 13 (1936).

Allmähliche Zerstörungen der Bleiröhren können daher auch leicht durch die bekannten Wasserschläge in den Leitungen verursacht werden. In waagerechter Lage müssen Bleiröhren möglichst gestreckt verlegt werden, damit sich keine Luftsäcke bilden können. Bleiröhren sollten ferner stets auf fester Unterlage, z. B. Holzplatte usw., verlegt werden, da sie sonst wegen ihres Eigengewichtes und auch wegen ihrer Ausdehnung bei Temperaturerhöhung leicht durchhängen. Blei ist so weich wie Gips. Es läßt sich mit dem Messer bequem schneiden. Wegen dieser Eigenschaft ist es auch gegen äußere Einwirkungen, z. B. Stoß, Anhacken, nur wenig widerstandsfähig. Bei seiner großen Weichheit wird Bleirohr auch leicht von Mäusen und Ratten durchfressen, wie das z. B. in Charlottenburg, Halberstadt, Potsdam, Schroda beobachtet worden ist. Selbst Insekten, z. B. Holzwespen, Käfer, können Blei durchbohren. Vgl. u. a. O. BAUER u. O. VOLLENBRUCK: Z. Metallkde **1930**, H. 7. Für Warmwasserleitungen, von kurzen Strecken abgesehen, ist Bleirohr nur wenig geeignet, da die dauernde Erwärmung und Abkühlung zu einer langsamen Ermüdung des kristallinischen Gefüges der Bleirohre führen. Vgl. auch Gas- u. Wasserfach **77**, Nr 21, 355 (1934) und L. W. HAASE: Beitrag zur Frage der Zerstörung von Bleirohren. Kl. Mitt. Landesanstalt **13**, Nr 9—12, 293 (1937). Den Einwirkungen des Frostes leistet dagegen das Blei durch seine Zähigkeit einen ziemlich beträchtlichen Widerstand. Umherirrende (vagabundierende) elektrische Ströme wirken zerstörend auf Bleirohre ein, wie z. B. auch die Erfahrungen in Charlottenburg gezeigt haben. Über geeignete Maßnahmen zum Schutze der Bleiröhren und überhaupt der Metalle gegen elektrische Ströme sei auf die vom Deutschen Verein von Gas- und Wasserfachmännern E. V. herausgegebenen Druckschriften hingewiesen (vgl. unter „Elektrische Ströme").

Wegen seiner praktischen Vorzüge wird besonders in Preußen für die inneren Hausleitungen bei Wasserversorgungsanlagen Bleirohr gern verwandt. Bei geeigneter chemischer Beschaffenheit des Leitungswassers sind auch gesundheitliche Bedenken gegen die Verwendung von Bleirohr nicht geltend zu machen, wie z. B. die jahrelangen Erfahrungen in Berlin dies bestätigen. Dagegen gibt es Wässer mit mehr oder weniger bleiauflösenden chemischen Eigenschaften, die bei der bekannten Giftigkeit dieses Metalls nicht oder erst nach geeigneter Vorbehandlung, wie z. B. in Dessau und in Frankfurt a. M., durch Bleirohr geleitet werden dürfen.

Über die giftige Wirkung des Bleies auf den menschlichen und auch tierischen Körper sei zunächst berichtet. Nach der allgemeinen Ansicht unserer ersten medizinischen Sachverständigen, wie C. FLÜGGE, A. GÄRTNER, C. GÜNTHER, R. KOBERT, K. B. LEHMANN, W. PRAUSNITZ, M. RUBNER und O. SPITTA ist Blei sowohl als Metall wie in fast allen seinen Verbindungen ein gefährliches Gift. Die Bleimenge im Wasser, die zu einer Vergiftung nötig ist, läßt sich naturgemäß schwer scharf angeben, da die Bleivergiftung fast nur in der chronischen Form auftritt und das Blei außerdem „akkumulierende" Eigenschaften besitzt. Die Empfindlichkeit gegen Blei ist wie gegen andere Gifte erfahrungsgemäß bei den verschiedenen Menschen verschieden. Eine scharfe Grenze für die Schädlichkeit läßt sich nicht ziehen. Schon sehr geringe Bleimengen genügen vielfach für den Menschen, um eine chronische Erkrankung hervorzurufen. So erkrankten beispielsweise in Dessau im Jahre 1886 von den 28000 Einwohnern nicht weniger als 92 unter schweren Krankheitserscheinungen. Der durchschnittliche Gehalt an Blei der an verschiedenen Stellen der Stadt Dessau entnommenen Wasserproben betrug hier 4,14 mg Blei (Pb) im Liter. Empfindliche Menschen sollen bereits durch weniger als 1 mg täglich resorbiertes Blei allmählich chronisch bleikrank werden. Nach E. LESCHKE und TELEKY genügt die tägliche Aufnahme von nur 1—2 mg Pb, um nach einigen Monaten eine Bleivergiftung zu erzielen, diejenige von 10 mg Pb sogar schon nach einigen Wochen. Der größte Teil des Bleies wird im Knochenmark gespeichert. Vgl. E. LESCHKE: Die wichtigsten Vergiftungen. München 1933. [Es sei im übrigen darauf hingewiesen, daß nach den neueren Forschungen Blei in sehr geringer Menge ein regelmäßiger Bestandteil des menschlichen Körpers ist. Vgl. H. KRATZSCH: Dtsch. Z. gerichtl. Med. **28**, H. 6, 447 (1937)]. Im Gegensatz hierzu sind akute Bleivergiftungen nach den Beobachtungen von K. B. LEHMANN, Würzburg, selten, da ziemlich große Bleimengen bei einmaliger Zufuhr fast immer unschädlich sind. Das geltende Deutsche Arzneibuch (6. Ausgabe) gibt z. B. für diese Zwecke als größte Einzelgabe für das essigsaure Bleisalz (Plumbum aceticum) 100 mg = rund 55 mg Pb an.

Die chronische Bleivergiftung äußert sich nach K. B. LEHMANN u. a. in folgender Weise: Schwärzlicher Bleisaum am Zahnfleische, schlechtes Aussehen, Verdauungsstörungen, Auftreten von Körnchen in den roten Blutkörperchen, heftige, krampfartige Leibschmerzen bei Verstopfung und hartem, eingezogenem Leibe (Bleikolik), langsamer Puls, Schmerzen in den Gelenken, oft von deutlich gichtartigem Charakter, Erkrankung der Nieren, Lähmung bestimmter Nervenbahnen usw. Weitere Angaben hierüber findet man u. a. in der Veröffentlichung nebst Literaturzusammenstellung von H. BEGER in den Kl. Mitt. Landesanst. **2**, Nr 8/10 (1926) und bei ST. LITZNER: Die Bleikrankheit im Lichte neuerer Forschung. Med. Klin. **25**, Nr 38 (1929) und Gas- u. Wasserfach **74**, 1 (1931); ferner bei B. LIEBERMANN: Münch. med. Wschr. **79**, Nr 19 (1932) und Gas- u. Wasserfach **76**, Nr 6, 101 (1933) und **79**, Nr 43 (1936); O. ALTMANN u. K. NOWOTNY: Wien. klin. Wschr. **1936 I**, 613; FUCHSS, BRUNS u. HAUPT: Die Bleivergiftungsgefahr durch Leitungswasser. Dresden u. Leipzig 1938.

In den letzten Jahrzehnten sind eine Reihe von Bleivergiftungen, die durch Leitungswasser bedingt waren, bekanntgeworden. Es seien z. B. genannt die Orte Calau, Clausthal i. H., Crossen, Dessau, Emden, Helgoland [K. HÖLL: Arch. f. Hyg. **113**, H. 5 (1935)], Naunhof und Canitz bei Leipzig — KRUSE u. M. FISCHER: Bleivergiftungen durch Trinkwasser im allgemeinen und in Leipzig. Dtsch. med. Wschr.

56, Nr 43 (1930) —, Offenbach, St. Andreasberg, Weißwasser O.-L., Wilhelmshaven. Man ist freilich oft gezwungen, an irgendeiner sog. „Grenzzahl" festzuhalten. Daß dies sehr schwer ist, geht aus dem Gesagten hervor. Am besten ist es natürlich, wenn das Trinkwasser bleifrei ist oder nur solche geringe Mengen von Blei im Liter enthält – etwa unter 0,1 mg Pb im Liter –, daß sie sich schwer noch chemisch bestimmen lassen – also „Spuren". Man findet nicht selten höhere Bleimengen im Wasser, besonders wenn das Wasser einige Zeit, z. B. über Nacht, in der Leitung gestanden hat. Nach den Erfahrungen, die man besonders mit dem Berliner Leitungswasser gemacht hat, kann man allgemein sagen, daß ein Wasser, das etwa bis zu 0,3 mg Blei (Pb) im Liter enthält, als noch nicht schädlich für den menschlichen Genuß angesehen zu werden braucht. Einen ähnlichen Standpunkt vertreten auch FLÜGGE, LEHMANN, PRAUSNITZ und RUBNER. Vgl. auch Veröff. Med.verw. **38**, H. 1, 158, 234. Berlin 1932. Wo im Leitungswasser größere Bleimengen nachgewiesen werden, ist entschieden Vorsicht geboten. Es empfiehlt sich, in solchen Fällen durch Umfrage bei den im Versorgungsgebiete tätigen Ärzten festzustellen, ob etwa schon Erkrankungen aufgetreten sind, die durch den Genuß von bleihaltigem Leitungswasser bedingt sein könnten. Vgl. auch HUNZIKER: Mon.-Bull. Schweiz. Ver. Gas- u. Wasserfachmänn. **11**, Nr 10 (1931) und H. BRUNS im Gesdh.ing. **59**, Nr 32 (1936).

Vielfach nimmt man noch an, daß nur das im Wasser gelöste Blei giftig wirke, diese Ansicht ist aber irrtümlich. Die Giftwirkung des Bleies wird nämlich nicht nur durch seine wasserlöslichen Verbindungen, sondern auch durch basische Bleikarbonate (Bleiweißverbindungen), die an sich fast unlöslich sind, und dem Leitungswasser je nach ihrer Menge ein mehr oder weniger getrübtes Aussehen verleihen, verursacht, da sie durch den sauren Magensaft leicht aufgelöst werden. Nicht die Wasserlöslichkeit der Bleiverbindungen, sondern ihre Resorptionsfähigkeit durch die Verdauungssäfte ist ausschlaggebend für ihre Giftwirkung. Es sind deshalb die an sich im Wasser nicht löslichen Bleikarbonate ebenfalls giftig. Vgl. auch P. SCHMIDT u. F. WEYRAUCH: Über die Diagnostik der Bleivergiftung im Lichte moderner Forschung. Jena 1933 und F. FLURY: Blei im Handb. d. experiment. Pharmakol. Berlin 1934.

Chemische Beschaffenheit bleiauflösender Wässer durch den Angriff von innen, also durch das eingeschlossene Leitungswasser. Die Ursache des Bleiangriffs ist neben der Beschaffenheit des verwendeten Materials – reines oder unreines Blei – hauptsächlich in der chemischen Zusammensetzung des betreffenden Leitungswassers zu suchen.

Eine Aufnahme von Blei aus der Leitung durch das Wasser kann aber nur bei Anwesenheit von Luftsauerstoff erfolgen. Fehlt dieser, so wird Blei unabhängig von der sonstigen chemischen Beschaffenheit des Leitungswassers nicht gelöst. Aus diesem Grunde erklärt es sich auch, daß sonst – besonders Eisen gegenüber – selbst stark aggressive, aber sauerstofffreie Wässer kein Bleiauflösungsvermögen zeigen. In der Praxis muß man aber stets damit rechnen, daß alle Wässer bei der Förderung, Behandlung, z. B. beim Enteisenen, sowie bei der Fortleitung mehr oder weniger Luft aufnehmen, und ferner, daß auch gelegentlich ein Leerlaufen der Leitung eintreten kann, wobei alsdann Luft in das Rohrnetz gelangt. Je sauerstoffhaltiger ein Wasser ist, desto mehr kann es auch naturgemäß Blei auflösen; vgl. auch J. TILLMANS: Die chemische Untersuchung von Wasser und Abwasser. 2. Aufl. S. 125. Halle (Saale) 1932.

Mit Luft gesättigtes destilliertes oder Regenwasser hat, wie die Erfahrung lehrt, ein besonders großes Bleiaufnahmevermögen.

Die bleiauflösenden Eigenschaften eines lufthaltigen Wassers werden begünstigt durch Anwesenheit von viel Sulfaten und Nitraten — vgl. auch Wasser u. Abwasser **24**, H. 2, 35 (1928) —, während Karbonate im Wasser die Bleiauflösung herabsetzen. Wässer, die nicht alkalisch reagieren — p_H-Wert unter 7,2 — wirken bleilösend. Vgl. auch J. ZINK: Z. anal. Chem. **91**, H. 7 u. 8, 246 (1933) und P. KAJA: Z. angew. Chem. **1927**, 1167 und K. HÖLL im Gesdh.ing. **58**, Nr 22 (1935).

Durch elektrolytische Vorgänge kann der Bleiangriff wesentlich erhöht werden. Legiertes oder unreines Blei wird weit mehr vom Wasser beeinflußt als reines Blei. Je reiner das Blei ist, um so weniger wird es angegriffen. Den Angriff beobachtet man in der Regel an den Lötstellen. Der stärkste Angriff auf Blei erfolgt aber, wenn Bleiröhren mit Zinn nicht genügend ausgekleidet sind oder wenn der innere Zinnmantel rissig geworden ist. Nach den Feststellungen von K. HÖLL ist ein praktisch in Frage kommender Einfluß der Rundfunk-Antennenerdung an Bleirohrleitungen nicht zu befürchten. Gesdh.ing. **58**, Nr 22 (1935).

Alle lufthaltigen Wässer mit Marmor (kohlensauren Kalk) auflösender Kohlensäure — aggressiver Kohlensäure nach J. TILLMANS — haben auch bleiauflösende Eigenschaften.

Aus den obigen Darlegungen folgt, daß alle lufthaltigen Wässer je nach ihrer chemischen Zusammensetzung mehr oder weniger bleiauflösende Eigenschaften besitzen. Diese Tatsache wird auch durch die Praxis bestätigt. Man beobachtet allgemein, daß aus neu angelegten Bleileitungen anfangs Blei vom Wasser aufgenommen wird, und zwar oft in verhältnismäßig nicht unbeträchtlicher Menge. Man sollte deshalb aus gesundheitlichen Gründen nur das Wasser zum menschlichen Genuß verwenden, das nicht längere Zeit, z. B. über Nacht, in der Bleileitung gestanden hat. Man sollte also das Wasser so lange ablaufen lassen, bis man die Gewißheit hat, daß die ganze Leitung vom Straßenrohr ab einmal entleert ist. Vom fließenden Wasser wird kein Blei oder nur belanglose Mengen aus der Leitung aufgenommen. Vgl. auch G. NACHTIGALL im Gas- u. Wasserfach **75**, Nr 48 (1932).

Viele unserer natürlichen Wässer haben nun die für Leitungen günstige Eigenschaft, mit der Zeit an der Innenwand der Rohre einen Wandbelag zu erzeugen und somit das Metall gegen die Einwirkung des Leitungswassers zu schützen. Insbesondere sind es Wässer mit einem höheren Gehalt an Kalziumbikarbonat. Dieses bedingt (neben den Karbonaten des Magnesiums) die Karbonat- oder Kohlensäurehärte des Wassers. Das Kalziumbikarbonat zersetzt sich hierbei zum Teil durch katalytische Vorgänge in freie Kohlensäure und Kalziummonokarbonat, das nur sehr wenig löslich aus dem Wasser sich ausscheidet und in feiner weißer, kristallinischer Form die Innenwand der Leitung allmählich umkleidet. Der Schutzbelag von kohlensaurem Kalk kann hierbei so dicht werden, daß selbst bei längerem Stehen des Wassers im Rohrnetz höchstens Spuren des betreffenden Metalls aufgenommen werden. Je höher der Kalziumbikarbonatgehalt eines Wassers ist, um so schneller und stärker bildet sich in der Regel auch der Rohrwandbelag. Langjährige Beobachtungen haben nun gezeigt, daß Wässer mit einer Karbonathärte von etwa 6 deutschen Graden an und mehr bei Abwesenheit von aggressiver Kohlensäure und besonders bei Gegenwart von Luftsauerstoff die Eigenschaft der Bildung eines solchen Schutzbelages haben. Dieser Kalksinterbelag sitzt meistens sehr fest an der Rohrwandung und läßt sich auch durch die übliche Rohrspülung nicht entfernen. Vgl. auch G. SCHIKORR: Z. angew. Chem. **1931**, 40 und FR. MAYER: Wiener Hochquellwasser und Bleirohr. Abh. Hyg. von R. GRASSBERGER, H. 16. Wien 1934. Einen etwas ähnlichen Rohrschutz können auch noch andere im Wasser vorhandene Stoffe gelegentlich bewirken, z. B. Eisenverbindungen, viel organische Stoffe, wie z. B. in Moorwässern, auch Gallertbakterien, sog. biologischer Wandbelag. Im allgemeinen haften diese Rohrwandüberzüge im Vergleich zu dem kohlensauren Kalkbelag nicht besonders fest, sie werden durch kräftige Spülung des Leitungsnetzes leicht entfernt.

Wässer mit einem hohen Gehalt an Chloriden haben vielfach metallangreifende Eigenschaften. Enthalten nun solche Wässer gleichzeitig viel Kalziumbikarbonat, so bildet sich an der Innenseite der Rohre bald ein Wandbelag von kohlensaurem Kalk, der, wie besonders unsere Erfahrungen in dem kleinen Orte Göllingen an der Wipper dies gezeigt haben, das Metall weitgehend vor dem Angriff des chloridreichen Wassers schützt.

Aus dem Gesagten geht also hervor, daß man aus der chemischen Beschaffenheit eines Wassers in den meisten Fällen schon vorher ersehen kann, ob ein Leitungswasser dauernd die Fähigkeit besitzt, bleiauflösend zu wirken. Hat ein Wasser die Eigenschaft, mit der Zeit Wandbeläge zu erzeugen, so tritt je nach seinem Gehalt an diesen Stoffen bald oder nach einiger Zeit eine ausreichende Schutzwirkung ein. Der beste und haltbarste Rohrschutzbelag besteht, wie schon bemerkt, aus kohlensaurem Kalk. Vgl. auch L. W. HAASE im Gas- u. Wasserfach **75**, Nr 20 (1932) und die vom Bleiwerk Goslar G. m. b. H. herausgegebene Druckschrift „Blei".

Schutzmaßregeln. Bei Bleileitungen sollte man zweckmäßig mit Rücksicht auf etwaige Gesundheitsschädigungen von Zeit zu

Zeit das Leitungswasser, das mehrere Stunden im Bleirohr gestanden hat, auf seinen Bleigehalt hin untersuchen. In erster Linie käme die Untersuchung dann in Betracht, wenn etwa eine nicht unwesentliche chemische Veränderung des Wassers, wie das zuweilen der Fall ist, eintritt. Wird bei diesen Untersuchungen festgestellt, daß das Wasser Blei in gesundheitsschädlicher Menge enthält, so muß die Einwohnerschaft in geeigneter Weise darauf aufmerksam gemacht werden, wie das z. B. in Dessau durch den Magistrat geschieht. Es darf alsdann zum menschlichen Genuß nur solches Wasser benutzt werden, das nicht längere Zeit — z. B. über Nacht — in der Bleileitung gestanden hat. Es ist also, wie bereits erwähnt, stets für genügendes Ablaufen des Wassers zu sorgen. Vgl. TH. OVERHOFF, Dessau, im Gas- u. Wasserfach **74**, H. 45 (1931).

Für Wässer mit dauernd bleiauflösenden Eigenschaften, die also keinen Schutzbelag (von kohlensaurem Kalk) an der Innenwand der Rohre zu bilden vermögen, was namentlich bei weichen, karbonatarmen und nicht alkalisch reagierenden Wässern zutrifft, sollten zu Trinkwasserleitungen keine Bleirohre verwendet werden. Übrigens sei bemerkt, daß z. B. in Hessen, Oldenburg und Württemberg Bleirohre für Trinkwasserleitungen verboten sind. Vgl. auch F. TÖDT: Zbl. Gesdh.techn. **3**, Nr 21 (1931).

Wässer mit metall- und mörtelangreifenden Eigenschaften sind am besten zentral zu behandeln, bevor sie in das Leitungsnetz gelangen. Dies bezieht sich besonders auf Wässer mit aggressiver Kohlensäure. Über die Unschädlichmachung der freien Kohlensäure siehe unter „Wasserbehandlung“.

Bei weichen und karbonatarmen Wässern — also bei solchen ohne die Möglichkeit einer Schutzbelagbildung — sollte Bleirohr aus den angeführten Gründen nicht benutzt werden. Statt dessen wären an erster Stelle neben blanken Kupferrohren und innen gut verzinnten Kupferrohren eiserne Rohre zu nehmen, die innen gegen Rost mit einem besonders sorgfältig aufgetragenen Überzug aus Asphalt, Bitumen od. dgl. versehen sind. Die verzinkten sog. galvanisierten eisernen Rohre haben sich bei weichen Wässern, wie man in den letzten Jahren dies öfters beobachtet hat, meist nicht bewährt. Infolge elektrolytischer Vorgänge wird der Zinküberzug bei diesen Röhren mit der Zeit zerstört. Das darunter frei liegende Eisen rostet je nach dem Luftsauerstoffgehalt des Leitungswassers alsdann mehr oder weniger schnell. Es kommt zur Bildung von Rostknollen, die leicht einen derartigen Umfang annehmen können, daß allmählich das Rohrinnere stark verkrustet und somit der Wasserdurchtritt stark gehemmt wird. Auch P. BRINKHAUS[1] empfiehlt für solche Wässer verzinktes Eisenrohr nicht, da diese Rohre mit der Zeit bis zu einer sehr geringen Öffnung zugehen, so daß in den obersten Stockwerken kein Wasser mehr ausfließt, wenn

[1] BRINKHAUS, P.: Das Rohrnetz städtischer Wasserwerke, S. 296. München u. Berlin 1912. — BABLIK, H.: Grundlagen des Verzinkens. Berlin 1930.

in den unteren Räumen gleichzeitig gezapft wird. Als Ersatz gibt BRINKHAUS innen heiß asphaltierte schmiedeeiserne Rohre an, die außen gut bejutet sind. Als Ersatz für verzinkte Rohre wird neuerdings für Kaltwasserleitungen vom Röhren-Verband G. m. b. H. in Düsseldorf das „Habit-Rohr", ein verstärkt bituminiertes Stahlrohr, empfohlen, gleichzeitig auch als Austauschrohr für Kupfer und Blei. Unter Umständen kämen auch „Mipolam"-Rohre in Frage, die aus organischen Kunststoffen hergestellt werden. Vgl. H. LUTZ in Chem. Fabrik **9**, 441 (1936).

Von der Anwendung innen geschwefelter oder verzinnter Bleirohre ist man jetzt allgemein abgekommen, da diese sich in der Praxis nicht bewährt haben. Reine Zinnrohre, die für diese Zwecke wohl geeignet wären, kommen ihres sehr hohen Preises wegen für die Praxis kaum in Frage. Zinnmantelrohre sind dagegen bei guter Ausführung nach den Dresdener Erfahrungen brauchbar, ihre Verlegung ist aber nicht leicht, auch ihr Preis ist hoch. Der Bleigehalt des Zinns darf nicht mehr als 1% betragen. Vgl. auch HUNZIKER: Mon.-Bull. Schweiz. Ver. Gas- u. Wasserfachmänn. **11**, Nr 10 (1931).

Von praktischer Bedeutung ist ferner auch der Angriff des Bleies von außen. Zunächst seien hier besprochen die chemischen Eigenschaften des Bleies und sodann die geeigneten Schutzmaßnahmen.

Chemische Eigenschaften. Bei Luftzutritt wird Blei von organischen Säuren, freier Kohlensäure, Salpetersäure, ferner von Nitraten, Fetten, Ölen, auch Petroleum angegriffen. Gegen freie Salzsäure und Schwefelsäure ist Blei dagegen recht beständig. Gegen alkalisch reagierende Stoffe und Lösungen, z. B. Kalkhydrat, ist Blei nur wenig widerstandsfähig. Zahlreiche Fälle aus der Praxis lehren auch, daß Blei von Kalk und Zementmörtel stark angegriffen wird. Es bildet sich hierbei aus dem Metall meist eine bröckelige Masse. Beachtenswerte Wahrnehmungen über Bildung von Jahresringen an einem Bleirohr durch Zementeinwirkungen wurden in Charlottenburg gemacht: abwechselnd gelbe und rote Ringe, der feuchten und trockenen Jahreszeit entsprechend. Auch durch alkalisch reagierendes Sickerwasser wird Blei erheblich angegriffen; vgl. auch L. W. HAASE: Beitrag zur Frage der Zerstörung von Bleirohren. Kl. Mitt. d. Landesanst., 13. Jg., Nr 9/11. Berlin 1937.

Hartbleirohre mit Antimonzusatz sind chemisch und hygienisch ebenso zu bewerten wie Weichbleirohre [Gas- u. Wasserfach **78**, Nr 32, 617 (1935), O. BAUER u. G. SCHIKORR: Metallwirtsch. **14**, Nr 24 (1935) und E. NAUMANN: Gas- u. Wasserfach **79**, Nr 14 (1936)].

Schutzmaßnahmen. Beim Verlegen von Bleiröhren sind nach obigen Ausführungen Kalkmörtel, Kalksandmörtel oder Zementkalksandmörtel wegen ihrer starken Alkalität zu vermeiden und an ihrer Stelle Gips- oder Gipssandmörtel zu benutzen, da, wie bereits erwähnt, Blei von Schwefelsäure und ebenso auch von Sulfaten praktisch nicht oder kaum angegriffen wird. Daß namentlich hoher Feuchtigkeitsgehalt des Kalkmörtels den Bleiangriff beschleunigt, darf wohl als bekannt vorausgesetzt werden. In Kiel verwendet man bei Hausanschlüssen in Fällen, in denen Bleirohr unter Putz verlegt werden soll, eine Ummantelung von Filz; ebenso sind auch Schutzröhren aus Eisen oder Steinzeug in solchen Fällen zweckmäßig; G. ANKLAM empfiehlt in derartigen Fällen, wenn irgend möglich, die Bleiröhren frei zu legen. Zum Dichten von Eisenbetondruckröhren ist Bleiwolle bei unmittelbarer Berührung mit dem Beton ungeeignet. Müssen Bleiröhren in einem verunreinigten, besonders nitrathaltigen Boden verlegt werden, so sind sie zweckmäßig mit einem gut aufgetragenen Überzug, z. B. von Asphalt, Bitumen und außerdem mit Sandumbettung zu versehen.

Eisen. Eisernes Rohrmaterial wird bei Wasserversorgungsanlagen in sehr ausgedehntem Maße benutzt. Die Korrosionsfrage bei diesem Metall spielt eine große wirtschaftliche Rolle. Man schätzt, daß alljährlich in Deutschland Werte im Betrage von mehr als 1 Milliarde RM. durch Rost vernichtet werden. Vgl. Chem.-Ztg **60**, Nr 73 (1936).

Über die technischen Eigenschaften der verschiedenen Eisenrohrmaterialien vergleiche besonders die ausführlichen Angaben in den Werken von R. DURRER: Die Metallurgie des Eisens 1934, O. BAUER, O. KRÖHNKE u. G. MASING: Die Korrosion des Eisens und seine Legierungen. Leipzig 1936 und P. OBERHOFFER: Das technische Eisen. 3. Aufl. Berlin 1936; sowie H. BUNTE: Das Wasser. Braunschweig 1918, und O. SMREKER: Die Wasserversorgung der Städte. 5. Aufl. Leipzig 1924 sowie Gas- u. Wasserfach **77**, Nr 21, 355 (1934).

Chemische Eigenschaften. Eisen rostet als unedles Metall[1] an feuchter Luft leicht. Von luftsauerstoff- und kohlensäurefreiem Wasser wird Eisen außer bei hoher Temperatur nicht angegriffen. In weichem, lufthaltigem (und auch kohlensäurefreiem) Wasser rostet Eisen schnell, es bildet sich Eisenhydroxyd (Eisenocker), aber nicht als dünne, zusammenhängende und schützende Schicht, sondern in einer solchen Art, daß der Angriff unter der Rostschicht fortschreitet. Als geeigneten Innenschutz bei angreifenden Wässern empfiehlt man bei Gußrohren einen möglichst poren- und phenolfreien Anstrich auf Teerpechbasis mit Bitumenüberzug. Von verdünnten Säuren, selbst den schwächsten, z. B. freier aggressiver Kohlensäure, wird das Eisen unter Wasserstoffentwicklung aufgelöst. Auch Schwefelwasserstoff, der die Eigenschaft einer schwachen Säure hat, sowie auch Sulfide greifen Eisen an. Gegen konzentrierte Schwefel- und auch konzentrierte Salpetersäure ist Eisen dagegen sehr widerstandsfähig (Passivität des Eisens). Ein hoher Gehalt eines Wassers an Chloriden, Nitraten und Sulfaten begünstigt als guter Leiter für Elektrizität das Rosten des Eisens. Aus diesem Grunde erklärt es sich auch, daß Eisen von

---

[1] Vgl. a. O. BAUER: Gas- u. Wasserfach **68**, H. 44—46 (1925) — Wasser u. Abwasser **23**, H. 2, 44 (1927); **30**, H. 7, 204 (1932); **31**, H. 6, 171 (1933) — W. PALMAER: Korrosion u. Metallschutz **2**, Nr 2 (1926) — R. STUMPER u. SPELLER: Korrosion u. Metallschutz **3**, Nr. 8 (1927); **4**, 63 (1928).

Meerwasser stark angegriffen wird. Vgl. u. a. F. EISENSTECKEN: Korrosion im Innern von Wasserleitungen und deren Verhütung. Korrosion IV, VDI-Verlag. Berlin 1935.

Armco-Eisen und gekupferter Stahl mit etwa 0,3% Cu-Gehalt, besitzen an freier Luft eine weit größere Korrosionsbeständigkeit als gewöhnliches Eisen. Armco-Eisen enthält bis zu 99,93% reines Eisen, „säurefest" ist es an sich auch nicht. Nähere Angaben hierüber finden sich in der von der Armco-Eisen G. m. b. H. in Köln herausgegebenen Druckschrift.

Einwandfrei verzinntes Eisen ist praktisch als gut zu bezeichnen; ist aber die Verzinnung fehlerhaft, so rostet verzinntes Eisen infolge elektrolytischer Vorgänge weit schneller als unverzinntes, da Zinn, wie die elektrische Spannungsreihe der Metalle lehrt, um 0,27 V edler ist als Eisen. Umgekehrt schützt Zink das Eisen vor dem Rosten, da Eisen um 0,34 V edler ist als Zink. Erst nach Entfernung des Zinks erfolgt das Eisenrosten. Vgl. hierüber die Veröffentlichung von E. NAUMANN im Gas- u. Wasserfach **76**, Nr 9 (1933).

Von alkalisch reagierenden Stoffen, z. B. Sodalösung, wird Eisen erfahrungsmäßig nicht angegriffen; sogar von Laugen, Ätzkalk usw. wird es praktisch nicht verändert. Man hat sogar wiederholt Entrostungen von Eisen durch unmittelbare Berührung mit alkalisch reagierenden Stoffen beobachtet. Die Rostsicherheit des Eisens bei Eisenbetonbauten ist bekannt. Immerhin ist aber bei angriffsfähigen Wässern zu empfehlen, den Zementkörper mit einem wasserabweisenden Anstrich zu versehen. Vgl. auch W. OBST: Zement **23**, Nr 43 (1934) und E. NAUMANN: Gas- u. Wasserfach **75**, Nr 19 (1932) und W. OVERATH: Chem.-Ztg **60**, Nr 73 (1936); ferner bei M. RAGG: Vom Rost und vom Eisenschutz. Berlin 1928; O. KRÖHNKE: Korrosion und Metallschutz, 5. Sonderheft. Berlin 1925. WEIGELIN: Gas- u. Wasserfach **71**, H. 49 (1928).

Über Vereisenung und Wiedervereisenung von Wasser sowie über deren Verhütung vgl. Abschnitt „Kohlensäure"; ferner H. KLUT in Gas- u. Wasserfach **69**, H. 22 u. 40 (1926).

Über die gesundheitliche Beurteilung eisenhaltiger Wässer vgl. Abschnitt „Prüfung auf Eisen".

Schutzmaßnahmen gegen den Angriff des Eisens von außen. Beim Verlegen von ungeschützten eisernen Rohrleitungen ist stets zweckmäßig folgendes zu beachten: In feuchten, kalkarmen Lehm- und Tonböden werden solche Röhren meist stark angegriffen, wie zahlreiche Erfahrungen aus der Praxis lehren. Besonders ungünstig ist gipshaltiger feuchter Lehmboden, wobei eine beschleunigte Eisenrostbildung infolge elektrolytischer Wirkungen eintritt. Moorboden ist häufig von schädlichem Einfluß auf Eisen, da er oft durch die Gegenwart von freien Säuren wie Kohlensäure, organische Säuren, Schwefelsäure mehr oder weniger stark sauer reagiert. Auch Boden, der Hochofenschlacke, Kohlenschlacke, Kohlenschutt oder Asche enthält, ist für das Eisen ungeeignet, da die in solchen Böden häufig enthaltenen Schwefelverbindungen durch Oxydation leicht freie Schwefelsäure bilden, die in das Wasser gelangt und in dieser Verdünnung das Eisen leicht zerstört. In aufgefülltem Gelände sind ebenfalls nicht selten eisenzerstörende Stoffe enthalten; es sind besonders Schwefelverbindungen, die durch Zutritt von Sauerstoff zu Schwefelsäure oxydiert werden. Vgl. u. a. H. HAUPT im Gas- u. Wasserfach **78,** Nr 27 (1935) und H. STEINRATH u. H. KLAS in Korrosion H. 4, S. 9. Berlin 1935 und Bitumen **1936,** H. 2.

Im Boden, der durch menschliche und tierische Abgänge, z. B. Jauche, wie auch durch Fabrikabfälle verunreinigt ist, dürfen eiserne Rohre nicht ohne weiteres verlegt werden; denn solch salzhaltiger Boden begünstigt, da er bis zu einem gewissen Grade als Leiter für Elektrizität wirkt, die Zersetzung des Eisens in hohem Grade. Böden mit hohem Gehalt an Chloriden, Nitraten, Sulfaten und schwefelhaltiger Kohle sind demnach für die Verlegung von ungeschützten eisernen Röhren ungeeignet.

Hieraus ergibt sich, daß beim Verlegen solcher Röhren die Beschaffenheit des umgebenden Erdreiches für die Haltbarkeit der Röhren von großer Bedeutung ist. Eine chemische Untersuchung des Bodens auf angreifende Stoffe ist stets anzuraten. Die Prüfung hätte sich auch dahin zu erstrecken, ob der betr. Boden bei Gegenwart von Wasser und Luftsauerstoff allmählich aus vorhandenen Schwefelverbindungen freie Schwefelsäure bilden kann. Vgl. hierüber A. ROMWALTER, Gas- u. Wasserfach **73,** H. 8 (1930); Wasser u. Abwasser **22,** H. 1 (1926); **30,** H. 2, 47 (1932).

Nach den von TODT kürzlich gemachten Angaben beläuft sich der Verlust an eisernen Bauteilen in Deutschland durch Korrosion auf 1 bis 2 Milliarden Reichsmark.

Über die Verwendbarkeit von Guß- und Stahlrohr ist allgemein folgendes zu bemerken:

Gußrohr: Vgl. auch CHR. GILLES: Das Gußeisen. 2. Aufl. Berlin 1936. Infolge seiner Materialbeschaffenheit und seiner größeren Wandstärke besitzt das Gußrohr eine große Widerstandsfähigkeit gegen chemische und elektrische Einflüsse und somit eine langjährige Haltbarkeit. Die weitgehende Sicherheit gegen Rostgefahr, die in der harten Gußhaut und der infolge der rauhen Oberfläche dicht haftenden Asphaltierung zu suchen ist, dürfte eine der wesentlichsten Vorzüge des Gußrohres sein. Auch ohne Schutzanstrich würde die Gußhaut dem Rosten erheblichen Widerstand entgegensetzen. Ein Hauptnachteil des sandgegossenen Gußrohres war seine geringere Sicherheit gegen Bruchgefahr. Vgl. u. a. Wasser u. Abwasser **26,** H. 3, 77 (1929); **30,** H. 2, 41 (1932); **31,** H. 9, 258 (1933)

Seit 1925 werden in Deutschland Gußrohre nach dem Schleudergußverfahren hergestellt. Hohe Zugfestigkeit, dichtes Gefüge des Materials und gleichmäßige Wandstärken sind die Hauptvorteile dieses Verfahrens. (Vgl. C. PARDUN: Z. VDI., **1928,** Nr 32, 1113 u. f.)

Die größte Umwälzung bedeutet jedoch die Einführung der gummigedichteten Muffen, die eine Längs- und Querbewegung der Rohre gestatten und bewirken, daß diese praktisch spannungsfrei im Boden liegen. Spannungen, hervorgerufen durch Erschütterungen aus starkem Lastenverkehr, durch beweglichen Boden (Sumpfgebiet, Fließsand oder Bergbaugebiet) werden in den gelenkartigen Muffenverbindungen (max. alle 5 m) aufgehoben. Auch Sandgußrohre, deren Herstellungsverfahren auf Grund der allgemeinen Fortschritte in der Gießereitechnik in den letzten Jahren ebenfalls verbessert wurde, sind unter Verwendung der gummigedichteten Muffen heute als weitgehend bruchsicher anzusprechen. (Vgl. H. HEYD: Gas- u. Wasserfach **78**, Nr 15 u. **41** (1935).

Für die Stellen, die durch Bodenbewegungen besonders stark gefährdet sind, kamen bisher nur Schmiede- und Stahlrohre in Frage. Mit der Einführung der Schraub- und Schraublangmuffen, die eine allseitige (und praktisch vollkommen ausreichende) Beweglichkeit gestatten, ist dem Gußrohr auch dieses Anwendungsgebiet wieder geöffnet.

Zur Spongiose des Gußeisens vgl. die näheren Angaben bei R. STUMPER in Korrosion u. Metallschutz **3**, H. 12 (1927).

Über die Erfahrungen mit Gußeisen bei praktischen Beanspruchungen sei u. a. noch auf folgendes Schrifttum verwiesen: C. M. WICHERS: Bodenkorrosion gußeiserner Wasserleitungen. Korrosion u. Metallschutz **12**, H. 4, 81 (1936). — SPELLER: Corrosion causes and preventions. 3. Aufl. London 1935; ferner Gas- u. Wasserfach **64**, H. 24 (1921); **79**, Nr 13 u. 16 (1936).

Stahlrohr. Vgl. auch H. HERBERS: Die Werkzeugstähle. Berlin 1933. Dem Vorzug der Bruchsicherheit, großer Baulängen und leichteren Gewichts steht die geringere Widerstandsfähigkeit des ungeschützten Rohres gegen chemische und elektrische Einflüsse als Nachteil gegenüber; deshalb werden die Stahlrohre gegen jegliche Angriffe des Bodens und des Wassers besonders sorgfältig geschützt. Vgl. die ausführlichen Angaben von F. EISENSTECKEN: Neuere Forschungsergebnisse über das Verhalten von Stahlröhren bei starker Beanspruchung von aggressiven Stoffen. Mitt. Forsch.inst. Verein. Stahlwerke AG., Dortmund 1933, u. Gas- u. Wasserfach **76**, Nr 5 u. 6 (1933); ferner COLLORIO: ebenda **79**, Nr 47 u. 48 (1936); ferner SCHROEDER im Techn. Gemeindebl. **35**, 13 (1932) und H. KLAS u. H. STEINRATH in Bitumen **6**, H. 1 u. 2 (1936) und Wasser u. Abwasser **33**, H. 1, S. 18 (1935). — E. FLEISCHMANN: Der Innen- u. Außenschutz von Stahlrohren. Gas- u. Wasserfach **79**, Nr 44, 802 (1936).

Gemeinsames. — Verwendungsgebiete. Von entscheidendem Einfluß auf die Beurteilung der Rohrfrage sind Bruch- und Rostgefahr. Die Bruchgefahr besteht heute nach Einführung der gummigedichteten Verbindungen auch beim Gußrohr praktisch nicht mehr. Dem Rosten sind an sich alle Rohrarten mehr oder weniger ausgesetzt, und zwar in gesteigertem Maße dann, wenn schlechte Bodenverhältnisse vorliegen (aufgeschütteter Boden, Letten, blauer und nasser Ton, Moorboden, schwefelhaltige Kohle, Schlacke, Asche, die nicht ausgebrannt ist oder angreifende Bestandteile, wie z. B. Schwefel enthält, gipshaltiger Lehm, sumpfiger, mit Salzwasser oder Jauche getränkter Boden). Vgl. u. a. auch Gas- u. Wasserfach **71**, H. 19 u. 47 (1928). Erdströme (Irrströme) greifen alle Materialarten unter gleichen Umständen praktisch gleich stark an. Bei gutem feinkörnigem, unverdächtigem Boden können unbedenklich beide Rohrarten verwendet werden.

Das beste Mittel gegen den Angriff von außen ist natürlich der völlige Ausschluß von Feuchtigkeit in tropfbar flüssiger Form. Müssen eiserne Rohre in ungeeigneten, eisenangreifenden Böden verlegt werden, so sind sie gegen Korrosion mit einem geeigneten Rostschutz zu versehen. Als guter Rostschutz hat sich unter besonderen Umständen in der Praxis eine sorgfältige Umbettung der eisernen Leitungen mit Sand oder feinem Kies in einer Lage von 30—50 cm Stärke bewährt. Vgl. u. a. C. M. WICHERS in Korrosion u. Metallschutz **12**, H. 4, 81 (1936); ferner Jb. Vom Wasser **11**, Berlin 1936, und H. STEINRATH u. H. KLAS: Bodenkorrosion von Röhren und Schutzmaßnahmen gegen sie. Korrosion IV. VDI-Verlag Berlin 1935.

Auch empfiehlt es sich, beim Zuschütten der Rohrgräben namentlich darauf zu achten, daß für die unmittelbare Umfüllung der eisernen Röhren möglichst verwittertes und bereits völlig ausgelaugtes Material, also solches von der obersten Bodenschicht oder sonstiges in der Nähe vorhandenes, indifferentes Material, benutzt wird. Von alkalisch reagierendem Material wie Kalk usw. wird Eisen erfahrungsgemäß im Gegensatz zu Blei und Zink nicht angegriffen.

Über die Fernhaltung von vagabundierenden Strömen (Irrströmen) s. unter Abschnitt „Vagabundierende Ströme". Im allgemeinen hat sich eine sorgfältig ausgeführte Isolierung mit Bitumen und Wollfilz bei Stahlröhren gegen die Einwirkung dieser Ströme bewährt. Schriftennachweis: Zum Schluß seien noch einige Handbücher über Eisen und die Eisenangriffsfrage mitgeteilt.

ALLAN A. POLLITT: Die Ursachen und die Bekämpfung der Korrosion. Braunschweig 1926.

HEBBERLING, H.: Das Wichtigste vom Korrosionsschutz. München 1936.

OBERHOFFER, EILENDER u. ESSER: Das technische Eisen. 3. Aufl. Berlin 1936.

SUIDA-SALVATERRA: Rostschutz und Rostschutzanstrich. Wien 1931.

ULICK R. EVANS u. E. HONEGGER: Die Korrosion der Metalle. Zürich, Leipzig, Berlin 1926 (Orell Füßli-Verlag).

Kupfer. Kupfer wird besonders gern als Rohrbrunnenmaterial für Filterkörbe, Saugrohre, Gewebe usw. verwendet. Für diese Zwecke hat es sich fast durchweg auch gut bewährt. Warmwasserleitungen, Schwimmkugeln, Wasserkessel bestehen ebenfalls häufig aus Kupfer wegen dessen guter Widerstandsfähigkeit gewissen chemischen Einflüssen gegenüber. Vgl. u. a. MÜLLER in Gas- u. Wasserfach **74**, Nr 31 (1931); **75**, Nr 5 (1932); **77**, Nr 21, 355 (1934); **81**, H. 3 (1938); ferner H. ILLGEN: Dtsch. Installateur- u. Klempnerztg **1931**, H. 40 und **1932**, H. 6/8; A. SCHIMMEL im Gesdh.ing. **55**, Nr 50 (1932) und L. W. HAASE: ebenda **56**, Nr 49 u. 50 (1933) und Chem. Fabrik **1934**, Nr 37. Kupfer ist ein verhältnismäßig weiches, dabei recht zähes und dehnbares Metall mit festem Gefüge; wegen seiner Zähfestigkeit eignet es sich wie kein anderes Metall überall da, wo hoher Druck in Frage kommt. In der elektrischen Spannungsreihe der Metalle steht das Kupfer neben dem Silber. Verbindung des Kupfers mit einem unedleren Metall ist zu vermeiden.

Über die praktische Bewertung von Messing vgl. die näheren Angaben in der vom Deutschen Kupfer-Institut e. V. in Berlin W 9 herausgegebenen Schrift (1935) „Was muß der Ingenieur vom Messing wissen?"

Chemische Eigenschaften. Als Halbedelmetall[1] ist das Kupfer bei gewöhnlicher Temperatur gegen trockene sowie feuchte, kohlensäurefreie Luft recht beständig. Es wird aber bei Gegenwart von Luftsauerstoff von den meisten verdünnten Säuren, auch von schwachen, wie z. B. Essigsäure, Kohlensäure, angegriffen oder aufgelöst. Ammoniak, Kalkhydrat, Chloride, z. B. im Meerwasser, Nitrate und Sulfide (Schwefelwasserstoff) wirken auf Kupfer bei Luftzutritt auch in der Kälte schon nachteilig ein. Der Angriff ist um so stärker, je unreiner das Kupfer ist. Dagegen ist in chemischer Hinsicht Phosphorbronze und auch Rotguß sehr widerstandsfähig. Vgl. im übrigen die ausführliche Arbeit von L. W. HAASE: Die Korrosion von Kupfer. Metallwirtschaft **1930**, H. 24—26; ferner A. SCHIMMEL: Metallographie der technischen Kupferlegierungen. Berlin 1930 und Bronze und Rotguß. Über Eigenschaften, Verwendung und Bewährung der genormten Bronze- und Rotgußlegierungen nach DIN 1705. Bericht über die Tagung des Fachausschusses für Werkstoffe im VDI. vom 27. Oktober 1930. Berlin 1931.

Nach neueren Feststellungen von HAASE besteht der natürliche Schutz des Kupfers in einer sich bildenden kupferoxydulhaltigen Schicht. Z. Metallkde **26**, H. 8 (1934).

Vom gesundheitlichen Standpunkt hat das Vorkommen von Kupferverbindungen im Wasser eine nur geringe Bedeutung. Nach A. GÄRTNER, Jena, und H. v. TAPPEINER, München, ist eine chronische Kupfervergiftung unbekannt. In der Preuß. Landesanstalt für Wasser-, Boden- und Lufthygiene sind gesundheitliche Schädigungen durch den Genuß kupferhaltigen Trinkwassers bislang nicht bekanntgeworden. Allerdings ist hierbei zu beachten, daß Kupfer schon in sehr großer Verdünnung im Wasser durch den unangenehmen, ausgesprochen bitteren Nachgeschmack erkennbar ist. 2 mg Cu in Form von Kupfersulfat in 1 l destillierten Wassers konnte ich durch den unangenehmen Nachgeschmack deutlich wahrnehmen. In den meisten Wässern ist aber stets so viel Kalk vorhanden, daß das Kupfer in eine unlösliche Form übergeführt wird, in der es den Geschmack praktisch nicht beeinflußt.

[1] SIEBE, P.: Kupfer. 2. Aufl. Berlin 1926 — Wasser u. Abwasser **18**, H. 1, 23, H. 3, 68 (1923); **33**, H. 4, 110 (1935). — HAASE, L. W., u. O. ULSAMER: Das Kupfer im Wasserleitungsbau in physikalischer, chemischer und gesundheitlicher Beziehung. Kl. Mitt. d. Landesanstalt **1933**, 8. Beiheft. — V. FROBOESE: Gas- u. Wasserfach **77**, Nr. 15 (1934).

Infolgedessen ist der Genuß eines Wassers, das einige Milligramm Kupfer im Liter gelöst enthält, praktisch ziemlich ausgeschlossen, und es sind somit Vergiftungen durch solches Trinkwasser schwer möglich. Vgl. auch G. NACHTIGALL im Gas- u. Wasserfach **75**, Nr 48 (1932) und **76**, Nr 14 (1933) und A. HONSTON u. A. MEYER in Wasser u. Abwasser **30**, H. 7, 215, H. 10, 289 (1932) und SPITTA: Reichsgesdh.bl. **1932**, H. 51 gibt als Geschmacksgrenze 1,5 mg/l Cu an; ferner Chem.-Ztg **60**, Nr 10, 108 (1936). Die holländischen Behörden geben — aus hygienischen Gründen — einen Grenzwert von 3 mg/l Cu in Wasser an; vgl. Gas- u. Wasserfach **81**, H. 3, 45 (1938).

Über die Giftigkeit des Kupfers äußert sich K. B. LEHMANN[1] wie folgt: Beim Kochen schwach saurer Flüssigkeiten in Kupfergefäßen werden keine nennenswerten Kupfermengen gelöst, mehr beim Stehen von erkaltenden Flüssigkeiten in Kupfergefäßen, besonders an der Grenze von Flüssigkeit und Luft. Rein gehaltene — auch unverzinnte Kupfer- und Messinggeschirre — haben noch nie Schaden angerichtet bei verständiger Benutzung. Selbst Grünspanansatz hat keine schwere Vergiftung erzeugt.

Die früher so hoch bewertete Giftigkeit des Kupfers besteht nur in ganz geringem Grade[2]. Nur Einnahme großer Kupfersalzmengen in starken Lösungen (etwa 1—2 g Kupfersalz) kann Magen- und Darmstörungen, von noch größeren Mengen (5—15 g Kupfersalz) schwere Krankheit und den Tod erzeugen unter Magenanätzung, Darmleiden usw.

Dagegen schaden die in Nahrungsmitteln aus den Geschirren oder durch absichtlichen Kupferzusatz (Grünen der Gemüse) aufgenommenen Kupfermengen nicht. Es gibt keine beweisende Kupfervergiftung durch den Haushalt aus neuerer Zeit. (Die früheren Berichte erklärten jede Vergiftung mit verdorbenen Nahrungsmitteln als Kupfervergiftung, wenn nur ein Kupfergefäß in der Küche war! Monate- und jahrelange Tierversuche mit bescheidenen, der Nahrung zugeführten Kupfermengen verliefen ohne Schaden.) Nach L. LEWIN ist die Furcht vor kupferhaltigen Nahrungsmitteln zweifellos übertrieben. Vgl. auch G. RIESS: Arb. ksl. Gesdh.amt **22**, H. 3 (1905).

Kupfer findet sich übrigens in sehr geringen Mengen beinahe in allen menschlichen und tierischen Organen, besonders in der Leber nach E. ROST.

Anschließend hieran sei noch mitgeteilt, daß als sog. Grenzzahl für Kupfer bei Konserven THIERFELDER und RUBNER[3] nachstehendes angeben: 55 mg Kupfer sind in 1 kg Gesamtkonservenmasse als obere zulässige Grenze anzusehen.

---

[1] Vgl. Med. Klin. **1918**, Nr 18, 447.

[2] Vgl. u. a. bei E. ROST: Ber. dtsch. pharmaz. Ges. **1919**, H. 7, 549. — E. LESCHKE: Die wichtigsten Vergiftungen. München 1933.

[3] Vjschr. gerichtl. Med. **36**, H. 4, 365 (1908); ferner Pharmaz. Ztg **73**, Nr 28 (1928). — Vgl. auch F. EICHHOLTZ: Kupfer. Handb. d. experiment. Pharmakologie **3**. Berlin 1934 — L. LEWIN: Gifte und Vergiftungen. Berlin 1929. S. 274.

Schutzmaßnahmen gegen Angriffe von außen. Bei der praktischen Anwendung von Kupferröhren ist im Schrifttum bislang nur wenig über etwaige Zerstörungen dieses Metalles bekanntgeworden. Vgl. auch LOGAN in Gas- u. Wasserfach **72**, H. 30, 757 (1929) und **74**, H. 10 (1931). Nach den oben mitgeteilten chemischen Eigenschaften dieses Metalls dürften also zweckmäßig ungeschützte kupferne Röhren nicht in einen Boden verlegt werden, der durch menschliche oder tierische Abgänge verunreinigt ist. Neben Ammoniak enthält solcher Boden meist viele Chloride und Nitrate. Es käme demnach in solchen Fällen zweckmäßig eine genügend dichte Schutzeinbettung der Röhren in Betracht. Gegen die Einwirkung alkalischer Böden namentlich gegen Ätzkalk schützt man Kupferrohre durch Wollfilzpappe, die mit Erdölbitumen oder teerfreiem Asphalt getränkt ist.

Nickel. Reinnickel wird in der Wasserwerkspraxis infolge seines hohen Preises nur selten benutzt. In Form von Vernickelungen der Armaturen bei Installationen besserer Räume, z. B. Warmwasserversorgungsanlagen, Badeeinrichtungen usw. findet dieses Metall dagegen vielfach Anwendung.

In seinem chemischen Verhalten ist das Nickel in der Luft sehr beständig. Gegenstände aus Reinnickel sind sehr haltbar. Vgl. auch R. KRULLA in der Chem.-Ztg **54**, Nr 45 (1930). In der Kälte und bei gewöhnlicher Temperatur wirkt Wasser auf Nickel nicht ein. Steht Nickel längere Zeit mit Wasser und Luft in Berührung, so überzieht es sich allmählich mit einer grünen Oxydschicht. Von Laugen wird das Metall wenig oder gar nicht angegriffen, wohl aber von ammoniakhaltigem Wasser bei Gegenwart von Luft. Die meisten Säuren greifen Nickel an. Nickel-Gußeisen, ein an sich chemisch sehr widerstandsfähiges Material, kommt für Wasserversorgungszwecke im allgemeinen kaum in Frage, ausgenommen für Pumpenteile und hochwertige Armaturen usw. Vgl. die von den Vereinigten Deutschen Nickel-Werken in Schwerte (Ruhr) herausgegebene Schrift „Das Nickel und seine Legierungen"; ferner R. ROBL in der Z. angew. Chem. **37**, Nr 48 (1924) und E. NAUMANN im Gas- u. Wasserfach **76**, Nr 9 (1933). — Veröffentlichungen des Nickel-Informationsbüros G. m. b. H. in Frakfurt a. M. über „Korrosionsbeständige Nickellegierungen" im Nickel-Handbuch 1934 und 1936.

In gesundheitlicher Hinsicht[1] sind die Mengen von Nickel, die gelegentlich durch die Aufbewahrung von Nahrungs- und Genußmitteln aus Nickelgeschirren usw. aufgenommen werden, ohne Belang.

Monel-Metall, eine natürliche Nickel-Kupfer-Legierung mit etwa 67 % oder mehr Prozent Ni und 28 % Cu ist ein sehr widerstandsfähiges Material, das aber in der Wasserwerkspraxis nur langsam Eingang findet.

Zink. Das Zink wird besonders als Überzug von eisernen Röhren — sog. galvanisierte Röhren — als Rostschutzmittel viel benutzt.

[1] Med. Klin. **1918**, Nr 18, 448; ferner H. v. TAPPEINER: Lehrbuch der Arzneimittellehre. 14. Aufl., S. 397. Leipzig 1920. — L. LEWIN: Gifte und Vergiftungen. Berlin 1929. S. 330. — Chem.-Ztg **60**, Nr 10, 107 (1936).

Vgl. auch H. BABLIK: Grundlagen des Verzinkens. Berlin 1930. In der Praxis hat sich bislang die Feuer- sowie Spritzverzinkung weit besser bewährt als das Galvanisieren, vgl. auch Wasser u. Abwasser **21**, H. 3, 72 (1925); **17**, H. 9, 271 (1922); **30**, H. 2, 46 (1932) sowie Gas- u. Wasserfach **75**, Nr 3, 59 (1932). Verzinkte Eisenrohre bewähren sich im allgemeinen für Warmwasserleitungen nicht. Es werden auch reine Zinkröhren (von den Hohenlohe-Werken A.-G. in Hohenlohehütte, O.-S.) verwendet.

Chemische Eigenschaften. Nach der elektrischen Spannungsreihe der Metalle zählt das Zink zu den weniger edlen Metallen. Es wird auch am leichtesten und stärksten im Vergleiche zu den sonst bei Wasserleitungen allgemein benutzten Metallen angegriffen[1]. Je reiner das Zink ist (Feinzink), um so widerstandsfähiger ist es.

Fast alle Mineral- und organischen Säuren, wie Essigsäure, Kohlensäure, ferner auch Laugen und Alkalikarbonate lösen Zink auf. Desgleichen greift auch ein Wasser mit hohem Gehalt an Chloriden und Sulfaten Zink an. In luftfreiem, kohlensäurehaltigem Wasser löst sich Zink unter Wasserstoffentwicklung auf. Weiche mineralstoffarme Leitungswässer nehmen leicht Zink aus dem Rohrmaterial in größerer Menge auf. Vgl. auch MEYER-CHEMNITZ im Gas- u. Wasserfach **74**, H. 25 (1931) und F. SCHWARZ u. A. RINCK: Z Unters. Nahrgsmitt. **14**, 482 (1907) und **28**, 99 (1914) und E. FRISTER: Techn. Gemeindebl. **32**, 156 (1929); ferner FRIEDLI: Monats-Bull. Schweiz. Ver. Gas- u. Wasserfachm. **12**, 65 (1932). Aus Messingrohren wird im Laufe der Zeit das Zink durch Wasser herausgelöst.

Von Ton- und Lehmboden wird Zink stark angegriffen, wie besonders die Erfahrungen in Varel in Oldenburg gezeigt haben. Die Ursache des Angriffs dürfte in ganz ähnlicher Weise wie beim Eisen zu erklären sein.

In Wässern, die freie Kohlensäure und Nitrate enthalten, werden die letzteren bei längerem Verweilen in zinkhaltigem Leitungsmaterial teilweise zu Nitriten reduziert. Letztere haben selbst in sehr geringen Mengen im Wasser die Eigenschaft, Fleisch, in erster Linie Rindfleisch, beim Kochen rot zu färben. Die Fleischfärbung ist ziemlich beständig. Gesundheitsschädigungen werden aber hierdurch nicht hervorgerufen (FÜHNER, KISSKALT).

In hygienischer Hinsicht gehört Zink zu den verhältnismäßig wenig giftigen Metallen. In Zinkblendegegenden werden häufig zinkhaltige Wässer getrunken, ohne daß hierdurch irgendeine Gesundheitsstörung beobachtet wurde. In der Landesanstalt für Wasser-, Boden- und Lufthygiene sind bislang Vergiftungen durch zinkhaltiges Trinkwasser nicht bekanntgeworden.

Auch A. GÄRTNER, W. KRUSE und K. B. LEHMANN haben bisher Gesundheitsschädigungen durch den Genuß von zinkhaltigem Trink-

[1] Vgl. auch Muspratts Chemie. 4. Aufl., **9**, 2081. Braunschweig 1920; ferner KLUT: Gas- u. Wasserfach **67**, H. 6 (1924) — Wasser u. Abwasser **17**, H. 9, 271 (1922); **23**, H. 7, 201 (1927). — MASING, G.: Wasser u. Gas **17**, Nr 6 (1926).

wasser nicht feststellen können. Vgl. auch Wasser u. Abwasser **23**, H. 5, 150 (1927) und F. EICHHOLTZ: Zink. Im Handb. d. experiment. Pharmakol. **3**. Berlin 1934 sowie Chem. Ztg **60**, Nr 10, 108 (1936).

Nach L. LEWIN[1] sind erst Mengen von mehr als 8 mg Zn in 1 l bei längerer Zufuhr schädlich.

Schutzmaßnahmen. Gegen den Angriff von außen ist infolge der leichten Zerstörbarkeit des Zinks bei der Verlegung solcher Röhren Vorsicht geboten. Im Boden, der durch menschliche und tierische Abgänge verunreinigt ist (Chloride), oder in Moorboden (saure Reaktion) müssen solche Röhren genügend geschützt werden, z. B. durch geeignete Anstriche, wie Asphalt, Bitumen u. dgl., und zweckmäßig außerdem noch durch Sandumbettung von 30—50 cm Stärke.

Nach den eingehenden Untersuchungen von O. BAUER und E. WETZEL im Materialprüfungsamt, Berlin-Dahlem, wird Zink von Gipsmörtel stark, dagegen von Kalkmörtel nur schwach angegriffen. Es sind deshalb beim Verlegen von verzinkten oder Reinzinkröhren nicht Gips oder Gipssandmörtel, sondern Kalksandmörtel oder Zementkalksandmörtel zu benutzen. Um den Angriff möglichst zu vermindern, ist es stets ratsam, auf gute Trockenhaltung der das Rohrmaterial umhüllenden Mörtelschichten Bedacht zu nehmen, da der Angriff bei Ausschluß von Feuchtigkeit nicht weiterschreiten kann.

Zinn. Nach F. FISCHER und O. LUEGER u. a. Fachmännern ist Zinn auch beim Verlegen und beim Einrichten von Wasserleitungen recht geeignet. Zinn ist weich, etwas härter als Blei, sehr dehnbar und geschmeidig. Seine Festigkeit ist jedoch nur gering. Wegen seines hohen Preises wird es nur selten verwendet. Als Innenmantel für Bleiröhren wird Zinn öfters benutzt, z. B. in Dresden, Bautzen, Chemnitz, Görlitz und Wilhelmshaven, als sog. Mantelrohr. Der Bleigehalt der Zinnschicht soll — aus gesundheitlichen Gründen — höchstens 1% betragen. Nach den Erfahrungen in Dresden haben sich dort Zinn-Blei-Mantelrohre gut bewährt. Bei tieferer Temperatur findet jedoch nach W. OLSZEWSKIS Feststellungen, besonders bei schlechter Verlegung dieser Rohre, eine Zersetzung des Zinns (Zinnpest) statt. An verschiedenen Stellen der Hausleitungen in Dresden war das Zinn so zersetzt, daß ständig kleine Zinnteilchen in dem aus den Zapfhähnen fließenden Wasser enthalten waren. Verzinnte Bleiröhren haben sich im allgemeinen nicht bewährt. Für Dampfleitungen sind verzinnte Eisenröhren nicht geeignet, wohl aber sind für alle Zwecke der Praxis innen und außen gut verzinnte Kupferröhren recht brauchbar. Vgl. auch A. BÖRNER in der Metallwirtschaft **1928**, Nr 29. In Dresden dienen zu Hausleitungen auch verzinnte Kupferrohre. Über geeignete Innenverzinnung von Kupferrohren vgl. H. KURREIN in Metallwirtsch. **10**, H. 30/31 (1931). Nach L. W. HAASE

[1] L. LEWIN: Gifte und Vergiftungen. Berlin 1929. S. 248; ferner E. ROST u. A. WEITZEL: Arb. Reichsgesdh.amt **51**, H. 3 (1919).

Gesdh.ing. **56**, Nr 49 u. 50 (1933) ist bei kalten, sehr weichen und angreifenden Wässern mit niedrigem Luftsauerstoffgehalt verzinntes Kupfer zu empfehlen.

Chemische Eigenschaften. Nach der elektrischen Spannungsreihe der Metalle ist Zinn um 0,27 Volt edler als Eisen. Das Zinn schützt dieses gegen Rostbildung nur so lange, als keine Verletzung der Oberfläche eintritt. Wird verzinntes Eisen (Weißblech) nur etwas beschädigt, so tritt an der freigelegten Stelle bei Zutritt feuchter Luft eine im Vergleich zu reinem Eisen beschleunigte Rostbildung auf. Vgl. u. a. Wasser u. Abwasser **22**, H. 7, 211 (1926).

Bei niedriger Temperatur kann Zinn leicht in die graue Form übergehen, wobei es unter starker Volumenvergrößerung zu einem grauen Pulver zerfällt, wie man dies z. B. an alten Orgelpfeifen beobachtet hat. Ansteckung befördert diese „Zinnpest". Nach den eingehenden Untersuchungen von COHEN kann sich diese graue Zinnform nur unterhalb +13° C bilden und das weiße, metallische Zinn dieser Umwandlung überall nur da verfallen, wo die mittlere Jahrestemperatur unter dieser Grenze liegt. Hiernach können also im Boden oder sonstwo verlegte Zinnröhren im Laufe der Zeit diesem Zerfall ausgesetzt sein; vgl. auch K. A. HOFMANN: Lehrbuch der Anorganischen Chemie. 8. Aufl. Braunschweig 1934.

Zinn ist als Halbedelmetall chemischen Einflüssen gegenüber ziemlich widerstandsfähig. Aus diesem Grunde wird es in der chemischen Industrie viel und gern benutzt. Gegen Alkalien und Erdalkalien, z. B. Ätzkalk, sowie auch gegen Schwefelwasserstoff und Sulfide ist Zinn bei gewöhnlicher Temperatur beständig. Von verdünnten Mineralsäuren, auch von Kohlensäure, wird es in der Kälte wenig oder gar nicht angegriffen, dagegen ziemlich leicht von stärkeren (konzentrierteren) Säuren. Gegen organische Säuren, z. B. Essigsäure, ist Zinn ziemlich beständig. Meerwasser wirkt nachteilig auf Zinn ein. Vgl. auch W. MOHR u. M. SCHULZ: Korrosion verzinnter Apparate. Ursachen und Verhütung. Stendal 1930; ferner E. NAUMANN in Gas- u. Wasserfach **76**, Nr 9 (1933); ferner die zusammenfassenden Berichte des Vereins für Wasserversorgungsbelange in Holland 1936, Geschäftsstelle in Bloemendaal.

Hygienische Bedeutung[1]. Nach R. KOBERT ist echte, reine Zinnvergiftung selten, die Sterblichkeit hierbei sehr gering. Nach K. B. LEHMANN und E. STARKENSTEIN ist Zinn wenig schädlich; die meisten sog. Zinnvergiftungen haben andere Ursachen. Auch die chronische Zufuhr von kleinen und mittleren Zinnmengen schadet nichts. Die Fabrikhygiene weiß nichts von Zinnvergiftungen. In der Landesanstalt für Wasser-, Boden- und Lufthygiene sind Vergiftungen durch den Genuß zinnhaltigen Trinkwassers bislang nicht bekanntgeworden. Nach K. B. LEHMANN werden aus Konservenbüchsen unter besonderen Umständen, z. B. bei Nitratgehalt des

[1] Med. Klin. **1918**, Nr 19, 470; ferner B. C. GOSS: Chem. Zbl. **1**, 287 (1918) und K. SCHÜBEL: Zinn im Handb. d. experiment. Pharmakol. **3**. Berlin 1934.

Inhalts, ferner bei Undichtigkeit oder Offenstehen der Büchsen oft größere Mengen Zinn aufgelöst. Vgl. ferner das Gutachten der wissenschaftlichen Deputation für das Medizinalwesen vom 13. Mai 1914 über den Zinngehalt von Gemüsekonserven. Siehe Z. öff. Chem. **21**, H. 2, 42 (1915) und Chem.-Ztg **60**, Nr 10, 107 (1936). — Aus gesundheitlichen Gründen darf der Bleigehalt des Zinns für Trinkwasserleitungen nicht mehr als 1 % Pb betragen.

Schutzmaßnahmen gegen den Angriff von außen. Zerstörungen von Zinnröhren bei Wasserleitungen sind bislang nicht bekanntgeworden. Beim Verlegen von solchen Röhren ist nach obigen Ausführungen ein Boden mit hohem Gehalt an Chloriden und auch Nitraten wenig geeignet. Etwaiger Schutz wäre auch hier genügend dichte Schutzumbettung.

Über korrosionsbeständige Werkstoffe vgl. u. a. die näheren Angaben bei H. FREYTAG: Die Werkstoffe. Berlin 1932.

Zusammenfassung.

Aus den obigen Darlegungen ergibt sich kurz zusammengefaßt folgendes:

Kaltwasserversorgung.

Auf die bei Kaltwasserversorgungen praktisch in Betracht kommenden metallischen Werkstoffe wirken für gewöhnlich angreifend:

1. Nicht alkalisch reagierende Wässer.
2. Weiche, und besonders luftsauerstoffreiche Wässer.
3. Kohlensäurehaltige Wässer, die kohlensauren Kalk auflösen (Gehalt an überschüssiger, freier [aggressiver] Kohlensäure).
4. Chlorid-, nitrat- und sulfatreiche Wässer, namentlich bei geringer Karbonathärte.
5. Nicht genügend luftsauerstoffhaltige Wässer — bei eisernen Rohrleitungen.

Besonderheiten für Beton- und Mörtelangriffe.

Wie unter 1—3. Hier wirken neben mineralstoffarmen Wässern besonders schädlich: Wässer mit hohem Gehalt an Sulfaten und an Magnesiumsalzen.

Außerdem greifen kalkhaltige Baustoffe an: Ammoniumsalze, freies Chlor, Schwefelwasserstoff (Sulfide), verseifbare Öle und Fette.

Warmwasserversorgung.

Bei Warmwasseranlagen hat zwar das beim Kaltwasser unter 1—4 Gesagte seine Gültigkeit, jedoch ist hier die chemische Zusammensetzung des Wassers weniger ausschlaggebend als der Luftsauerstoffgehalt, der die Hauptursache von Korrosionsschäden bei Warmwasseranlagen ist. Bei luftsauerstoffhaltigem Wasser kann man auch durch Anwendung von Chemikalien, wie z. B. von Phosphaten, Sulfiten den Zutritt von Sauerstoff zur Metallwand verhindern. Nach den neuesten

Feststellungen hat sich auch eine Magnofilterung des Wassers bewährt. Vgl. L. W. HAASE: Kl. Mitt. d. Landesanst. **13**, Nr 9/11. Berlin 1937.

Wasserbehandlung.

Die Behandlung von Wässern mit angreifenden Eigenschaften ist möglichst zu zentralisieren, bevor sie in das Verteilungsnetz gelangen. Bei Warmwasserversorgungs- und Dampfkesselanlagen sind angreifend wirkende Wässer im allgemeinen am besten vor Eintritt in die Speichergefäße und Kessel von den störenden Bestandteilen zu befreien.

Außer diesen Maßnahmen empfiehlt es sich, bei Leitungswässern mit metallangreifenden Eigenschaften stets das längere Zeit, z. B. über Nacht, im Rohr gestandene Wasser vor seiner Verwendung zu häuslichen und auch gewerblichen Zwecken einige Zeit ablaufen zu lassen. Zu Trink- und Brauchzwecken benutze man erst das Wasser, das klar aussieht und von dem man die Gewißheit hat, daß vorher die ganze Leitung vom Straßenrohr ab einmal entleert ist. In erster Linie gilt diese Vorsichtsmaßregel, wie oben erwähnt, für das Bleirohr. Dieses Verfahren ist auch schon deshalb zweckmäßig, um stets frisches Trinkwasser zu haben. Je mehr Wasser abläuft, desto sicherer ist der Erfolg.

Die abgelaufene Wassermenge kann natürlich für alle Zwecke im Haushalt, z. B. zum Händewaschen, Raumreinigung usw., nur nicht zum Genuß verwendet werden.

Von weichen und karbonatarmen luftsauerstoffreichen Wässern werden, wie die Erfahrung lehrt, auch asphaltierte eiserne Röhren, zumal im Anfang, mehr oder weniger stark angegriffen. Hier empfiehlt es sich ebenfalls, das im Rohr gestandene Leitungswasser vorher so lange ablaufen zu lassen, bis es klar aussieht.

Über zweckmäßige Reinigung der Wasserrohre von Ansätzen, Verkrustungen usw. vgl. die näheren Angaben bei M. GREVEMEYER im Techn. Gemeindebl. **36**, Nr 4 (1933); ferner Gas- u. Wasserfach **79**, Nr 21 (1936).

Im nachfolgenden sollen zum Schluß noch einige kurze allgemeine Angaben über geeignete Verfahren zur Beseitigung der angreifenden Eigenschaften der Wässer gemacht werden. Vgl. VOLLMAR: Neuzeitliche korrosionssichere Rohre im Gas- u. Wasserfach **76**, Nr 29 (1933).

Hoher Luftsauerstoffgehalt eines Wassers läßt sich durch Entgasung beseitigen. Alle anderen Gase, wie freie Kohlensäure, Schwefelwasserstoff usw., werden hierbei gleichfalls aus dem Wasser entfernt. Vgl. auch M. EULE im Gesdh.ing. **1928**, H. 50. Bei Warmwasserversorgungsanlagen stört in erster Linie der Luftsauerstoffgehalt des Wassers. Aber auch Wässer mit saurer Reaktion und mit einem hohen Gehalt an aggressiver Kohlensäure, Chloriden, Nitraten und Sulfaten sind für diese Zwecke wenig geeignet. Nachteilig ist ferner infolge Wassersteinbildung eine hohe Karbonathärte des Wassers.

Zur Unschädlichmachung des Sauerstoffes kommen praktisch in Frage:

1. Bindung des Sauerstoffes mit Natriumsulfit. Diese Behandlung erfordert eine dauernde und sorgfältige Überwachung. Die Zusatzmenge an Sulfit zum Wasser richtet sich nach seinem Sauerstoffgehalt.

2. Anwendung von Mitteln, die im Rohrnetz eine Schutzschicht erzeugen. Als solche haben sich bewährt: Natriumphosphate und verschiedene kolloide Stoffe, z. B. Sterosol, wodurch der im Wasser vorhandene Luftsauerstoff unwirksam gemacht wird. Eine genaue Dosierung der Mittel ist hier nicht in dem Maße erforderlich wie bei Anwendung von Sulfiten. Neuerdings hat sich eine Magnofilterung des Wassers ebenfalls praktisch bewährt (Schutzschichtbildung).

Aggressive Kohlensäure im Wasser kann durch Zusatz von Soda und Kalkwasser sowie Filterung des Wassers über Marmor oder Magnomasse unschädlich gemacht werden.

Hohe Härte des Wassers ist durch vorherige Anwendung von Kalk und Soda oder Permutitfilterung zu entfernen. Bei Niederdruckdampfheizungen, ebenso bei dem Umlaufwasser von Warmwasserheizungen ist zur Korrosionsverminderung ein Zusatz geringer Mengen von Chromsäure zum Wasser geeignet (wegen der Giftigkeit der Chromsäure ist Vorsicht geboten!). Auch bei Wässern mit hoher Karbonathärte ist zur Verhütung der Wassersteinbildung Chromsäure verwendbar.

Zum Schutz der Kondensleitungen gegen Anfressungen kann man den Zutritt von Luftsauerstoff zum Kondenswasser durch Atmungsfilter aus Mangan-Stahl-Wolle (Rostex-Filterung) verhindern.

Schrifttum.

BRANDENBURGER, K.: Im Zeitalter der Kunststoffe. München u. Berlin 1938.

HAASE, L. W.: Derzeitiger Stand der Möglichkeiten der Korrosionsverhinderung bei Warmwasserversorgungsanlagen. Gesdh.ing. **58**, Nr 41 (1935); ferner: Ein neuer Beitrag zur Warmwasserkorrosion. Kl. Mitt. d. Landesanst. **13**, Nr 9/11. Berlin 1937.

NAUMANN, E.: Baustofffragen bei Heizungs- und Warmwasserbereitungsanlagen in Hallenschwimmbädern. Kl. Mitt. Landesanst. **12**, Nr 5/8 (1936).

— Wassereigenschaften, ihre zerstörenden Wirkungen und deren Bekämpfung bei Wasserversorgungs- und Heizungsanlagen. In C. SAMTLEBEN: Deutsche Hallenschwimmbäder. Berlin 1936.

RECKNAGEL-GINSBERG: Kalender für Gesundheits- und Wärmetechnik. Verlag R. Oldenburg. München u. Berlin.

STEFFENS: Steinbildung und Angriffslust des Warmwassers und ihre Behebung. Gesdh.ing. **59**, 641 (1936).

Korrosion IV. VDI-Verlag G. m. b. H. Berlin 1935.

Entfernung der aggressiven Kohlensäure aus Wässern. Bei Leitungswässern ist zweckmäßig zu verlangen, daß sie nur so viel freie Kohlensäure enthalten, als zur Erhaltung des chemischen Gleichgewichtes der Karbonate im Wasser erforderlich ist. Die freie Kohlensäure ist demnach so weit zu entfernen, daß das Wasser

Kalziumkarbonat nicht mehr aufzulösen vermag (Prüfung durch den HEYERschen Marmorversuch). Bis zu 5 mg/l Überschußkohlensäure (aggressiver Kohlensäure) bei Wässern mit einer Karbonathärte über 6 d. G. sind praktisch noch zulässig.

Freie Kohlensäure (sowie auch alle übrigen im Wasser vorkommenden Gase, wie Sauerstoff, Schwefelwasserstoff usw.) lassen sich auch durch geeignete Entgasungseinrichtungen beseitigen. Vgl. STEINMANN: Die Wasserentsäuerung der Gegenwart. Gas- u. Wasserfach **69**, H. 33 (1926) und HOLLAND-MERTEN: Die Vakuumtechnik. Erfurt 1937.

Entfernung (Unschädlichmachung) der freien Kohlensäure.

Je nach der chemischen Beschaffenheit des Wassers und den örtlichen Verhältnissen kommen folgende Entsäuerungsverfahren[1] in Betracht: 1. Belüftung; z. B. durch Regenfall, Düsenverspritzung bei Wässern mit höherer Karbonathärte von etwa 6 d. G. ab. 2. Marmorfilterung; bei Wässern mit geringer Karbonathärte und einem Gehalt an freier Kohlensäure von 20—60 mg/l. Das Wasser muß praktisch eisen- und manganfrei, ferner auch möglichst frei von färbenden und trübenden Stoffen sein, da sonst die Filter allmählich versagen. 3. Kalkwasserzusatz; der Grad der Entsäuerung kann bei diesem Verfahren beliebig geregelt werden. Sorgfältige dauernde Überwachung ist hier erforderlich. 4. Magnofilterung; die Magnomasse besteht aus gebranntem und gekörntem Dolomit. Das Magno-Verbundfilter bedarf einer gewissen Einarbeitungszeit, bis die unerwünscht hohe anfängliche Alkalität des entsäuerten Wassers abgeklungen ist. Eine Enteisenung und auch Entmanganung findet hierbei gleichzeitig statt. Firma Magno-Werk in Duisburg a. Rh.

Vergleich von Marmor-, Kalk- und Magnoverbrauch.

1 mg freie Kohlensäure (CO_2) verbraucht rechnerisch:

2,3 mg Marmor ($CaCO_3$). Die Härte des Wassers nimmt hierbei um 0,128 d. G. zu,
0,64 „ Kalk (CaO) als $Ca(HCO_3)_2$.
Die Härte des Wassers nimmt hierbei um 0,064 d. G. zu,
1,06 „ Magno. Die Härte des Wassers nimmt hierbei um 0,085 d. G. zu.

Über oxydische Überzüge auf Metallen s. bei E. LIEBREICH in der Z. Ver. Dtsch. Ing. **75**, Nr 35 (1931).

Bei Wässern mit einem Gehalt an freier Mineralsäure kommen Chemikalien, wie Kalkwasser, Soda, Natronlauge usw., zur Bindung der Säure in Anwendung.

Bei Wässern mit viel organischen Stoffen (Huminstoffen), bei sog. Moorwässern, werden in der Regel Aluminiumsulfat oder Eisensalze mit Kalk, ferner auch Kaliumpermanganat zur Ausscheidung dieser Verbindungen angewendet. Vgl. R. SCHMIDT im Gas- u. Wasserfach **80**, H. 32 (1937).

---

[1] Vgl. u. a. E. NAUMANN: Gas- u. Wasserfach **79**, Nr 11 (1936) und AUG. F. MEYER: Chemik.-Ztg **60**, Nr 73 (1936).

Kieselsäurereiche, namentlich weiche Kesselspeisewässer, die sich sowohl unter Quell- wie auch Flußwässern finden, können nach A. GOLDBERGS Vorschlägen durch geringe, auf Grund der chemischen Beschaffenheit des betreffenden Wassers zu berechnende alkalische Zusätze, geeignetes Abschlämmen des Kessels und teilweises Ablassen des Kesselwassers unter entsprechendem Ersatz durch Frischwasser unschädlich gemacht werden.

Über Entkieselung des Wassers durch Phosphatbehandlung vgl. KÖPPEL u. STEINBRUNN: Wärme **56**, Nr 23 (1933).

Schwefelwasserstoff läßt sich durch ausreichende Belüftung aus dem Wasser entfernen und unschädlich machen. Vgl. auch Wasser u. Abwasser **16**, H. 2, 49 (1921).

Salze im Trinkwasser lassen sich auf elektroosmotischem Wege (Siemens-Elektro-Osmose G. m. b. H. in Berlin-Siemensstadt) entfernen. Vgl. u. a. R. DIETZEL u. G. MÜLLER in der Pharmaz. Ztg **76**, Nr 66 (1931) und Wasser u. Abwasser **28**, H. 7, 207 (1931). Unter Umständen käme auch eine Destillation des salzhaltigen Wassers[1] in Frage.

Bei Kesselspeisewässern lassen sich Sulfate durch Barytsalze entfernen. Barytsalze sind giftig.

Fette und Öle aus Wasser besonders für Kesselspeisezwecke[2] werden in der Regel auf mechanischem Wege durch geeignete Öl- und Fettabscheider, Aktivkohle oder durch Elektrolyse beseitigt.

Als Material für Rohrleitungen bei angreifenden Wässern kommen unter Umständen in Betracht: Mipolam-Rohre aus Kunstharz vgl. H. LUTZ: Chem. Fabrik **9**, Nr 39/40 (1936) und L. W. HAASE im Gesdh.-ing. **60**, H. 10 (1937); innen besonders gut asphaltiertes Eisen (am besten Gußeisen), — auch Erdölbitumenanstrich, aber kein Steinkohlenteer — blankes Kupfer, Rotguß, Reinzinn und Holz (Crotoginorohr). Vgl. auch PFEIFFER: Gas- u. Wasserfach **76**, Nr 37 (1933), KAATZ u. RICHTER: ebenda **77**, Nr 8 (1934) und **80**, Nr 20 (1937) über Verwendung von Eternitrohren, und LECHNER: Asbestzementrohre. Zement **22**, Nr 46 (1933).

Bei Wässern mit aggressiver Kohlensäure sollte man mehr als bisher von Material Gebrauch machen, das praktisch überhaupt chemisch nicht angegriffen wird, wie z. B. Steinzeug, Schamotte, Porzellan, glasierter Ton, Drahtglas, Felsenglas, Hartgummi, reine Asphaltrohre usw., ferner emaillierte Schleudergußrohre, Nickelstähle, Spezialbronzen. Vgl. W. CLAUS u. H. FINCKE: Säurebeständige Bronzen. Halle a. d. S. 1932; ferner ED. HOUDREMONT: Einführung in die Sonderstahlkunde. Berlin 1935 und F. RAPATZ: Die Edelstähle. 2. Aufl. Berlin 1934. Über die Verwendung von Porzellanrohren vgl. G. CHR. KORNMESSER in Gas- u. Wasserfach **81**, H. 8 (1938).

Als geeignetes Material für Warmwasserleitungen gelten: Bronze, Phosphorbronze, Glas, blankes Kupfer, Porzellan und Steinzeug.

[1] Vgl. L. BOTHAS: Massendestillation von Wasser. Berlin 1908 und YOUNG u. PRAHL: Theorie und Praxis der Destillation. Berlin 1932.

[2] Vgl. Wasser u. Abwasser **11**, 293 (1917); **16**, H. 1, 14, H. 6, 192 (1921); **32**, H. 7, 215 (1934).

Brunnenrohrmaterial. Am besten wäre es, wenn für Rohrbrunnen nur ein Metall, z. B. Kupfer, besonders auch zur Vermeidung galvanischer Ketten verwandt werden könnte, was aber aus wirtschaftlichen Gründen häufig nicht möglich ist. Bei aggressivem Grundwasser empfiehlt VIESOHN [Gas- u. Wasserfach **76**, Nr 25 (1933)] für Brunnenfilterrohre Hartgummiüberzüge. Auch Steinzeugfilter sind bei aggressiven Wässern gut geeignet; auch Glas- und Porzellanfilter, vgl. B. PFEIFER: ebenda **78**, Nr 52 (1935). Für Brunnenfilter sind auch Remant- und Chrom-Manganstahl geeignet. Vgl. E. NAUMANN in Gas- u. Wasserfach **79**, Nr 37 (1936).

Bei der gegenwärtigen Knappheit an verschiedenen Metallen, wie z. B. Kupfer und Zinn, kommen bei angreifenden Wässern folgende Werkstoffe in Betracht:

Bei Brunnenrohren mit Bitumen geschützte Schleudergußrohre, nichtrostende, säurebeständige sog. Edel- und Sonderstähle, gummierte Flußstahlrohre, durch Bitumen geschützte Eternitrohre, Steinzeug-, Porzellan- und Glasrohre, unter Umständen auch Holzrohre bei luftsauerstofffreiem Wasser[1].

Bei Wasserleitungen mit Bitumen ausgeschleuderte Flußstahlrohre (Habit-Rohr) sowie auch mit Bitumen geschützte Schleudergußrohre, ferner auch mit Bitumen versehene Eternit (Asbestzement-) rohre sowie gut feuerverzinkte Rohre, neuerdings auch Heika-Rohre, und Rohre aus geeigneten Kunststoffen.

Da an den Stellen, an denen sich verschiedenartige Metalle berühren, infolge elektrolytischer Vorgänge erfahrungsgemäß die Angriffe am stärksten sind, so ist hier ein weiterer Schutz durch geeignete Isolierung, z.B. Anwendung von Asphalt oder Hartgummi, angezeigt.

Brunnenröhren aus Holz für Tiefbrunnen werden wegen ihrer meist beschränkten Lebensdauer, ihrer geringen Festigkeit und auch Quellung sowie zum Teil auch aus hygienischen Gründen im allgemeinen nicht empfohlen. Es ist aber zu beachten, daß gewisse Hölzer, wenn ständig unter Wasser, sehr lange haltbar sind. Aus diesem Grunde werden gerade in der neueren Zeit Filterrohre aus Holz — besonders bei angriffslustigen Wässern — öfters verwandt. Vgl. u. a. O. LUEGER: Die Wasserversorgung der Städte II, S. 90. Leipzig 1908 und H. RABOWSKY: Holzdaubenrohre. Berlin 1926; ferner Wasser u. Gas **14**, Nr 12 (Röhren-Nr.) (1924) und V. MANN: Rohre. München u. Berlin 1928. Holzrohr ist sehr korrosionsbeständig, frostsicher, aber schwer dicht zu halten.

Über die Verwendung von Holzrohrleitungen sei auf folgende Veröffentlichungen hingewiesen:

BAUMANN, R.: Das Holz als Baustoff. 2. Aufl. München 1927.

ELSNER u. GRONOW: Holzrohre statt Eisenrohre für Trinkwasserleitungen. Techn. Gemeindebl. **29**, Nr 23 (1927).

HOLTEN, G. v.: Erfahrungen mit Holzrohrleitungen. Wasserkraft u. Wasserwirtschaft **1929**, 71ff.

LUDIN: Holzrohrleitungen. Gesdh.ing. **51**, 417ff. (1928).

[1] BURGHARDT, F.: Bewährung der verschiedenen Brunnenfilter. Gas- u. Wasserfach **77**, Nr 1 (1934).

MONROY, J. v.: Das Holz 1929, und F. KOLLMANN: Technologie des Holzes. Berlin 1936.
SCHUBERT (Gotha): Über Holzrohrleitungen. Gas- u. Wasserfach **72**, H. 40 (1929); **73**, H. 21 (1930).

Als Material für Wassermesser bei angriffslustigen Wässern eignen sich Hartgummi, Reinnickel, feuerverzinnte Bronze und Phosphorbronze. Auch Zelluloid ist ebenfalls gut, nur nicht so haltbar.

Über Zerstörungsverhütung in Kühleranlagen durch Leitungswasser durch Innenanstriche vgl. die näheren Angaben bei F. WEHRMANN im Gas- u. Wasserfach **80**, H. 2 (1937).

Schutzanstriche.

Bei Wässern mit angreifenden Eigenschaften wird am besten das Material der Leitung und der Aufspeicherungsanlagen zum Schutze mit Anstrichen überzogen. In der Praxis bekannte Mittel sind u. a.: Asphaltose, Bitumen, Gabrit, Icosit, besonders für Warmwasser, ferner Inertol[1], Mennige[2], Nigrit, Palesit, Preolit, Prodorit, Siccolineum-Noerdlinger, Siderosthen-Lubrose, Steinkohlenteerpech. Beim Parker-Rostschutzverfahren wird die Metalloberfläche in eine nichtlösliche Doppelphosphatschicht umgewandelt. Nähere Angaben hierüber sind von der Metallgesellschaft A.-G. in Frankfurt a. M. zu erhalten. Vgl. ferner H. W. RENKL in Handel u. Industrie **41**, Nr 2067 (1932) und J. MOSHAGE: Prakt. Rostschutz 1934. Allgemein können natürlich Anstriche aus den verschiedensten mineralischen oder organischen Grundstoffen, wie z. B. Glas-, Tonerdeschmelzzement, Zellulosemassen und sonstigem Material Anwendung finden, wenn sie nur die Grundbedingung erfüllen, nämlich, daß sie einen festhaftenden Überzug gewähren, der möglichst luft- und wasserdicht, wasserabstoßend sowie widerstandsfähig und gegen Wasser unempfindlich ist. Zweifellos verleihen alle diese Anstriche dem Leitungsmaterial einen guten Schutz gegen die Einwirkung angriffslustiger Wässer, aber als vollkommen und von unbegrenzter Dauer sind alle diese Mittel, wie die Erfahrung lehrt, nicht zu bezeichnen. Vgl. auch G. RITTLER: Rostbildung und Eisenschutz. Wasser u. Gas **17**, Nr 7 u. 19 (1927).

Bei gechlorten Wässern dürfen zur Vermeidung des sonst entstehenden, recht störenden Chlorphenolgeschmacks und Geruchs nur Innenanstriche verwendet werden, die aus reinem Erdölbitumen bestehen, d. h. teer- und phenolfrei sind. Während man nach H. BRUNS — Gas- u. Wasserfach **80**, H. 38 (1937) — von Phenolen im allgemeinen erst Mengen von etwa 3 mg/l im Wasser wahrnimmt, sind Chlorphenole noch in einer Verdünnung von 1 : 50 Mio und mehr unangenehm bemerkbar. Vgl. auch P. MECKE im Gesdh.ing. **55**, Nr 16 (1932). Über

[1] Inertol ist an sich nicht gesundheitsschädlich, vgl. H. BEGER im Gesdh.-ing. **1931**, H. 44, und Kl. Mitt. Landesanstalt **8**, 159 (1932).

[2] Nach HOFMANN: Internat. Z. f. Wasserversorg. **1916**, 29, ist sorgfältig aufgetragener Bleimennigeanstrich nicht gesundheitsschädlich. Vgl. auch Wasser u. Abwasser **19**, H. 2, 34 (1924), und H. HEBBERLING: Bauing. **13**, H. 7/8 (1932).

Beseitigung des Chlorphenolgeschmackes und Geruches vgl.: Vom Wasser **4**, 105, Berlin 1930. — Unter „Bitumen" versteht man allgemein nur die löslichen organischen Anteile der Naturasphalte und die Destillationsrückstände der asphaltischen Erdöle. — Vgl. H. MALLISON in Z. angew. Chem. **46**, Nr 25, 407 (1933) und Gas- u. Wasserfach **78**, Nr 4 (1935). — C. R. PLATZMANN: Bautenschutzmittel. Berlin 1935 und H. SUIDA u. H. SALVATERRA: Rostschutz und Rostschutzanstrich. Berlin 1931 und L. FROMMER: Handbuch der Spritzgußtechnik. Berlin 1933.

Über die Bewertung metallischer Überzüge, z. B. von Zinn, Chrom, Kadmium usw., vgl. u. a. M. MILLMER in der Techn. Rdsch. **36**, Nr 21 u. 43 (1930) und K. GEBAUER in Korrosion u. Metallschutz **4**, 201 (1928) und Chem.-Ztg **60**, Nr 10, 108 (1936).

Wegen seiner Giftigkeit ist bei Kadmium[1] Vorsicht geboten.

Über den gegenwärtigen Stand der Rohrschutzfrage berichtet eingehend KRÖHNKE in Gas- u. Wasserfach **74**, H. 50 (1931). Vgl. auch **76**, Nr 22 (1933) und K. WÜRTH: Rostschutz. München 1927.

Tabelle über die Wasserlöslichkeit[2] einiger wichtiger chemischer Verbindungen.

(Bei Zimmertemperatur.)

	mg in 1 l		mg in 1 l
Arsentrisulfid (As_2S_3)	0,5	Kalziumsulfat ($CaSO_4$)	2023
Bariumkarbonat ($BaCO_3$)	71	Kupfersulfid (CuS)	0,33
Bariumsulfat ($BaSO_4$)	2,5	Magnesiumhydroxyd ($Mg(OH)_2$)	9
Bleichlorid ($PbCl_2$)	9340	Magnesiumkarbonat[3] ($MgCO_3$)	94,4
Bleihydroxyd ($Pb(OH)_2$)	17	Manganohydroxyd ($Mn(OH)_2$)	2
Bleiphosphat ($Pb_3(PO_4)_2$)	0,13	Manganosulfid (MnS)	6,3
Bleisulfat ($PbSO_4$)	42	Zinkhydroxyd ($Zn(OH)_2$)	1,3
Bleisulfid (PbS)	0,9	Zinksulfid (ZnS)	6,9
Ferrohydroxyd ($Fe(OH)_2$)	7		
Ferrosulfid (FeS)	6,2		
Kalziumkarbonat ($CaCO_3$)	16		

[1] W. BLUME: Cadmium. Im Handb. d. experiment. Pharmakol. **3**. Berlin 1934. — E. LESCHKE: Die wichtigsten Vergiftungen. München 1933. — L. NERNST: Z. VDI **79**, 920 (1935); ferner GRIEBEL u. WEISS: Pharmaz. Ztg **76**, Nr 97, 1369 (1931). Nach E. STARKENSTEIN sind chronische Cadmiumvergiftungen bekannt.

[2] Benutzte Literatur: LANDOLT-BÖRNSTEIN: Physikalisch-Chemische Tabellen. 5. Aufl. Mit Ergänzungsbänden. Berlin 1923—1936. — PAUL, TH.: Nahrungsmittelchemie mit besonderer Berücksichtigung der modernen physikalisch-chemischen Lehren. Leipzig 1914. — PLEISSNER, M.: Über die Löslichkeit einiger Bleiverbindungen in Wasser. Arb. Reichsgesdh.amt **26**, H. 3 (1907).

[3] GOTHE, F.: Über die Löslichkeit des Kalzium- und Magnesiumkarbonats in kohlensäurefreien Wässern. Chem.-Ztg **39**, Nr 51, 326 (1915); ferner Wasser u. Abwasser **11**, 398 (1917). — KOLTHOFF, J. M.: Z. Unters. Nahrgsmitt. usw. **41**, 99 (1921). — LEICK, J.: Z. anal. Chem. **87**, H. 11/12 (1932). — Chem.-Ztg **60**, Nr 10, 108 (1936).

In kohlensäurehaltigen Wässern sind je nach den vorhandenen CO_2-Mengen Kalzium- und Magnesiumkarbonat verhältnismäßig leicht löslich, vom Kalziumbikarbonat [$Ca(HCO_3)_2$] bis zu 1,9 g/l.

Die neutralen (Mono-)Karbonate von Blei, Eisen, Kupfer, Mangan, Zink usw. sind in reinem Wasser nur sehr wenig löslich, während die sauren (Bi-)Karbonate der genannten Metalle in kohlensäurehaltigem Wasser in wesentlich größerer Menge löslich sind.

1 l gesättigtes Kalkwasser[1] enthält

bei 5° C = 1,350 g CaO gelöst		bei 20° C = 1,293 g CaO gelöst	
„ 10° C = 1,342 g „ „		„ 25° C = 1,254 g „ „	
„ 15° C = 1,320 g „ „		„ 50° C = 0,981 g „ „	

Grenzwerte für Mineralwässer.

Mineralwässer unterscheiden sich vom chemisch-physikalischen Standpunkt aus von den gewöhnlichen natürlichen Wässern entweder durch einen hohen Gehalt an gelösten Stoffen oder durch den Gehalt an selten vorkommenden Stoffen oder durch ihren Wärmegrad (Thermalwässer). Vgl.

BAMES u. ERTEL: Lebensmittelverkehr. Berlin 1937. „Tafelwässer“, S. 23.
FÖRSTER, P., u. H. J. STEINBECK: Verordnung über Tafelwässer. Berlin 1934 und 2. Verordnung über Tafelwässer vom 11. 2. 1938. Vgl. Reichsgesetzblatt Teil 1, Nr 15, 199 (1938).
KIONKA, H.: Untersuchung und Wertbestimmung von Mineralwässern und Mineralquellen. Aus d. Handbuch der biologischen Arbeitsmethoden von ABDERHALDEN. Berlin 1928.
LAMPERT, H.: Heilquellen und Heilklima. Dresden u. Leipzig 1934.
PRINZ, E., u. R. KAMPE: Handb. d. Hydrologie. Bd. 2, Quellen und Mineralquellen. Berlin 1934.
TILLMANS, J.: Leitsätze für die Beurteilung von Mineralwässern und künstlichen Mineralwässern. Z. Unters. Lebensmitt. **62**, H. 1/2 (1931).
VOGT, H.: Bäder u. Kurorte. Handbüch. Öff. Gesdh.dienst **6**. Berlin 1936.

E. HINTZ und L. GRÜNHUT haben für Mineralwässer nachstehende Grenzzahlen aufgestellt (vgl. GRÜNHUT: Trinkwasser und Tafelwasser, S. 667. Leipzig 1920) und L. FRESENIUS: Was ist ein Mineralwasser? Veröff. Z.stelle Baln. H. 35. Berlin 1933 und Angew. Chem. **47**, 609 (1934).

Gesamtmenge der gelösten festen Stoffe . . .	1	g in	1	kg
Freies Kohlendioxyd (CO_2).	0,25	„ „	1	„
Lithium-Ion ($Li^{\cdot}$)	1	mg „	1	„
Strontium-Ion ($Sr^{\cdot\cdot}$).	10	„ „	1	„
Barium-Ion ($Ba^{\cdot\cdot}$)	5	„ „	1	„
Ferro- oder Ferri-Ion ($Fe^{\cdot\cdot}$ bzw. $Fe^{\cdot\cdot\cdot}$)	10	„ „	1	„
Mangano-Ion ($Mn^{\cdot\cdot}$)	10	„ „	1	„

[1] ERDMANN, H., u. P. KÖTHNER: Naturkonstanten, S. 17. Berlin 1905: ferner Wasser u. Abwasser **16**, H. 8, 239 (1921).

Brom-Ion (Br′)	5 mg in 1 kg
Jod-Ion (J′)	1 „ „ 1 „
Fluor-Ion (F′)	2 „ „ 1 „
Hydroarsenat-Ion ($HAsO_4''$)	1,3 „ „ 1 „
Meta-Arsenige Säure ($HAsO_2$)	1 „ „ 1 „
Hydrophosphat-Ion (HPO_4'')	1 „ „ 1 „
Gesamtschwefel (S), entspr. Hydrosulfid-Ion + Thiosulfat-Ion + Schwefelwasserstoff	1 „ „ 1 „
Meta-Borsäure (HBO_2)	5 „ „ 1 „
Kieselsäure (mH_2SiO_3)	50 „ „ 1 „
Engere Alkalität	4 Milli-Val in 1 kg entspr. 0,34 g $NaHCO_3$ in 1 kg
Radium-Emanation[1] (Radon)	80 Mache-Einheiten (ME.) in 1 l = 30 Millimikrocurie = 291 Eman (Em.)
Temperatur	+ 20° C

Wird einer dieser Werte überschritten, so kann das betreffende Wasser als Mineralwasser angesehen werden.

Von den obengenannten Grenzzahlen sind nach neueren Anschauungen die für Barium, Brom, Lithium und Strontium und vielleicht auch Borsäure und Fluor angegebenen Werte nicht mehr als allgemeingültig anzusehen. Dagegen wird jetzt Kieselsäure meist in einer Menge von mehr als 50 mg H_2SiO_3 im Kilogramm als wirksamer Bestandteil eines Mineralwassers angesehen.

[1] Man bezeichnet nach KARL ASCHOFF (Bad Kreuznach) Heilquellen mit 25—100 ME. im Liter als schwache Radiumbäder; mit 100—300 ME. im Liter als mittelstarke Radiumbäder; mit mehr als 300 ME. im Liter als starke Radiumbäder. Zu Trinkkuren werden neuerdings erheblich größere Dosen empfohlen: 25000—30000, ja 100000—200000 ME. täglich, was natürlich nur mit künstlich emaniertem Wasser zu erreichen ist. Bei Radiuminhalationen sollen ungefähr 75 ME. im Luftliter die günstigsten Erfolge hervorrufen und die Menge der ausgeatmeten Kohlensäure, also den Stoffwechsel, um 40—90% erhöhen. — Ein Eman = 0,275 ME.; eine Mache-Einheit = 0,364 Millimikrocurie = 3,64 Em = $3{,}64 \cdot 10^{-10}$ g Radium (Ra); vgl. auch E. WOLLMANN: Mache-Einheit oder Millimikrocurie? Balneologe **4**, H. 4 (1937).

Sachverzeichnis.

(A = Abbildung).

Anleitung zur organischen qualitativen Analyse. Von Dr. **Hermann Staudinger,** o. ö. Professor der Chemie, Direktor des Chemischen Universitätslaboratoriums Freiburg i. Br. Zweite, neubearbeitete Auflage unter Mitarbeit von Dr. Walter Frost, Unterrichtsassistent am Chemischen Universitätslaboratorium Freiburg i. Br. XV, 144 Seiten. 1929. RM 5.94

Der Gang der qualitativen Analyse. Für Chemiker und Pharmazeuten bearbeitet von Dr. **Ferdinand Henrich,** o. ö. Professor an der Universität Erlangen. Dritte, erweiterte Auflage. Mit 4 Abbildungen. IV, 44 Seiten. 1931. RM 2.52

E. Schmidt-J. Gadamer, Anleitung zur qualitativen Analyse. Zwölfte Auflage, bearbeitet von Dr. **F. von Bruchhausen,** o. ö. Professor der Pharmazeutischen und Angewandten Chemie an der Universität Würzburg. VII, 115 Seiten. 1938. RM 5.60

Praktikum der quantitativen anorganischen Analyse. Von **Alfred Stock** und **Arthur Stähler.** Vierte, veränderte Auflage, mitbearbeitet von Andreas Hake. Mit 40 Abbildungen. X, 141 Seiten. 1930. RM 7.02

Handbuch der Hydrologie.
Erster Band: **Wesen, Nachweis, Untersuchung und Gewinnung unterirdischer Wasser:** Quellen, Grundwasser, unterirdische Wasserläufe, Grundwasserfassungen. Von Ziv.-Ing. **E. Prinz**-Berlin. Zweite, ergänzte Auflage. Mit 334 Textabbildungen. XIII, 422 Seiten. 1923. Gebunden RM 16.20
Zweiter Band: **Quellen (Süßwasser- und Mineralquellen).** Wesen, Chemismus, Aufsuchung, Nachweis, natürlicher Mechanismus, Bau von Fassungen, Beobachtung, Hygiene, Schutz. Von Ziv.-Ing. **E. Prinz**-Berlin und Direktor Professor Dr.-Ing. **R. Kampe**-Prag. Mit 274 Textabbildungen. VII, 290 Seiten. 1934. Gebunden RM 24.50

Landwirtschaftlicher Wasserbau. Von Dr.-Ing. **Gerhard Schroeder,** Ministerialrat im Reichs- und Preußischen Ministerium für Ernährung und Landwirtschaft. („Handbibliothek für Bauingenieure“, III. Teil: Wasserbau. 7. Band). Mit 261 Textabbildungen. IX, 397 Seiten. 1937. Gebunden RM 36.—

Kanalisation und Abwasserreinigung. Von Oberbaurat a. D. **Wilhelm Geissler**-Dresden, o. Professor der Technischen Hochschule Dresden. („Handbibliothek für Bauingenieure“, III. Teil: Wasserbau. 6. Band). Mit 302 Textabbildungen. VIII, 378 Seiten. 1933. Gebunden RM 31.50

Die landwirtschaftliche Verwertung städtischer Abwässer. Von Kreisbaumeister **Carl Stein**-Delitzsch. Mit 46 Textabbildungen und einer Tafel. IV, 114 Seiten. 1937. RM 12.—

Zu beziehen durch jede Buchhandlung